著　ジェフ・スペック

監訳　松浦健治郎
訳　石村壽浩
内田晃
内田奈芳美
長聡子
益子智之

ウォーカブルシティ入門

10のステップでつくる歩きたくなるまちなか

学芸出版社

アリスへ

本書は「一般財団法人住総研」の 2022 年度出版助成を得て出版されたものである。

目次

※〈　〉内は翻訳担当者。本文中の［　］は訳注を表す。

プロローグ

本書は、次世代のアメリカの都市についての偉大な本ではないし、そのような本は必要とされていない。知的革命はもはや必要ないのである。最近の都市に関する議論の問題点は、これからの都市づくりの方向性が間違っているということではなく、都市づくりの方向性と実際に都市づくりを進めている人々の行動との間に断絶があることだ。

私たちは住みやすい都市を作る方法を30年前から知っていたが、なぜか実現させることができなかった。1960年に『アメリカ大都市の死と生』を執筆したジェイン・ジェイコブズは、1980年までには当時の都市プランナーたちに勝利したものの、いまだに都市プランナーは住みやすい都市を計画できていない。

大都市の一部は住みやすい都市と言える。ニューヨーク、ボストン、シカゴ、サンフランシスコ、ポートランドなどに住めば、物事が正しい方向に進んでいると確信できるが、これらの都市は例外である。多くのアメリカ人が生活している中小都市では、自治体職員の日々の決断が、人々の生活を悪化させている。都市計画が悪いのではなく、都市計画の不在や都市計画から切り離された意思決定が問題なのである。都市プランナーの考え方が長年にわたって間違っていたため、今では彼らは正しい考えを持っているのにも関わらず、ほとんど無視されているのだ。

本書は都市計画の職能に関する本ではなく、都市計画が不在の都市で都市計画を推進する必要性を主張する本でもない。アメリカの多くの都市で今、何が問題なのか、どうすればその問題を解決できるのかを提示することを重視している。本書は、なぜ都市が機能するのか、どのように都市が機能するのか、ではなく、どのようなものが都市で機能しているのかに焦点を当てている。すばらしい都市づくりのために最も効果的なことは、「ウォーカビリティ（歩行可能性）」である。

ウォーカビリティとは、目的であると同時に手段でもあり、指標でもある。歩くことで得られる物理的、社会的な利点は数多くあるが、都市の活力に貢献するという点で、ウォーカビリティは最も有効であり、その活力を示す指標として意味あるものである。私は、数十年かけて都市の一部を再設計し、より住みやすく、より成功した都市に変えていこうと取り組んできたが、多くの都市問題に影響を与え、またそれを具現化している課題として、ウォーカビリティに焦点が絞られてきた。ウォーカビリティが改善されれば、多くの都市問題は解決するだろう。

ウォーカビリティについての議論が必要な理由のひとつは、今世紀半ば以降、意図的なのか偶然なのかはともかく、アメリカのほとんどの都市が事実上、歩行禁止区域になってしまったからである。大きなビジョンや計画がない中で、都市計画に従事するエンジニアたちは「スムーズな自動車交通」と「十分に確保された駐車場」を重視した結果、ダウンタウンを「車で行きやすいが、行く価値のない場所」に変えてしまったのである。郊外から持ち込まれた時代遅れのゾーニングや建築法規は、民間の統一性のない建物による魅力のない街並みや、安全ではなく居心地が悪い退屈な公共空間を作り出してきた。より都会的なライフスタイルを求めているアメリカ人は増えているのに、その需要に答えられる中心市街地は少ない。その結果、一部の先進的な都市が、郊外に住む20代以上の若者や、好きな場所に住むことができる富裕層の受け皿となる一方で、アメリカのほとんどの中規模都市はその受け皿になれないでいる。

プロビデンス、グランドラピッズ、タコマといった中小規模の都市がボストン、シカゴ、ポートランドといった先進的な都市に対抗するにはどうすればいいのだろうか。あるいは、これらの典型的な中小都市が、住みたくなるための生活の質を提供するにはどうすればよいのか。この問いに対する答えは多くあるが、都市デザインほど無視されてきたものはない。そして、簡単な都市デザインの修正を包括的に進めていけば、何十年にもわたって繰り返されてきた逆効果な都市政策や慣行を覆し、アメリカのストリートライフの新しい時代を切り開くことができるだろう。

これらの都市デザインの修正は、歩行者に戦いのチャンスを与えるだけでなく、自転車を受け入れ、公共交通を強化し、より多くの人々にとって魅力的なダウンタウンの生活を実現する。そのほとんどは、それほど費用もかからず、中には黄色いペンキを塗るだけで済むものもある。個々の対策が大きな違いを生み出すだけでなく、それらを組み合わせることで、都市と都市居住者の生活を大きく変えることができるのである。

ニューヨークやサンフランシスコでさえ、都市政策の失敗を繰り返しているが、他の典型的な地方中小都市がニューヨークなどの成功から学び、失敗を回避しない限り、アメリカ国内の優秀な人材は今後もニューヨークなどに集中し続けるだろう。私たち都市プランナーは、典型的な地方中小都市の奮起に期待したい。なぜなら、都市が最も得意としてきた「歩行」によって人々を結びつけることをもう一度実現することにより、アメリカ全体が最終的に「都市の世紀」に導かれるためには、ニューヨークなどの例外的な少数の都市ではなく、典型的な地方中小都市の間で同時多発的な動きが展開されることが必要となるからである。

ウォーカビリティの一般理論

私は都市プランナーとして、これまで新市街地の計画や既成市街地の再生のプロジェクトを手がけてきた。1980年代後半から75の市町村で、これらのプロジェクトに関わってきた。そのうちの約3分の1が実現したり、計画が進行中だが、都市計画業界ではまずまずの打率である。これらのプロジェクトでは、失敗から学ぶ機会がたくさんあった一方で嬉しい驚きもあった。

そんな中、私は4年間休職して、全米芸術基金のデザイン部門を率いた。そこでは、「都市デザイン市長協会」というプログラムの運営に携わった。このプログラムは、自治体の市長と都市デザイナーを1か所に集めて、集中的に計画を練るというものである。2か月に1回、アメリカのどこかで、8人の市長と8人の都市デザイナーが集まり、2日間、缶詰になって、それぞれの市長が抱える都市計画上の緊急課題の解決方法を議論するというものだった[注1]。想像していた通り、数百人の市長と机を並べて仕事をすることは、それ以前にもそれ以降にも体験したことがないことで、都市デザインの勉強になった。

私はダウンタウンの都市再生を専門としている。自治体からダウンタウンの計画を依頼されると、できれば1か月以上、家族と一緒にそのダウンタウンで暮らしたいと考えている。都市を計画する

注1　このプログラムは今年で26年目を迎え、これまでに約1000人の市長が参加し、劇的な成果を上げている。詳細はmicd.orgを参照のこと。

際に、その都市に移住する理由は多くある。第一に、移動や打ち合わせの効率が上がり、費用がかからない。第二に、その土地のことをよく知ることができ、すべての建物・通り・ブロックを記憶できる。また、地元の人々と喫茶店で会話したり、自宅で夕食を共にしたり、近所のパブで一緒にお酒を飲んだり、通りでの偶然の出会いなどを通じて、地元の人々と親しくなれる。行政職員との打ち合わせ以外のこのような場所でこそ、真の情報収集ができるのである。

これらはいずれも大きな理由だが、計画に関わる都市で生活する最大の理由は、市民としての生活ができるからである。ホテルと会議室の間を行き来するのは、市民がすることではない。市民生活では、子どもを学校に送り、クリーニング屋に立ち寄り、仕事に行き、ランチに出かけ、ジムに行き、食料品を買いに行き、家に帰り、夜の散歩や食後のビールを楽しんだりする。週末になると市外から友人がやってきて、夜にはダウンタウンの中心広場に繰り出す。これらは、都市プランナーではない一般市民が普通にやっていることであり、私もそうするようにしている。

数年前、私がマサチューセッツ州ローウェルの計画に取り組んだとき、高校時代の友人たちと、19世紀から続く美しいダウンタウンの中心にあるメリマック・ストリートで夕食を共にした。私たちのグループは、大人4人、ベビーカーに乗った幼児が1人、そして妻のお腹の中にいる子という構成だった。レストランの向かい側の歩道で、私たちは会話をしながら信号が変わるのを待っていた。押しボタンに気づくまでに1分ほどかかったかもしれないが、押しボタンを押した後、会話をしながらまた1分ほど信号が変わるのを待った。結局、私たちは信号を待つのをやめ、信号無視をして道路を横断した。ちょうどそのとき、交通量を増やすために拡幅された道路から1台の車が時速45マイル［時速72km］で曲がってきたのだ。

幸運なことに事故にならなかったが、この体験は忘れられない思い出になった。ベビーカーを押しながら信号無視をして事故が起きたら、親が悪かったことになる。この体験の唯一の救いは、私がこの経験から何か提案できる立場にあることである。

この文章を書いている現在、私は家族と一緒にローマで生活している。生まれたばかりの乳児はスリングに入っていて、当時お腹の中にいた子は幼児になり、地形や気持ちに応じてベビーカーに乗ったり、よちよち歩きをしている。ローマでの経験をローウェルでの経験、もっと言えば、アメリカのほとんどの都市での歩行体験と比較するのも面白いだろう。

ローマは一見すると、歩行者に優しくないように見える。歩行者が歩くには多くの問題がある。通りの半分には歩道がなく、ほとんどの交差点には横断歩道がなく、舗装は不均一でわだちがあり、身体障害者用のスロープはほとんどない。坂道は急であり、頻繁にある（丘は7つあると聞いている）。また、車の運転手のマナーの悪さについても言及する必要があるだろう。

しかし、私たちは他の多くの歩行者（観光客や地元民）に混じって、楽しみながらトラステヴェレ付近を歩いている。この無秩序で障害物の多いコースは、なぜか歩行者を惹きつけ、最近では旅行ガイド「ロンリープラネット」の読者から「世界の歩きたくなる都市トップ10」に選ばれた。ローマ市民はアメリカ人ほど車を運転しない。アメリカ大使館に勤務するためにローマに来た私たちの友人は、ローマに来てすぐに習慣的に車を購入した。今ではその車は住宅の中庭に放置され、ハトの糞の標的になっている。

この波乱に満ちたローマは、アメリカの従来型の「歩行者への配慮」という尺度を満たしていないにも関わらず、歩行者の楽園になっている。ここで何が起こっているのだろうか？アナトール・ブロイヤードが言うところの「都市として機能するように圧縮された詩」は、歩行者交通量を競う上で、ある種の優位性を持っていたのは確かだ。ロンリープラネットのランキングは、歩行者の快適さよりも見どころの多さに基づいている。しかし、ローマと同じモニュメントをアメリカの近代的な方法で配置しても、ローマには勝てないだろう（ウォーク・スコアが54[注2]のラスベガスを考えてみてほしい）。ローマをはじめとしてヴェネツィア、ボストン、サンフランシスコ、バルセロナ、アムステルダム、プラハ、パリ、ニューヨークなどの都市がトップ10に選ばれた主な要因は、都市プランナーが「ファブリック（都市構造）」と呼ぶものであり、具体的には、各モニュメントを結びつける日常的な通り、街区、建物の集合体である。技術的な問題は多くあるものの、ローマのファブリックはすばらしい。

しかし、都市デザインにおける重要な側面の1つであるファブリックは、ほとんどの場面でウォーカビリティの議論から外れている。なぜなら、これまでの議論は、歩きたくなる都市というよりも、適切で魅力的な歩行者空間を作ることが中心だったからである。このテーマに関する文献には事欠かない。例えば、主にトロント郊外における歩行者のアクセスと安全性を妨げる要因に焦点を当てた「ウォーカビリティ研究」という新しい分野もある[注3]。これらの研究は参考にはなるが十分ではない。また、1980年代に有名になった「5つのB」（Brick［レンガ］、Banner［広告］、Bandstand［野外ステージ］、Bollard［保護柱］、Berm［狭い歩道］）のような都市美プログラムも同様であり、それによって美しくなったダウンタウンの多

注2　100点満点中54点。ウォーク・スコアについてはjaneswalk.netを参照。
注3　janeswalk.netを参照。

くは今では廃墟化してしまった[1]。

歩道の整備、信号機の設置、街灯の設置、ゴミ箱の設置などに多くの資金と労力が投入されてきたが、最終的に人々に歩いてもらうためには、これらの要素はどれほど重要なのだろうか。もし、安全な歩行者ゾーンを作ればウォーカビリティが高まるなら、1960年代から1970年代にかけて歩行者天国化した150以上のメインストリートはなぜ失敗したのだろうか[2]？単に安全できれいな空間を作るだけではなく、もっと多くのことが必要である。

歩行者は非常に繊細な生物であり、都市という鉱山に住むカナリヤのようなものである。適切な条件の下では、歩行者は繁栄して増殖する。しかし、その条件を整えるには、様々な基準に注意を払う必要があり、その中には簡単に満たされるものもあればそうではないものもある。これらの基準を列挙し、理解することは、私の一生をかけたプロジェクトであり、現在も進行中である。このことを解明したと自負するのはおこがましいが、これまで多くの時間をかけて学んできたことを伝える価値はあると思っている。あまりに多くのことを説明する必要があるため、私はこの議論を「ウォーカビリティの一般理論」と呼んでいる。

「ウォーカビリティの一般理論」では、歩行者に好まれるためには、「利便性が高い」「安全である」「快適である」「楽しい」という4つの条件を満たす必要があることを説明している。これら4つの条件はそれぞれ必須であり、どれか1つだけでは十分ではない。「利便性が高い」とは、日常生活のほとんどの場面が近くにあり、歩くことでそれらがうまく機能するように構成されていることを意味する。「安全である」とは、歩行者が自動車に轢かれないように道路が設計されていることを意味する。安全であるだけでなく、歩行者が安全だと感じられることが必要であり、それを満たすことはさらに難しい。「快適である」とは、沿道の建物や屋外空間が街路を「屋外のリビングルーム」にしていることであり、歩行者を惹きつけられない広大なオープンスペースとは対照的である。「楽しい」とは、歩道沿いに個性的で親しみやすい表情の建物が建ち並び、人の気配が感じられることである。

この4つの条件は、私が「ウォーカビリティの10のステップ」と呼んでいる一連の具体的なルールを考えるためのものである。これらについては後ほど詳しく説明する。これらの条件を組み合わせれば、都市をより歩きたくなるものにするための処方箋になると確信している。

しかし、まず最初に理解しなければならないのは、「ウォーカブルシティ（歩きたくなる都市）」とは単なる理想論ではないということである。それは、私たちの社会が直面している多くの複雑な問題、すなわち、我が国の経済競争力・公共の福祉・環境の持続可能性を日々損なっている問題に対する、シンプルで実践的な解決策である。だからこそ、本書は都市デザインの専門書ではなく、権力に対する本質的な呼びかけである。なぜウォーカビリティが必要なのかについては次のPART Iで詳しく述べる。

PART Ⅰ
ウォーカビリティがなぜ重要か

私たちははっきりと歩行者と車が対立する戦いを宣言したわけではない。しかし、多くのアメリカの都市は車のためにつくられ、車のために改造されてきたようだ。肥大化した車道とみすぼらしい歩道があり、樹木はなぎ倒され、ドライブスルーや10エーカー［約0.4ha］の駐車場が並ぶ。これでは、歩行者も道路を使って生活するということはまるで現実的ではなく、街路沿いの風景は自動車向けになってしまった。

このようになった背景を知ると驚かされることも多い。例えばマイアミでは住宅地の交差点がなぜこんなに大きいのかと思うことがある。2つの比較的狭い道が広々と拡がるアスファルト舗装の上で合流し、交差点を歩いて横断するにはものすごく時間がかかる。このようになった背景は、かつて消防組合が「消防士の人数が一定数以上乗っている消防車でないと出動しない」という協定を結んでいたからだった。それは安全のためにも、雇用の安定のためにも良いことなのだが、消防署長はその取り決めに応えるために頑丈な消防車を購入したのだ。その結果、マイアミの平屋建てが並ぶ住宅地で、高層ビルの火災用に作られた消防車の回転半径の大きさに合わせて交差点を設計しなければならない状況が長年続いていた[1]。

例えばこのマイアミでの話のように、分離した専門性や利益団体がコミュニティのデザインを決定するのは珍しいことではなく、今の社会では自分の専門性を超えた部分を気にとめない専門家は多い。学校や公園局は、メンテナンスが簡単でわかりやすくなるように、施設数を減らして1つ1つを大きくしたがる。公共事業部門は、除雪やゴミ回収のしやすさを中心に考えて新しい地域を計画したがる。交通局は、スプロール自体が交通量を増加させているのに、その交通量の多さを緩和しようと新しい道路をさらに建設する。これらのアプローチは、個別解としては正しいのかもしれないが、都市全体として合わせてみるとおかしくなる。

都市が正常に機能するためには、かつてのようにゼネラリスト（広範囲な知識をもつ人）が都市計画を行う必要がある。ゼネラリストなら、公園を集約すれば公園に歩いてたどり着ける人が減ることや、大型トラック向けのインフラは子どもにとって良い環境ではないこと、そして車線を増やすと交通量が増えるだけだということもわかるのだ。

最も重要なのは、プランナーや、できれば市長がゼネラリストとして、都市を運営する上で日々の雑務に追われて忘れられがちになる大局的な問題を考えることである。例えば以下のようなことだ——どのような都市なら経済的に繁栄するのか？どのような都市なら、市民は安全であるだけでなく、健康でいられるのか？世代を超えて持続可能な都市とはどのようなものか？

この3つの課題、「豊かさ」「健康」「持続可能性」は、どれもより歩きたくなる都市をつくるための3つの主要な論点でもある。

歩けること、それは都市部のアドバンテージ

私のクライアントとなっている都市はどこも「どうすれば企業や市民、特に若くて起業家精神を持った人材を自分の都市に惹きつけることができるのか？」という質問をしてくる。ただし、ミシガン州のグランドラピッズ市からの質問はちょっと違っていて、そこでは「どうしたら子どもや孫たちがまちから出ていかないようにできるだろうか？」と聞いてくるのだ（ちなみに私はここではまちを代表する篤志家たちに雇われている）。

質問に対する答えは当然のことながら、「都市はそういった人材や若い世代が求めるような環境を提供する必要がある」ということである。ミレニアル世代を中心としたクリエイティブクラスの人々は、「ストリートライフ」がある地域を好むという調査結果が出ている。しかし、ストリートライフのような文化は、ウォーカブルでなければ生まれないのだ。

果たして、メレルやパタゴニアの靴を製造しているウルヴァリン・ワールド・ワイドの経営陣が、ウエスト・ミシガン郊外の本社からクリエイティブな従業員が出ていくのを引き留められずにいた理由には、ストリートライフの欠如があった。引き留められない責任は会社にあるのではなく、新しくまちにやってきた従業員のパートナーが、地域で交流の場に入り込む余地がないと思ったのが原因だった。ウエスト・ミシガンの人々は開放的でおもてなし気質があると知られているのにもかかわらず、である。ではなぜそう思われたのだろ

うか？実はウエスト・ミシガンでは交流の場には車でしかアクセスできないということがあり、つまりは招待されなければ、そういった交流の場に参加できない。歩く文化がないため、偶然に出くわすことで友人関係に発展する機会が存在しなかったのだ。

そこで、新しくアパレル部門を立ち上げる際に、この会社はオレゴン州のポートランドに拠点をつくった。

その後、ウルヴァリン社は他のウエスト・ミシガンのトップ企業3社とともに、グランドラピッズ市のダウンタウンに新しいイノベーションセンターを設立した。ウルヴァリン社の社長兼CEOであるブレイク・クルーガーは、「会社にとってミレニアル世代のクリエイティブな人々を惹きつけて離さない都市の拠点が必要でした。活気に満ちた中心地が必要なのです。郊外よりも、ダウンタウンのほうがクリエイティブに住んで・働いて・遊べる環境が整っています」と語っている。この施設には現在、12の異なるブランドのデザイナーや製品開発担当者が集まっている。

ただし、多くの企業にとって都会のサテライト・センターだけでは従業員を惹きつけるには十分ではない。オハイオ州の緑豊かなビーチウッドにあったブランド・マッスル社は、若い世代の従業員の要望もあって、最近150人の従業員全員をクリーブランドのダウンタウンに移転させた。例えばスタッフのクリステン・バブジャックは、今では都会的なライフスタイルを自慢するようになった。「アパートを出て5フィート［約1.5m］も歩けば、レストランに行って食事したり、買物をしたりできるんです。アリーナやスポーツ施設、コンサートなども、すべて歩いて行けます」[注1]。似たような話は、

注1　デイビッド・バーネット『クリーブランドでのダウンタウンへのカムバック』より。また、ユナイテッド航空も、従業員300人をイリノイ州郊外のエルクグローブ・タウンシップからシカゴのダウンタウンに移した（フラン・スペルマン『ダウンタウンに1300のユナイテッドの雇用が生まれた』より）。

セントルイス、バッファロー、そして苦境に立たされているデトロイトでも話題になっている。

ウォーカブルな場所では、すでに経済的な優位性が生まれ始めているが、これには3つの重要な要因がある。第一に、特に若い「クリエイティブな人々」たちにとって、都市での生活が魅力的であるということだ。このような人々は他の場所では生きていけないだろう。第二に、現在起きている大規模な人口動態の変化は、こうした都市部を好む住民が人口の多数を占めつつあることを意味し、都市への需要増加を生み出している。そしてこういった動きは今後数十年続くと予想される。第三に、歩いて生活できるライフスタイルを選択した世帯ではかなりの節約効果があり、その節約分の多くは地元での消費に回されているということである。これらの要因を順に説明していこう。

歩いて生活する世代

私が90年代にマイアミの都市計画事務所「DPZ」[注2]で働いていたときは、例外なく全員が車でオフィスに通勤していた。バスは永遠に着かないのかと思うほど時間がかかるし、自転車は危険極まりないので、公共交通機関や自転車を利用しようとは思わなかったのだ。ところが最近は、そういった交通手段の状況が良くなったわけでもないのに、若いデザイナーの多くが自転車やバスを利用するようになったようだ。

彼らはオフィスのキッチンにコンポストを設置している人たちである……そう考えると、彼らは意識高めの、例外的な存在なのだろ

注2　DPZとは、拙著『サバーバン・ネーション』の共著者であるアンドレス・デュアニーとエリザベス・プラター＝ザイバークが設立したデュアニー・プラター＝ザイバーク事務所のことである。

うか？

そう思ったのだが、実はアメリカでは90年代後半以降、自動車の走行距離統計の中で、20代のドライバーによる距離の割合は、20.8%から13.7%に減少している。また、10代の様子を見ると今後の変化はさらに大きくなりそうだ。運転免許を取得しないことを選択した19歳の若者の数は、70年代後半の8%から23%と、ほぼ3倍に増えている[1]。この調査結果は、70年代からアメリカの風景がどのように変化したかを考えるととても意味深い。70年代当時は現在の自動車依存のスプロールの状況とは対照的に、アメリカのティーンは学校や買物、サッカー場まで歩いて行くことができたのだから。

若い世代の車依存が減る傾向は、2008年の景気悪化やその後の燃料高騰のかなり前から始まっていたので、経済的背景によるものではなく、文化的なものであるようだ。市場を調査するJ. D. パワー社は車反対運動の一員ではないが、「10代の若者によるオンラインでの議論の結果、車の必要性や所有欲に関する認識の変化が示された」と報告している[2]。リチャード・フロリダも『ザ・グレート・カー・リセット』の中で次のように述べている。「最近の若い人たちは……もはや車を必要な出費だとか、自由の象徴とは考えていない。むしろ反対の考えが増えている。車を持たないことや家を持たないことで、より大きな柔軟性や選択肢、個人の自律性を得ることができると考える人が増えているのだ」[3]。このような車に対する考え方の変化は、車との結びつきよりも、都市との結びつきが人々にとってより強くなっているという大きな流れの一部を示すものだ。これは、前の世代と比較して、今の若いホワイトカラーの人々がより自分のことを都市住民として認識していることを示すものでもある。

ベビーブームが終わった頃に生まれた私は、毎日のように3つのテレビ番組を見て育った。「ギリガンズ・アイランド［無人島で暮らすコメディ］」「ブレイディ・バンチ［家族を描くコメディ］」「パートリッジ・ファミリー［カリフォルニアを舞台とした家族ドラマ］」である。「ギリガンズ・アイランド」はアーバニズムについてほとんど語っていなかったが、他の2つの番組は非常にためになった。これらの作品は、20世紀半ばの郊外の標準形を理想化したもので、そこでは緑豊かな敷地に低層の家が建ち、その周りには同じような家がたくさん並んでいる。これらは標準的な、良い住宅地像だった。建築家を目指していた私は、マイク・ブレイディ［前述の「ブレイディ・バンチ」に出てくる父親役で、建築家という設定］が設計したスキップフロアのある家に特に影響を受けた。もっとも、私が見ていたテレビ番組に都市中心部に関する番組が含まれていなかったわけではなく、そういった番組もある程度見た。印象に残っているのは「ドラグネット［ロサンゼルス市警のドラマ］」「マニックス［ロサンゼルスの探偵のドラマ］」「サンフランシスコの街角［犯罪ドラマ］」「ハワイ5-0［刑事ドラマ］」の4つで、いずれも犯罪をテーマにしたものだった[注3]。

ここでは70年代に育った私の経験と、90年代前後に「サインフェルド［コメディドラマ］」や「フレンズ［コメディ・恋愛ドラマ］」、そして「セックス・アンド・ザ・シティ［恋愛ドラマ］」を見て育った世代の経験を対比してみよう。これらの番組では、大都市（すべてニューヨークが舞台である）は、優しく受け入れてくれる、興味深い場所として美しく描かれており、その都市の存在自体が登場人物の1人であり、共演者であった。アメリカの大都市は、ニュー・

注3　念のため付け加えておくと、コメディドラマの「ハネムーナーズ」や「ルシル・ボール・ショー」では、狭いアパートの窓の外に街がぼんやりと煤けたような形で存在していた。それは恐ろしくもないが、ウェルカムな感じでもない。唯一の特筆すべき例外は「メアリー・タイラー・ムーア・ショー［コメディドラマ］」である。このドラマについては後述する。

ノーマルとなり、良いものであるとされた。

この比較から私が最初に感じたことは、どうも私は子どもの頃にテレビを見すぎたようだということである。ただ、ここで重要なのは、今日の若いホワイトカラーの人々は、大衆文化（テレビもその一部に過ぎない）の中で育ったため、都市を好ましく思い、都市に住むことを望むように仕向けられたということだ。私は郊外に住み、郊外に関する番組を見て育ったが、若い世代は郊外で都市中心部に関する番組を見て育った。私は都市に対してひとりよがりな思いを持っていたが、若い世代にとっては都市は憧れの的なのだ。

ミレニアル世代は、この50年間で最大の人口増加世代である。また、大学教育を受けたミレニアル世代の64%はまず自分が住みたい場所を選び、その後に仕事を探す[4]。その中の77%もの人は、アメリカの都市中心部に住むことを計画している[5]。

人口動態の危機

ただし、ミレニアル世代という「フレンズ」を見て育った世代が、新しい居住地を探している唯一の集団というわけではない。ミレニアル世代の親であるベビー・ブーマー世代の方が集団としては大きい。ベビー・ブーマー世代は、多額の貯金があり、学校に通う年齢の子どもがいないという、どの都市も来てほしいと思う市民である。

ブルッキングス研究所のエコノミストであるクリストファー・レインバーガーは、この「ブレイディ・バンチ世代／フレンズ世代」現象を示した。これは、子ども（ミレニアル世代）が成長して家から出て行ったような世代（ベビー・ブーマー世代）はまちのウォーカビリティを求めるという現象である。

ベビー・ブーマー世代の人々は約7700万人で、人口の約4分の1を占める。この世代が65歳に差し掛かった今、彼らは自分たちの郊外の家が大きすぎると思っている。子育てが一段落し、空っぽになった部屋でも冷暖房が必要で、掃除もしなければいけないし、使われていない裏庭の手入れもしなければならない。郊外の家は、社会的に孤立していることもあるだろう。特に目が老化し、身体反応が鈍くなると、あちこち車を運転して行くのもいやになる。この世代にとっての「自由」とはむしろウォーカブルで、交通の便が良く、図書館や文化的な活動、医療などの公共サービスが充実し、アクセスしやすいコミュニティに住むことなのだ[6]。

1980年代、都市計画を担当していた同僚と私は、社会学者から「NORC（a naturally occurring retirement community：高齢化したコミュニティ）」という言葉を聞くようになった。確かにこの10年間で、私の両親の世代が郊外の大規模な家を捨てて、多様な用途が混在する都市中心部に移り住むケースが増えているのを見てきた。私の両親も郊外離脱組で、昨年、緑豊かなマサチューセッツ州のベルモントヒルから、わずかに緑が少ないものの、ウォーカブルなレキシントン・センターに引っ越した。両親にとってはウォーカビリティが高まることで、郊外で引きこもるような生活から、都市での数十年にわたる自立した生活への転換が期待できるのだ。

80代になろうとしている私の両親は、「レイト・アダプター（追随型）」と言えるだろう。しかし、ベビー・ブーマー世代より前の世代である彼らの動きは、これから起こるであろう激しい変化のほんの前触れに過ぎない。レインバーガーは、これから毎年平均150万人のアメリカ人が65歳になり、その増加率は10年前の4倍になると述べている[7]。そして2020年まで増加率は上昇し続け、現在［原著の出版年は2012年］のレベルに戻るのは2033年である。

ベビー・ブーマー世代のリタイア組は、彼らの独立した子どもたちもあわせて考えると、郊外を好むことの多い子育て世代を数の上で圧倒することになる。このような集団の形成は、「ベビーブーム以降、最大の人口動態の変化」[8]を意味する。また、これから2025年までの間に新たに形成されると予測される1億100万世帯のうち、88%が子どものいない世帯となることが予測されている。これは、1970年には全世帯の約半分が子どもを持つ世帯だったことを考えると劇的な変化だ[注4]。大人しかいない世帯は、地域の学校の質や裏庭の広さなどを気にしない。「このような変化は、多くの可能性の扉をひらくでしょう」とレインバーガーは言う[9]。

私は、統計上は少数派となる幼い子どもを持つ親として、家族のための公立学校や近隣公園の充実を提唱している。多世代間のつながりがないと、コミュニティは豊かにならないと人々に言い続けているのだ。そして、私はデイビッド・バーンの言葉をよく引用する。「子どもたちのために良い都市を作ることができれば、すべての人々のために良い都市を作ることができる」という言葉だ[10]。これはとても正しい指摘だが、私はこのような法則に全く当てはまらないマイアミのサウスビーチというところで10年間快適に暮らしたことを思い出す。そこでは、1か月の間に一度もベビーカーを見ないこともよくあった。私の近所には35歳〜55歳くらいの年齢の子育て世代はいなかったのだ。しかし、サウスビーチは空間的にも社会的にも経済的にもすばらしい場所であり続けている。人口統計学的に言

注4　クリストファー・レインバーガー『アーバニズムへの意見』pp.89-90より。この本は、この章の中心的な資料であり、ウォーカブルシティへの需要に関連する多くの議論と統計が示されている。また1950年には400万人のアメリカ人が1人暮らしをしていたが、現在では3100万人を超えている（ネイサン・ヘラー『つながりを失う』p.110より）。USAトゥデイ［アメリカ全国紙］によると、子どものいる家庭よりも犬を飼っている家庭の方が多いという（ハヤ・エル・ナッサール『多くの近隣住区では、子どもは遠い記憶である』より）。

えば、サウスビーチはアメリカの多くの都市の未来像でもあるのだ。
似たような例はウォーカブルなワシントン D. C. でも見られる。そこでは過去 10 年間で 20 歳から 34 歳までの人口が 23％増加し、同時に 50 代から 60 代前半の人口も増加している。一方、15 歳以下の子どもの数は 20％減少している[11]。
このような人口の動向が都市に与える大きな影響について、レインバーガーは楽観的である。彼はオンラインマガジン「グリスト」への寄稿で、「歩きたくなる都市への潜在的な需要を満たすには、一世代はかかるだろう。20 世紀後半に低密度の郊外が開発されたときのように、歩きたくなる都市の開発は不動産業界に恩恵をもたらし、アメリカ経済の基盤を何十年にもわたって支えることになるだろう」[12] と述べている。それが低迷するアメリカ経済を救うことができるかどうかは別にして、彼は、人々は都市に戻ってくるという説得力のある主張をしているのだ。
しかし、疑問は残る。そういった人たちが戻ってくるのは、あなたのまちなのだろうか、それとも他のまちなのだろうか。その答えは、ウォーカビリティにあるかもしれない。
レインバーガーは、かつてアメリカ最大の不動産アドバイザリー会社であるロバート・チャールズ・レッサー社のオーナーであった。つまり、多くのスプロールの建設に貢献した人物である。彼は今、郊外の多くの地域が「次のスラム」になると確信している[13]。
不動産収益を研究するために、レインバーガーはアメリカの都市の環境を「歩きたくなる都市部型」と「運転しやすい郊外型」[注5] の 2 つに分類した。デトロイト地域では、歩きたくなる都市部型の住宅は、運転しやすい郊外型の住宅に比べて 40％、シアトル地域では 51％、デンバーでは 150％の価格が上乗せされる。ニューヨークはその価値が当然ながら最も高く、200％の価格が上乗せされる。

つまり、歩きたくなる地域の住宅には同程度の郊外住宅と比べて、平方フィートあたりでニューヨークでは3倍の価格が支払われているということだ。そしてほとんどの市場では、歩きたくなる都市部型の需要が供給を大幅に上回っている。例えばアトランタでは、歩きたくなる場所に住みたいと考えている世論調査の回答者のうち、実際に住むことができたのはわずか35%だった[14]。

事業用の建物でも同じような現象が見られる。ワシントンD. C.では、最近、徒歩でアクセスしやすいオフィススペースは、車でアクセスしやすい郊外のオフィススペースに比べて27%のプレミアがついた価格で賃貸に出されており、空室率は1桁である。ウォール・ストリート・ジャーナル紙によると、全米で同様の傾向が確認されており、郊外のオフィス空室率が2005年から2.3ポイント上昇しているのに対し、アメリカのダウンタウンのオフィスの稼働率は安定している[15]。

これらの数字を見て、レインバーガーはこう結論づけている。

> 歩きたくなる都市づくりをしない都市圏は、おそらく経済発展の機会を失うことになるだろう。クリエイティブクラスは、生活環境において多様な選択肢がある都市圏に引き寄せられるだろう。……2006年にフィラデルフィアとデトロイトのダウンタウンで行われた消費者調査で明らかになったように、このような傾向は特に高学歴者に当てはまり、彼らはウォーカブルな都市部に住む

注5　この分類は、少し誤解を招く恐れがある。というのも、歩きたくなる都市部では車で移動することもできるが、運転しやすい郊外部では歩いて移動できないからである。もっと正確に言えば、歩きたくなる都市部では、可処分所得があり、交通渋滞に費やす時間がある人々にとっては、車を運転することは実行可能な選択肢であり続けるが、運転しやすい郊外部では、歩くことは、車を運転するという選択の余地のない、最も恵まれていない人々によってのみ行われる行為である。

ことをより好むようだ[16]。

歩行者にとって快適な場所を求める声が高まっていることは、地域のウォーカビリティを評価するウェブサイトである「ウォーク・スコア」の大ヒットにも表れている[注6]。このサイトは、2007年にマット・ラーナー、マイク・マシュー、ジェシー・コーチャーの3人によって、思いつきで始められたものだ。彼らは、そのようなサイトを運営するにしては自動車業界的な名前である「フロント・シート」というソフトウェア会社の共同経営者だった。ラーナーは最近私にこう話してくれた。「以前、NPR〔米国公共ラジオ〕でイギリスのフード・マイルについての話を聞いたことがあります。フード・マイルではその食べ物が家庭に届くまでどれくらいの距離を旅してきたかをラベリングするのです。それを聞いて、私は『ハウス・マイル』という基準があってもいいのではないかと思いました。つまり、日常生活を営む上で、自分の家からどれくらい旅をしなくてはいけないのかという意味です」。

地域は5つのカテゴリーでランク付けされており、50点で車依存からややウォーカブルな街へとランクアップする。70点は「とてもウォーカブル」とされ、90点以上で「歩く人にとってのパラダイス」を意味する。サンフランシスコのチャイナタウンとニューヨークのトライベッカ・エリアは100点であり、ロサンゼルスのマルホランド・ドライブは9点、マイアミのサウスビーチは92点となっている。オレゴン州ビーバートンにあるナイキの本社は車に依存する地域とされて42点で、全米で「ウォーキングの第一人者」

注6　ラーナーによると、試験的バージョンを立ち上げた際、「20人の人にこのホームページについてメールしたら、翌日には15万人がアクセスした」という。現在、「ウォーク・スコア」は毎日400万以上のスコアを提供している。

と評価されているレスリー・サンソン［フィットネス・インストラクター］の住むペンシルバニア州ニューキャッスルは37点である[注7]。

興味深いことに、ウォーク・スコアは不動産業者の間で大ヒットしている。彼らの要望に応えて、「フロント・シート」チームは最近、ウォーク・スコアのプロフェッショナル版を開発した。これは、すでに1万以上の他のウェブサイト（そのほとんどが不動産業者のもの）からのリンクを誇るサブスクリプションサイトである。

不動産エージェントの1人である、エヴァ・オットーに話を聞いた（彼女はウォーク・スコアのホームページに推薦人として写真が

注7　ウォーク・スコアの面白いところは、ウォーカビリティを「日常生活に必要な場所への近さ」という一側面からしか測定していないにもかかわらず、測定精度が高いところである。具体的には、ショッピング、外食、コーヒーショップ、公園、学校など、9つの異なる「アメニティ・カテゴリー」からどれくらい（直線距離で）離れているかのアルゴリズムである。本書内でこれから説明するように、本当の意味でのウォーカビリティは、街区の大きさや車のスピードなど、ウォーク・スコアが測定していない他の多くの要素に大きく左右される。しかし、（今のところ）これらの属性を測定することができなかったとしても、あまり問題にはなっていない。様々な用途が近接して混じり合っている場所は、小さな街区であり、車がゆっくり走る場所である傾向が強いからである。混合した用途と歩行者向けの道路は両者とも伝統的な都市の近隣地域モデルの特徴である。一方で、単一の用途や歩きにくい道路はもう1つのモデル（スプロール型）を構成している。ウォーク・スコアのアルゴリズムがうまくいかないのは、密度の高い商業型のエッジ・シティである。ここでは、巨大な駐車場の中でしか歩けないにもかかわらず、小売店が圧倒的に多いため、スコアが上昇する。そのため、ジョエル・ガローの著書『エッジ・シティ』の表紙にもなっている、スプロールの申し子であるバージニア州タイソンズ・コーナーは、87点というすばらしい評価を得ている。これは、私が住むワシントンD. C.のUストリートよりも2ポイント高い数値である。タイソンズ・コーナーで車を持たない生活をすることは、違法ではないにしても、やはり非常識だ。

幸いなことに、開発者たちはアルゴリズムの改良に取り組んでいる。「ストリート・スマート」と呼ばれる新しいバージョンでは、街区の大きさ、道路の幅、車の速度を考慮している。この新しいバージョンは、いずれオリジナルのバージョンに取って代わるだろう。おそらく、あなたがこれを読んでいる頃にはもうそうなっているかもしれない。しかし、ラーナーらは、あまり急いではいけないと考えている。「ストリート・スマートに変更すると、多くの人にとってスコアが変わるので、長いベータ版期間を設けて出てくる問題を解決したいと考えています」。

出ている）。彼女は「シアトルのような場所では、ウォーカビリティが購入者の判断材料になることがあります。ウォーカブルな物件ならば、5～10％くらい上乗せして払うような人もいます」と自信を持っている。彼女が担当する物件では、ウォーク・スコアのサイトによるアメニティマップを家の中のわかりやすい場所に置いている。彼女が担当する不動産の買い主には、「生活する中で、家以外の場所に行くのに車に乗る必要がなければ、驚くほど生活の質が向上し、ものすごく快適だ」ということを認識する人が増えているそうだ。

ウォーク・スコアが人々が住む場所を決めるのにそんなに役に立っているならば、人々がどの程度ウォーカビリティを評価しているのかを見極めるのにも使えるだろう。ウォーク・スコアが登場して数年が経過した今、機知に富んだ経済学者たちがウォーク・スコアと不動産価値の関係を研究し、1点あたり500ドルから3000ドルに値するという価格をつけたのだ。

CEOs for Cities［都市のリーダーのネットワークグループ］による「着実な実行：アメリカの都市でいかにウォーカビリティが住宅価値を高めているか」と題した報告書で、ジョー・コートライトは、シカゴ、ダラス、ジャクソンビルなどの全米15の市場における9万件の住宅販売データを調査した。住宅価格に影響を与えると言われている他の要因をすべて調査した上で、2つの住宅市場以外はウォーカビリティと住宅価格の間に明らかな正の相関関係があることを発見した[注8]。代表的な例であるノースカロライナ州のシャーロットでは、ウォーク・スコアが都市部の平均値である54（やや歩きや

注8　例外はラスベガスとカリフォルニア州ベークルスフィールドで、これらの都市は伝統的な都市計画がほとんどない都市であった（コートライト『着実な実行』p.2）。ワシントンD.C.地域を対象とした最近の調査では、クリストファー・レインバーガーとマリエラ・アルフォンゾが、すべての市場区分でウォーク・スコアとの正の相関関係を発見している。彼らは、ウォーク・スコアの5つのカテゴ

すい）から71（とても歩きやすい）に上昇すると、平均住宅価格が28万ドルから31万4000ドルに上昇するという相関関係が見られた[17]。ウォーク・スコア1点あたりでは2000ドルに値することになり、つまり、ウォーク・スコア満点の価値はシャーロットでは20万ドルとなる。興味深いことに、この20万ドルという金額は、ワシントンD. C.のウォーカブルな地域で建築可能な空き地を購入する場合の最低価格とほぼ同じなのだ。

もちろん、データを裏付けるためには、実際に人々が何を求めているかを聞くことが有効である。市場調査会社のベルデン・ルッソネロ＆スチュワート社が、全米不動産協会のためにアメリカの成人の数千人を対象に行った調査によると、次のような結果が得られた。「住む地域を選ぶ際、半数近く（47％）の人が都市部か、住宅・店舗・ビジネスが混在している郊外に住みたいと考えている。住宅しかない郊外を好む人は10人に1人しかいない」[18]。アメリカの都市環境の大半が後者であることを考えれば、歩きたくなる都市生活への需要が供給をすでに上回っていることは驚くことではない。この供給と需要のバランスの悪さは、今後も拡大していくだろう。

ウォーカビリティが与えてくれるもの

2007年、ウォーク・スコアの価値を調査したジョー・コートライトは、「ポートランドの緑が与えてくれるもの」というレポートを発表した。その中で、歩きたくなるまちであることはポートランドに何をもたらしたのか？という問いを設定している。結論として、

リーを参照しながら、「ウォーカビリティの段階が1段階上がるごとに、オフィスの年間賃料では1平方フィートあたり9ドル、小売店の賃料では1平方フィートあたり年間7ドル、アパートの賃料では1か月あたり300ドル以上、住宅の価格では1平方フィートあたり82ドル近くが加算される」と述べている（クリストファー・B・レインバーガー『今必要とされる歩きやすい、便利な場所』）。

ポートランドはウォーカブルであることによって相当の利益を得ていることがわかった。

まずは、ポートランドの特徴を説明する必要があるだろう。ポートランドはもちろんマンハッタンではない。まちは特に大きくもなく、小さくもなく、アメリカの基準から見ると住宅の密度もごく普通だ。最近では、かなりの数の産業が誘致されているが、歴史的にそのような傾向がもともとあったわけではなく、鉱物資源に恵まれているわけでもない。ポートランドは雨が多いが、ユニークなことに、地元の人たちは雨が降っても傘を使わないことを誇りにしている。そして最も面白いのは、午前1時の静寂に包まれた2車線の道であっても、陽気な東海岸の人間が楽しそうに交差点を闊歩していても（そんなことをする人はどこの人かは名指しはしないが）、ポートランドの人々は「横断禁止」のサインに従うところだ。

しかし、ポートランドの真の独自性は、都市の成長のあり方にある。アメリカの多くの都市は高速道路を建設し続けていたのに対して、ポートランドは公共交通機関や自転車に投資したのだ。多くの都市が移動の速度を上げることに血道を上げていたのに対し、ポートランドは道幅を狭くする計画を導入した。アメリカの多くの都市が、都市エリアと明確に区別できないかたちでスプロールという脂肪を蓄積していたのに対し、ポートランドは都市が成長する上での境界線を設定した。これらの努力は、数十年という、プランナーにとっては一瞬に感じられる時間をかけて、ポートランド市民の生活様式を変えてきた[注9]。

それは自転車で走りまわる人たちがいなければ気づかないような

注9　正確に言うと、ポートランドは、スプロールという脂肪を免れていない。しかし、都市成長範囲の境界のおかげで、ポートランドは境界線を設定しない場合よりもコンパクトに連続した都市となっている。

変化で、劇的な変化ではないが重要なものだ。アメリカの他都市では、住民が車で遠くまで移動し、交通渋滞に巻き込まれる時間が年々増えているのに対し、ポートランドでは1人あたりの走行距離は1996年がピークだった。現在では他の大都市圏と比較して、ポートランド市民の車での平均移動距離は20%少ない[19]。

これは小さな違いだと思うだろうか？ところがそうでもないのだ。コートライトによると20%（市民1人あたり1日4マイル［約6.4km］）車の移動が減れば、年間では11億ドル節約したことになる。これはこの地域で得られる全個人所得の1.5%に相当する。この換算には、交通渋滞で無駄にしなかった時間は入っていない。実際には、交通量ピーク時の移動時間は1日54分から43分に短縮されている[20]。コートライトは、この効果でさらに15億ドル節約されるとしている。この2つの金額を足すと、本当に大きな金額になる。

この節約されたお金はどこにいくのだろうか？ポートランドは、1人あたりの独立系書店の数と自動車の屋根に荷物を載せるルーフ・ラックの数が最も多いと言われている。また、1人あたりのストリップクラブの数も多いとも言われている。これらの評判は誇張された部分はあるが、あらゆる種類の娯楽を平均以上に消費していることが示されていると言えるだろう。ポートランドには、他の大都市（シアトルとサンフランシスコを除く）と比べて、1人あたりのレストラン数も多い。オレゴン州の人々は、他のアメリカ人よりもアルコールにかなりお金をかけている[21]。これは良い部分も悪い部分もあるだろうが、どちらにせよ車の運転量が減るのは良いことだ。

もっと大事なことは、節約した分はどのような使途にせよ、車の運転に使われた場合よりも地元経済に貢献する可能性が高いということだ。自動車やガソリンに使われたお金の約85%は、地元の経済から離れ[22]、そのお金の多くは中東の王族のものとなる。運転を減らして節約したお金の大部分は、おそらく住宅に使われるだろう。なぜなら、交通費が少ない家庭ほど住宅にお金をかけるという全国的な傾向があるからである[23]。そのような使い方はもちろん、限りなく地元密着の使い方である。

住宅と自動車の関係は重要であり、特に交通関連のコストが急増していることから、近年この2つの関係に関する研究が多く行われている。1960年には、交通関連の費用は一般的な家庭の家計の10分の1を占めるに過ぎなかったが、今では5分の1以上となっている[注10]。つまり、アメリカの平均的な家庭では、1年に約1万4000ドルを複数台の車の運転のために費やしていることになる[24]。この計算からすると、毎年1月1日から4月13日までは、車関連の支払いのためだけに働いているようなものだ。驚くべきことに、収入が2万ドルから5万ドルの典型的な勤労者世帯は、住居費よりも交通関連費用の方が多い[25]。

このような状況になったのは、典型的なアメリカの勤労者世帯は郊外に住んでいて、勤務地の近くに住宅を買えるようになるまでは、遠くから通うという実態が多いからだ。経済的に余裕のない家族は、銀行の融資条件を満たすような低価格な住宅を求めて、どんどん都心から離れていく。残念なことに、そうすることによって運転コストが住宅のための貯蓄より重荷になるのだ[26]。このような現象は、ガソリンが1ガロンあたり2.86ドルだった2006年に顕著に見られた。当時、車に依存する世帯は収入の約4分の1を交通費に充てていたのに対し、徒歩圏内で生活する世帯が使う交通費はその半分以下にとどまっていた[27]。

注10　キャサリン・ルッツ、アン・ルッツ・フェルナンデス『カージャックド』p.80より。また、1世帯あたりの車の走行距離は1969年から2001年にかけて70％増加した（チック・クーシアン、スティーブ・ウィンカーマン『より豊かになるために』p.3より）。

そのため、ガソリンが1ガロンあたり4ドルの価格を突破し、住宅バブルが崩壊したとき、差し押さえの震源地が都市の周辺部にあったのは当然のことだろう。クリストファー・レインバーガーが指摘するように、そういった場所は「社会活動に参加するために家族が車を所有する必要があり、住宅ローンの負担能力を消耗していた場所」なのだ。そして、「周辺部の住宅価格は都市部の平均の2倍も下落したが、歩きたくなる都市部の住宅は価値を維持する傾向があり、現在では一部の市場では順調に回復している」[28]のだ。中心市街地が郊外よりうまくいっていた、というだけでなく、歩きたくなる都市は車優先型の都市よりもうまくいっていたのだ。キャサリン・ルッツとアン・ルッツ・フェルナンデスは、「住宅価格が大きく下落した都市（37％下落したラスベガスなど）は、最も自動車に依存しており、住宅価格が上昇した数少ない都市は、交通手段が充実している」と述べている[29]。

このような分析はオーランド（フロリダ州）やリノ（ネバダ州）にとっては悪いニュースだが、ポートランドにとっては良いニュースだ。また、ワシントンD.C.にとっても良いニュースであり、D.C.は交通機関への過去の投資の恩恵を受け続けている。2005年から2009年にかけて、ワシントンD.C.の人口が1万5862人増加したのに対し、自動車の登録台数は約1万5000台減少した[注11]。ナショナル・ビルディング・ミュージアムは、インテリジェント・シティ構想の中で、自動車の使用が減ることで、毎年1億2727万5千

注11　ナショナル・ビルディング・ミュージアムによるインテリジェント・シティ構想のポスターより。2009年1月20日に1万5千人のブッシュのスタッフが3万人のオバマのスタッフに入れ替わったことで、このような自動車登録数の減少が起きたと考えられる。ブッシュのスタッフの多くは、共和党支持州であるバージニア州の「環状線の外側（＝郊外）」［D.C.は495号線という環状線より内側に位置し、バージニア州とメリーランド州に囲まれている］に住んでいることを誇っていた。

ドルものお金が地域経済に残ると指摘している[注12]。

これらは、車を運転しないことによる経済効果である。加えて、車を使わずに徒歩や自転車で移動したり、公共交通を使うことで、さらなる経済効果はあるのだろうか？エビデンスは十分でないかもしれないが、ポジティブな面が示されている。健康面でのメリットはとりあえず抜きにして、雇用の創出という点で明らかな違いがある。道路や高速道路の工事は、大きな機械と少ない作業員で行われるため、雇用増加にはつながらないと言われている。一方、公共交通機関や自転車道、歩道の建設は、それより60％から100％くらいの雇用改善効果がある。オバマ大統領の「米国再生・再投資法」に関する調査では、高速道路よりも公共交通機関の建設の方が70％も雇用を増やすことができたと報告されている。この指標によれば、この雇用創出プログラムで道路建設の資金がすべて公共交通機関に使われていたなら、5万8千人以上の雇用がさらに創出されていたことになる[注13]。

地域レベルではどうだろうか。ポートランドでは、過去数十年間に自転車関連施設に約6500万ドルを費やした。しかし、ある都市の高速道路のインターチェンジ1つを改造するのに1億4000万ド

注12 注11と同資料参照。「オーストラリアでも同様の調査が行われ、交通機関の発達した地域に住むことで、生涯で合計約75万ドルの節約になる可能性があり、そのほとんどが地元で消費されることがわかった」（ピーター・ニューマン、ティモシー・ビートレイ、ヘザー・ボイヤー『レジリエント・シティズ』p.120）という記述もある。また、一般的な家計では車を1台減らすたびに、13万5千ドル分増やして住宅ローンを組むことができるため、ワシントンD.C.の不動産価格がピーク時からわずか20％しか下がっていないのに対し、環状線を越えたところにある住宅は価値が半減している理由もそこから容易に理解できる。

注13 ボルチモアでの支出を調査したところ、道路に100万ドルかけると約7件の雇用が創出されるのに対し、歩行者施設に100万ドルかけると11件、自転車レーンに100万ドルかけると14件以上の雇用が創出されることがわかった（ハイディ・ガレット＝ペルティアー『歩行者・自転車・道路インフラの雇用効果の試算』pp.1-2）。

ル以上の費用がかかることを考えると[30]、この額はインフラ整備としてはそう多いものではない。また、この投資は自転車利用者の数を、全米平均くらいの数[注14]から15倍に増加させることにつながるだけでなく、900人近い雇用を創出することも期待されている。これは道路建設に費やしたと仮定した場合よりも約400人多いのだ。

しかし、ポートランドの本質は、交通費の節約でも、自転車道建設による雇用創出でもない。若くて賢い人々が大挙して移り住んでいることが本質なのだ。コートライトと共著者のキャロル・コレッタによると、「ポートランド都市圏において大学教育を受けた25歳から34歳の世代が1990年代の10年間で50%増加した。その増加速度はアメリカ全体の5倍であり、またこの年齢層の増加が最も速かった地域は、ポートランド市の中心部だった」[注15]とのことである。ウォーカブルであることによって、お金が節約されてそのお金が地元で使われるだけでなく、人々が住みたいと思う場所になることができ、そのことでもたらされる価値がある。サンフランシスコではそれが顕著である。YelpやZynga（ファーム・ビルを開発したソーシャルゲーム開発会社）などの企業のヘッドハンティング担当者は、採用ツールとして都市の魅力を積極的に活用している。Zynga社の人事部長であるコリーン・マクレアリーは「私たちは都会に立地しているからこそ、クリエイティブで技術力のある人材を雇うことができるのだ」[31]と認識している。

ただ、都市の生産性については、もっと奥深い背景がありそうに

注14　国勢調査によると、ポートランドの交通手段における自転車の割合は5.8%で、地元の調査では8%弱となっている。一方で、全米の平均は0.4%である。

注15　レポート「若くて落ち着かない人々」p.34より。大都市圏で大卒者数が10%増加すると、個人の収入は7.7%増加する。このことは、都市に住む大卒者以外の人々にも当てはまる。なぜなら、それらの人々の生産性も上がるからである（デイビッド・ブルックス『都市の輝き』より）。

も思う。歩きたくなるような密度の高い都市では、近接性のおかげで豊かになるという証拠は数多くある。つまり都市は人々が集まることで利益を得るために存在するのだが、驚くほど当たり前のこのことを証明するのはじれったいほど難しい[注16]。それでも、スチュワート・ブランド、エドワード・グレイザー、デイビッド・ブルックス、マルコム・グラッドウェルなどの一流の思想家たちも近接性の利点について触れずにはいられないのだ。

デイビッド・ブルックスはアスペン研究所での講演で以下のような指摘をした。それは、アメリカの特許出願の多くが自分の特許に影響を与えた類似特許をリストアップする際に、25マイル［約40km］以内にいる発明家を列挙しているということだ。また、デイビッドはミシガン大学で最近行われた実験にも言及した。「研究チームでは、グループを対面で集め、難しい協力ゲームをしてもらいました。その後、別のグループを作って、そちらには電子媒体を使ってコミュニケーションを取らせたのです。対面式のグループは成功しましたが、電子媒体を使ったグループは分裂し、ゲームに苦戦していました」[32]。

対面型での協働は、もちろんどんな場所でも可能ではある。しかし、歩きたくなる都市では、より簡単に対面で協力し合うことができるのだ。ミシガン大学のSMARTセンターの責任者であるスーザン・ザイリンスキーはこのような発言をしている。「ヨーロッパでは、1日に5つの効果的なミーティングを行うことができます。オーストラリアでは3回、アトランタではそのようなミーティングはおそらく2回しかできないでしょう。アトランタではミーティン

注16 今から25年以上前、ウィリアム・ホワイティの研究により、郊外への移転を選択した38社のニューヨーク企業の株相場を追跡調査したところ、移転しなかった35社の同種の企業と比べて、半分以下の割合でしか評価されていないことが判明した（ホワイティ『都市：中心を再発見する』pp.294-295）。

グを行うためにものすごい距離を、ものすごいスピードで移動しなくてはいけないのです。アトランタではいろんなことが自然と起きるような場にいることは難しい。ただ、車の中で座っている時間が多いだけなのです」[33]。この話は、科学者が挑み始めたより大きな論点を示している。それは、場所の成功をコントロールできるような共通ルールがあるのかどうか、ということだ。

理論物理学者のジェフリー・ウエストとルイス・ベッテンコートは、そういったものがあると信じている。彼らは、「法則のない分野」である都市理論を信じておらず、数学にしか興味がない。ウエストはこう記した。「データが明確に示しているのは、人が集まると生産性が上がるということです」[34]。同じ物理法則は逆にも働くのだろうか？ウエストの研究について『ニューヨークタイムズ・マガジン』に寄稿したジョナ・レーラーは次のように述べている。

> ただ、フェニックスやカリフォルニア州リバーサイドなど、アメリカでここ数十年最も急速に成長している都市の多くは、全く異なる都市モデルである。これらの都市では、公共スペースを失ってでも、アフォーダブルな一戸建て住宅のエリアを拡大し、中間層向けの郊外住宅を希望する労働者階級の家族がそこにどんどんやってくるのだ。しかし、ウエストとベッテンコートは、安く購入できる郊外の快適な生活は、様々な都市評価基準の低さにつながっていると指摘している。例えばフェニックスは、過去40年間の所得とイノベーション（特許数による）のレベルが平均以下なのだ[35]。

これらの調査結果は、環境保護庁が最近行った調査とも合致する。その調査では、州ごとに自動車の走行距離と生産性の間には逆の相関関係があることを示していた。与えられた条件設定で運転したとき、車で移動する距離が長ければ長いほど、運転する人の経済的なパフォーマンスは低下している[注17]。これを見る限り、交通渋滞で時間を浪費することは非生産的であるという都市プランナーの大胆な主張をデータが裏付け始めているようだ。

一方、ポートランド都市圏には現在、1200社以上のテクノロジー企業がある。ここはシアトルやサンフランシスコと同様に、教育を受けたミレニアル世代が偏在する場所のひとつである。このような現象をとらえて、人口統計学者のウィリアム・フレイは次のように述べた。

「アメリカの都市部への新しいイメージが生まれつつあります。かつては都市から郊外への白人の逃避が起きましたが、都市へ移り住むことは、知識ベースの仕事と公共交通機関にアクセスでき、新しい都市環境を享受できることに魅力を感じるような、意欲的な若い世代を惹きつける場所への「輝かしい移動」へと変わってきているのです」[36]。

これまでの常識では、経済を強化することがまず行うべきことであり、人口増加や生活の質の向上はその後で起こると考えられていた。しかし、今ではその逆で、生活の質を高めることが、新しい住民や仕事を呼び込むための最初のステップと考えられるようになった。「生物医学や航空宇宙の産業集約といったような、今時の高いレベルを目指す経済開発戦略を駆使しても、歩きやすい都市のパワーにはかなわない」とクリストファー・レインバーガーが考えるのはこのためだ[37]。

注17　クーシアン、ウィンカーマン『より豊かになるために』p.2より。この相関関係は特に意味があると思われる。というのも、裕福な人々は可処分所得によってより長く車を運転する選択もできるからである。

どうしてアメリカ人は歩けないのか

アメリカの都市プランナーにとって最高の日は、2004年7月9日だった。その日はハワード・フラムキン、ローレンス・フランク、リチャード・ジャクソンの3人が『都市のスプロールと公衆衛生』という本を出版した日である。

この本が出されるまで、歩きたくなる都市を作るための主な議論は、美的な側面と社会的側面だった。とはいえ、都市プランナー以外はそういったことを言う人さえいなかったのだ。しかし、私たちが郊外へのスプロールへのいらだちや、その統制のなさ、無駄を無関心層に訴えている間に、医者らのグループはもっと役立つことを黙々と研究していたのだ。それは、私たちを取り巻く空間としての環境が、いかに寿命を縮めるかということである。

1999年のことだが、アトランタのブフォード・ハイウェイを運転していたときにジャクソン博士はこの研究アイデアをひらめいた。このハイウェイはニューアーバニズム委員会が選ぶ「アメリカの最悪なストリート」[1]に選ばれた10か所のうちの1つで、低所得者向け住宅の1階が庭に面したガーデンアパートが立ち並び、「歩道がなく、信号の間隔が2マイル［約3.2km］もある」[2]7車線の道路である。博士は気温が35度もあるような日の午後に、このハイウェイ沿いで70代の女性が2つの買物袋を抱えてつらそうにしている状況を目撃したのだ。ジャクソン博士はこの女性のつらそうな状況を、疫学者としての自分の仕事に関連づけようと考えた。

もし、あの大変そうな女性が熱中症で倒れたら、医師は死因を熱中症と書き、木が不足していることや公共交通機関がないこと、貧弱な都市構造、ヒートアイランド現象によるものとは書かないだろう。もし彼女がトラックに轢かれて死んでいたら、死因は「自動車による外傷」であり、歩道や公共交通機関が不足していたことや、ひどい都市計画、政治的リーダーシップの失敗が原因とは書かないだろう。これが私にとっての発見の瞬間だった。人々が直面している最大のリスクは周辺の環境からもたらされるものなのに、私は病気の遠因に焦点を当てていたのだ[3]。

カリフォルニア州知事のアーノルド・シュワルツェネッガーの公衆衛生アドバイザーを務めていたジャクソン博士は、その後5年間かけて、私たちの病気の多くは自動車時代のウォーカビリティの衰退に直接起因していることを数値化した。その成果を出版することによって、都市プランナーによるスプロール化への警告に対して技術的な肉付けをすることができたのだ。

彼らのデータには説得力がある。アメリカは、GDPの6分の1を医療費に費やしているにもかかわらず、先進国の中でも最悪の健康状態にあると言われている。米国疾病管理センター（CDC）によると、2000年以降に生まれたアメリカ人の子どもの約3分の1が糖尿病患者になると言われている。これは、食生活の問題もあるが、都市計画の問題でもある。地域社会から「歩く」ということを徹底的に排除したことで、アメリカ史上最も身体を動かさない世代が形成されてしまった。さらに、全米で子どもと若者の最大の死因でもある交通事故による怪我や、自動車の排気ガスに関連している喘息の流行が、このような状況に拍車をかけているのだ。ウォーカブルな都市と自動車依存型の郊外を比較すると、目を見張るような統計結果が出ている。例えば公共交通機関の利用者は、CDC が推奨する１日 30 分の身体活動という基準を満たす可能性が、車を運転する人の３倍以上であることがわかっている[4]。つまりアメリカの健康問題は主にアーバンデザインの問題であり、ウォーカビリティは健康問題の解決法としてとても重要な位置を占めつつあるのだ。

こういったことから特に影響を受けているのは子どもたちだ。1969 年には約 50％が徒歩で通学していたが、現在は 15％にも満たない[注1]。そして、子どもが徒歩で通学すると、警察が家にやってくることもある。例えば 2010 年 12 月のソルトレイクシティの新聞では、サウスジョルダンに住むノア・タルボット君が登校中に警察に連れて行かれ、母親が育児放棄で警告を受けたという記事が掲載された[5]。ジャクソン博士と共著者は「子どもたちは、学校や近所で体を動かす機会を失っているにもかかわらず、注意力散漫や異常に活発であることを理由に薬を飲むことが多くなっている」と指摘している。「小学校３年生のクラスでは、男の子の３分の１がリタリンや類似の薬を服用しています」と言うのだ[6]。

全国の疫学者で同じような意見を持つ人も増えているが、都市のスプロールと公衆衛生の関係からわかったことを要約すると、活動量の低下を招く便利さ、危険なスピード、有害な排気ガスなどが車によってもたらされることで、「今の若者世代は歴史上初めて、親よりも短命になる」状況につながっているのだ[7]。

肥満という爆弾

アメリカ人の健康について論じるなら、話題の中心は肥満につい

注１　ニール・ピアース『自転車に乗り、歩く：私たちの秘密兵器？』より。また、小学校に自家用車で通学する子どもの数は、1969 年は 12％だったのが 2009 年には 44％に増加している（ナショナル・ビルディング・ミュージアムによるインテリジェント・シティ構想のポスターより）。

てにならざるを得ない[注2]。1970年代半ばには肥満のアメリカ人は10人に1人程度であり、現在のヨーロッパの大部分と同じような状況だった。しかしこの30年間に起こったことは驚くべきことであり、2007年までには肥満の割合が3人に1人にまで増加し[8]、あとの3分の1は「体重過多」と位置づけられる[9]。子どもの肥満率は1980年から比較すると3倍近くまで増加し、思春期の肥満率は4倍以上になっている[10]。アメリカ軍の規則によれば、25%の若年男性、そして40%の若年女性は、太りすぎて軍隊に入ることができないとされる[注3]。

1991年の時点では、成人の肥満率が20%を超えた州はなかった。2007年には、コロラド州だけが、20%未満の肥満率だった[11]。現在の傾向から予測すると、2080年には人口の100%が肥満になると思われる。私の子どもたちはその状況を目撃するだろう。ただし、肥満にならないことがそこまで生きている条件だが。

実際の体重を見ると、1970年代後半に比べて、男性は17ポンド[約7.7kg]、女性は19ポンド[約8.6kg]増えている。つまり、人口

注2　最近の医療費増加の約8分の1は肥満が原因だと言われている（ジェフ・メイプス『ペダルを踏む革命』p.230）。メディケア（公的医療保険制度）の報告によると、肥満の受給者には15%多くの費用を支払っている。肥満の従業員は、痩せている従業員に比べて12倍もの病欠を取っている。ゼネラルモーターズ社は、肥満による医療費が年間2億8600万ドルに上ると報告している（トーマス・ゴッチ、ケビン・マイルズ『アメリカのためのアクティブな交通機関』p.29）。都市問題ライターのニール・ピアースは、「肥満の危機に対処できなければ、心臓病や糖尿病が増え、医療費を削減するための国全体の努力が水の泡になることは間違いない」と述べている（ピアース『自転車に乗り、歩く：私たちの秘密兵器？』より）。

注3　ザ・ニューヨーカー誌にエリザベス・コルバートは次のような文章を寄稿した。「病院は肥満者のために特別な車椅子や手術台を購入しなければならなかった。回転ドアの幅は約10フィート[約3m]から約12フィート[約3.6m]に広がった。インディアナ州のゴリアス・キャスケットという会社では、3倍の幅の強化金具を使った、1100ポンド[約498kg]の人まで対応できる棺を提供し始めた。アメリカ人の体格の良さは、航空会社にとって年間25億ドルものジェット燃料のコストにつながっていると言われている」（コルバート『XXXL：どうしてそんなに太っているのか』）

増加分を考慮しなくても、国民全体で55億ポンドも増えたことになる。もちろん、本当の問題は肥満そのものではなく、肥満が引き起こす、あるいは悪化させる他のすべての病気である[注4]。冠動脈疾患、高血圧、大腸がんや子宮がんなどの各種がん、胆石、変形性関節症などがある。現在、アメリカ人の死因は喫煙よりも体重過多によるものが多いと言われている[12]。

過去10年間に、肥満とそれに関連する病気が自動車を利用したライフスタイルや、自動車を取り巻く環境に関連しているとする研究が相次いで行われている[注5]。とある研究では、アトランタ地域の住民は5分運転時間が延びるごとに、3%肥満になりやすくなるとされている[13]。また、別の研究では、車の運転から公共交通利用に変えることで、平均5ポンド［約2.3kg］体重が減るとしている[14]。3つ目の研究では、サンディエゴで、「歩きたくならない」地域に住む住民の60%が体重過多だが、「歩きたくなる」地域では、その割合は35%に過ぎないとしている[15]。また別のアトランタの研究では「近隣の住宅密度が1エーカーあたり2戸未満から8戸以上に増

注4　かつて王様の病気と呼ばれた痛風も、中間層の間で復活している。しかし、肉体的にも経済的にも最大の脅威となるのは、アメリカの死因の第6位である糖尿病である。2型糖尿病の患者数は2100万人を超え、これは人口の7%に相当し、そのコストは国民総生産の約2%を消費している。肥満は糖尿病の最大の危険因子であり、この病気にかかる確率は40倍にもなる（ハワード・フラムキン、ローレンス・フランク、リチャード・ジャクソン『都市のスプロールと公衆衛生』p.xiより）。

注5　トウモロコシとシロップを中心としたアメリカ人の食生活のばかばかしさと、それが国民の腰回りに影響を与えていることについては、これまでに多くのことが書かれているが、そのほとんどが説得力のあるものである。私たちの食生活がこれほどまでに悪質であるにもかかわらず、ウエストサイズの拡大を運動不足のせいにするのは正しい考えだろうか？アメリカでは、この2つの肥満要因を直接比較した研究はないようだが、ブリティッシュ・メディカル・ジャーナルは、「大食か怠惰か」という記事の中で、これらの肥満要因を取り上げている。この研究では、肥満率を食事や活動の少なさに関するデータと比較し、活動の少なさの方がより強い相関関係があるとしている。具体的には、「1950年から1990年にかけて、イギリスでは余分な食事量が減少する中でも、肥満は着実に増加した。一方、動かない人は肥満と連動して増加した。つまり、動かないということと肥満

加するにつれて、肥満の白人男性の割合が23%から13%に減少した」[16]と報告されている。これらは、年齢や収入、その他体重との相関関係のある要因を調整した上での学術的な分析である。

さらに、マサチューセッツ州の10万人の住民を6年間にわたって分析した結果、肥満度の平均値が最も低いのはボストンと環状線より内側の郊外で、最も高いのは高速道路495号線を囲む「車に依存した」外側の環状線沿いであることがわかった。ボストン・グローブ紙は、「保険当局は、これらの肥満度の高さは、毎日のレクリエーションの機会がないことや、通勤時間が長いため、多くの住民が時間に追われたライフスタイルになっていることが原因の1つであると指摘している」と述べている[17]。

因果関係と相関関係を混同してはいけないが、体重の重い人はおそらく徒歩よりも車での移動を好む傾向があり、したがって都市部よりもスプロールした地域を好む傾向があると言っていいだろう。郊外が存在することが人を太らせるのではなく、太った人が郊外を作るという理論もあり得る。しかし、人々は歩くことを好む環境で

には重大な因果関係があることが示唆されているのだ」(フラムキン他『都市のスプロールと公衆衛生』p.95)。

どのような証拠があるにせよ、遺伝子に関係なく、私たちの体重は2つの主要な要素、つまり摂取カロリーと排出カロリーの関数であることは明らかだ。この2つの要素のどちらかを無視するのは間違っており、医学界では最近まで主に前者を重視していたが、現在では身体活動も正当に評価している。2007年にUCLAで行われた研究では、なぜ多くのダイエット法が成功しないのかを調査し、「痩せるための本当の鍵は、食事計画の正確さではなく、身体活動の量にあるようだ」と結論づけている(メイプス『ペダルを踏む革命』p.231)。

メイヨー・クリニックのジェームズ・レビン博士は、被験者に動きを感知する下着を着せ、全員に同じ食事をさせ、さらに余分なカロリーを取らせた。すると、予想通り、太る人と太らない人が出てきたのだ。代謝がファクターとして機能するだろうと期待していたのだが、結果は完全に身体活動に依るものであることがわかったのだ。太った人は無意識の活動が少なく、実際、1日のうち座っている時間が平均して2時間長かったのだ(ジェームス・ブラホス『座ることは致死率の高い活動?』)。

は健康になりにくいと主張しているのは、自動車産業から資金提供を受けている心ない評論家だけだ注6。

あるアイデアに対して反対する人たちが現れたなら、そのアイデアは転換点を迎えたと言える。スプロールと肥満の関係はついにそうなったのだ。自動車産業とスプロール空間づくりの利益団体であるアメリカン・ドリーム連立団体（キャッチフレーズは「自由と移動、手頃な住宅所有を保護する」）は、「コンパクトナイザー」という非常に面白いコンセプトを打ち出した。彼らのウェブサイトではビフ・ファンタスティックという架空の人物の声（ステレオタイプの女々しい声）でそのコンセプトを伝えている。

> 都市プランナーとメトロセクシャル［美意識の高い都会の男性］は、郊外は人を太らせるという点で一致している！「コンパクトナイザー」を使えば、退屈で人種差別的な郊外の住宅から、高密度で公共交通機関に近接した小さなアパートに引っ越すことができる。「コンパクトナイザー」だけが、特許取得済みのプランニング理論を使って、都市の騒がしい夜、無差別の犯罪、物乞いによる嫌がらせを生み出し、高いストレスと異常な食生活パターンで急速に痩せさせてくれるだろう[18]。

都市プランナーであり、自称メトロセクシャルでもある私は、自分の信用が傷つけられたと感じる。しかし、これは攻撃的というよ

注6　エンデル・コックスとランデル・オトゥールによる。肥満はともかく、結果を見ると、運動不足により「冠動脈疾患が30～50%、高血圧が30%、脳卒中が20～50%増加し、さらに大腸がんのリスクが30～40%、乳がんのリスクが20～30%増加する」ことがわかっている（ブラホス『座ることは致死率の高い活動？』)。アメリカでは、運動不足による医療費は年間760億ドルから1177億ドルと推定されており、これは医療費全体の10%以上に相当する（ゴッチ、マイルズ『アメリカのためのアクティブな交通機関』pp.47-48)。

りもユーモアがあり、私も多分に感じている反・郊外という態度のスノッブさをうまくからかっていることは認めざるを得ない。しかし、最終的には、誰を信頼するかを決めなければならないのだ。どちらに転んでも得をしない医者と、スプロールを推進する人たちのどちらを信用するのか？私なら医者の意見を支持する。

空気をきれいに

1996年に開催されたオリンピックでは、200万人以上の観光客がアトランタを訪れ、その時は街の人口が50%増加した。私もアトランタを訪れた1人だったが、暑くて混雑した競技場で何時間もいらいらさせられた来場者が多かった。しかし、この間、喘息による入院は30%も減少したのだ[19]。一体、何が起きたのだろうか？

いつもとの違いは人々が「歩く」ことだった。オリンピックの試合が行われている最中はダウンタウンを車で移動できないとされ、通常車で通勤する人が、車の代わりに公共交通機関と徒歩で通勤した。そのころのアトランタは「地表面でのオゾンに関する連邦政府の基準に違反している都市のひとつであり、その汚染問題のほとんどは自動車の排気ガスに起因している」[20]という都市だったが、汚染レベルが急激に低下したのだ[注7]。

公害は以前よりひどくなっている。アメリカのスモッグは、工場からではなく、主に自動車の排気から発生している。一世代前に比べて悪化しており、ロサンゼルスやヒューストンといった自動車

注7　このようなことは一時的なもので、大会の閉会式で終わってしまった。そして1998年にアトランタの空気は再びきれいになった。それは、悪名高い高速道路建設の推進が、何度も連邦政府の大気浄化法違反を繰り返し、保留されていたためだ。しかしこれは異例のことで、2002年にはアトランタはメンズ・ヘルス誌から「アメリカで最も男性にとって不健康な都市」に選ばれたのだ。これは、大気汚染による「屋内待機」の警告が年間45日に及ぶことからであった（ドー・モン・ロー『ストリートを取り戻そう』p.89より）。

依存度の高い都市では当然のことながら最悪の状態になっている。2007年にはフェニックスはアトランタを上回り、一般市民が健康を害するため外出できないと判断された日が丸3か月も続いたのだ[21]。

このような理由から、喘息は急激に増加している。アメリカ人のほぼ15人に1人が喘息を患っており、その経済的コストは年間182億ドルと推定されている。また、毎日約14人のアメリカ人が喘息の発作で亡くなっており、これは1990年の3倍にあたる[22]。

もちろん、コミュニティの自動車依存度の高さだけが喘息の原因となるわけではない。しかし、2011年にWebMD［健康に関するインターネットメディア］が発表した喘息患者にとって良い・悪い都市のリスト[23]は、都市の歩きやすさと呼吸のしやすさの間に関係があることを示している。喘息患者にとって「最悪」の5都市（リッチモンド、ノックスビル、メンフィス、チャタヌーガ、タルサ）の住民は、「最高」の5都市（ポートランド、サンフランシスコ、コロラドスプリングス、デモイン、ミネアポリス）の住民に比べて、1日に車で移動する距離が27%も多い[注8]。

自動車による大虐殺

歩くことが体に良いという説に対して反論があるとしても、自動車が多くの人を殺していることは紛れもない事実である。自動車事故によるアメリカ人の死亡者数は320万人を超え、これはすべての戦争での死者を合わせた数よりもはるかに多い[24]。自動車事故は、1歳から34歳までのすべてのアメリカ人の死因の第1位であり[25]、国家レベルでの経済的損失は年間数千億ドルに上ると推定されている[注9]。

注8　この計算は、ブルッキングス研究所が発表したアメリカ都市圏の自動車走行距離ランキングに掲載されているデータに基づいている。

注9　アナリストによって計算方法が異なるため、より詳細に説明するのは難しい。『カージャックド』の著者は、「4330億ドルにもなる」としている（p.91）。

多くの人は、車を運転するリスクを、まるで避けられない自然現象のように、当然のこととして受け止めている。交通事故で亡くなる可能性が0.5％であること[26]や、結果的に1回の事故で約3人に1人が重傷を負う可能性があることについて、避けられないリスクだとして、わざわざ気にしたりしない[注10]。しかし、他の先進国の数字を見ると話は違ってくる。2004年の人口10万人あたりの交通事故による死者数は、アメリカが14.5人であるのに対し、速度制限のないアウトバーンがあるドイツは7.1人にとどまっている。デンマークは6.8人、日本は5.8人、イギリスは5.3人[27]だった。そして、これらの国より死者数が少なかったのはどこだろうか？なんと、ニューヨーク市は10万人あたり3.1人だった。ニューヨークでは2001年9月11日に起こったアメリカ同時多発テロで失った命よりも、その時から現在までに交通事故で亡くなることから救った命の方が多いのだ[注11]。

もし全米がニューヨークのようなら、年間2万4千人以上の交通事故による死者数を減らすことができる[注12]。サンフランシスコとポートランドは、人口10万人あたりの死亡者数がそれぞれ2.5人と3.2人で、ニューヨークと拮抗している。一方、アトランタ

注10　負傷者数の統計は、近年、交通事故死の約70倍の負傷者が報告されていることに基づいて算出。

注11　リチャード・ジャクソン『いまや幸せをつくりだしていない』より。ニューヨークでは、2004年に交通事故で人口3万人あたり1人が死亡したのに対し、2010年のアメリカでは3万人あたり4人以上が死亡している。死亡率の差を考えると、人口800万人のニューヨークで年間270人以上の死亡を回避したことになる。

注12　ニューヨーカー（およびヨーロッパの人々）は、他の人よりも運転がうまいのだろうか？おそらくそうではないだろう。予想通り、死亡率の差は走行距離の差に一部起因している。しかし、それは一部に過ぎない。ここに興味深いデータがある。最も交通事故が危険な5つの州の住民は、最も危険でない5つの州の住民に比べて、2003年の走行距離が64％も多い。もしも交通事故死が単純に走行距離に応じて増加するのであれば、最も危険な5つの州は、最も安全な5つの州に比べて、人口あたりの交通事故死が64％多いはずである。しかし、衝撃的なことに、これらの州は人口あたりの交通事故死者数が2.43倍なのだ。安全性の低い州で1

は12.7人、反都市的な都市構造のタンパはなんと16.2人である[28]。明らかに、車をどれだけ運転するかだけではなく、どこで運転するか、より正確にはその場所がどのように設計されたかによる。古くて密集した都市は、新しくてスプロールした都市に比べて自動車による死亡率がはるかに低い。自動車を中心につくられた場所が、自動車同士が最も多く衝突する場所になっているのだ。

これらのデータは、私たちアメリカ人は自動車事故のリスクを当然だと考えているが、実は自分たちでそのリスクをコントロールできるということを示すものだ。長期的には場所のデザイン、短期的にはどこに住むかの選択がリスク・コントロールの役割を果たす。何十年もの間、多くの人々が家族の安全のために都市から郊外へと移動してきたことを考えると皮肉なことである。ジャクソン博士は、「どのような地域だと血だまりの中で死ぬ可能性が高いのか？」という質問を聴衆に投げかけることを好むことで有名だ[29]。博士は、シアトル、ポートランド、バンクーバー（カナダ・ブリティッシュコロンビア州）における2つの原因（交通事故と犯罪）を合わせた死亡リスクを分析したアラン・ダーニングの研究を紹介している[注13]。

その研究では、2つの要素を合わせると、平均して郊外よりも都

マイル走るごとに、安全性の高い州で1マイル走るのに比べて2倍以上の死者が出ている（この計算は、ドライブ・アンド・ステイ・アライブ社が収集した州の交通事故死データと、米国リサーチ・イノベーティブ・テクノロジー局が収集した州のVMT［車で移動した距離］データに基づいている）。

ニューヨークに加えて、アメリカで最も安全な4つの州は、結局すべて北東部にある。ニューヨークよりも安全なマサチューセッツ州、コネチカット州、ニュージャージー州、ロードアイランド州である。最も危険な4つの州は、ほとんどが田舎にある。ワイオミング州、ミシシッピ州、モンタナ州、サウスダコタ州である。これらの州の最大の違いは、走行距離よりも「都市化」である。最も安全な5つの州の人口密度は、最も危険な5つの州の平均人口密度の18倍である（米国国勢調査局のデータ）。また、これらの州は第2次世界大戦後の高速化のパラダイムによってではなく、戦前のより古いウォーカブルなモデルに沿って広く開発されている。サウスダコタ州で1マイル走行すると、マサチューセッツ州で1マイル走行するより死亡する確率が約3倍となるのはこのためである。

心の方が19％安全であることがわかっている。さらに最近では、バージニア大学のウィリアム・ルーシーが、自動車事故と見知らぬ人による殺人を分析対象としてより詳細な調査を行っている。その中には、バージニア州で最も安全な10か所は、人口密度の高い8つの地域とワシントンD. C. に隣接する2つの郡であり、最も危険な10か所はすべて人口の少ない郡であるというものがある[30]。またそれとは別に、1997年～2000年の交通事故と犯罪について、8つのアメリカの大都市における統計を比較している。この研究では微妙な結果が得られた。都心の方が安全だという基本的な理論は正しい。ただ、死因を分析した結果、自動車事故が見知らぬ人による殺人をすべての場所ではるかに上回り、ピッツバーグのような古い都市では都心部は全体的にかなり安全だったが、ダラスやヒューストンのようにダウンタウンがほぼウォーカブルではないような近代的な都市では、都市の交通事故の統計は郊外と同じくらいひどいものだった。しかし、人口10万人あたりの年間交通事故死者数が14人であるにもかかわらず、ダラスは周辺の郡の半数よりも全体的に安全であることがわかったのだ[注14]。

注13　ジェームズ・ジェルステンナーグ『車は郊外を都市より危険にする』A1、A20より。なお、この研究が行われたのは約20年前で、当時のアメリカの多くの都市の殺人発生率は現在の3倍だった（ケビン・ジョンソン、ジュディ・ケーン、ウィリアム・M・ウェルシュ『殺人がアメリカの大都市で減少』）。

注14　ジェーン・フォード『準郊外地域における危険』より。もし人々が統計データを知れば、どこに住むかという選択に影響を与えるだろうか？おそらく、そんなことはないだろう。車を運転しているときには、道路上での自分の運命を決めるのは自分自身だという自信を錯覚して持ってしまう。別の調査では自分が起こした事故で入院し、回復したドライバーの85％が、自分の運転技術を「平均以上」と評価しているのだ（米国公共ラジオ、2010年7月20日）。個々のドライバーはさておき、統計結果が公共政策に何らかの影響を与えることを期待したい（特に

緊張感と孤独感

ジャクリーン・マクファーランドは、アトランタに通勤する人々の運転ストレスを専門とする認定臨床ソーシャルワーカーである。彼女は交通渋滞のストレスを和らげるために、EFT（感情から解き放たれるテクニック）と呼ばれる方法を患者に教えている。これは「体のツボを押すことで、感情面をクリアにする」[31] ものだ。

これがうまく作用するといいのだが。ドイツの研究では、「心臓発作を起こした人の中では、発症した日に交通渋滞にはまっていた人の割合が異常に高い」という結果が出ている。この研究では、「車の運転に1時間費やすたびに、その後の数時間での心臓発作のリスクが3倍になる」[32] と結論づけている。ランセット誌に掲載されたベルギーの論文では、肉体労働も含めた他のどの活動よりも、世界中で心臓発作の最も大きな原因となっているのは交通渋滞に巻き込まれることであると報告されている [33]。

アメリカの研究では、マイアミで行われた研究で「大学生がまちなかで45分間運転した後、血圧と心拍数が高くなり、ストレスへの耐性が低くなった」という結果が出ている。この研究は『都市のスプロールと公衆衛生』に掲載されており、ジャクソン博士と共同研究者は、運転ストレスやあおり運転が国民全体の幸福に与える重大な影

州や連邦レベルで)。交通事故による経済的・人的コストが非常に大きいことや、ウォーカブルでない地域で死亡者数が増えていることを考えると、ウォーカビリティを少しでも高めるための投資を行うことは、非常に意味のあることだと考えられる。2001年9月11日の事件があった時には、アメリカは国家的な機密保持組織の規模を2倍以上に拡大する対応をした。事実、アメリカ国民の約1%が機密や秘密、または最高機密の取り扱い許可を保持している（ジェーン・マイヤー『秘密の共有者』p.48より）。一方で、40万人の交通事故の死者が出た後、政治家はどのように対応したのだろうか。今後良くなることを期待したいが、現在の連邦政府は1970年当時に「シートベルトを義務付けることで得られる恩恵は、メーカーと一般市民にかかるコストに見合わない」（全国高速道路安全部局）と発表した連邦政府と同じ政府なのだ。

響について詳細に述べている。その影響は決して小さくはないが、ここでは健康から少し離れて幸せについて考えてみよう。車であちこち移動することが、本当に私たちのやりたいことなのだろうか？

車を運転することが好きな人は多いが、車で通勤することは嫌いなものだ。当たり前だが、車通勤の時間が長い人は車をあまり運転しない人に比べて「人生に対する満足度が低い」[34]と報告されている。ある研究では「23分の通勤時間は、収入が19％減少したのと同じだけ幸福感を減らす」という結果が出ている。23分は決して長い通勤時間ではなく、全国平均を少し下回る程度なのだが。他にもある世論調査では、回答者の5%が「もし配偶者と離婚すれば通勤をやめて自宅で仕事ができるのなら、離婚してもいい」と答えている[35]。

プリンストン大学の心理学者ダニエル・カーネマンの報告によると、日常的な活動のうち、「通勤」は家事や育児よりも好きではない活動としてランキングされている。非常に意外だが「人と親密に付き合うこと」が最も好きなこととされており、次に好きなことは「仕事の後の付き合い」である[36]。

通勤時間は、残念ながらその両方の時間を減らしてしまう。ハーバード大学のロバート・パットナム教授は、著書『孤独なボウリング』の中で、アメリカのソーシャル・キャピタル（社会資本）が著しく低下していることを明らかにし、通勤時間は市民活動への関与度合いを判断する上で、最も予測しやすい変数であると述べている。パットナム教授は、「通勤時間が10分増えるごとに、地域社会への関与が10%減少する」と述べている。それは例えば、「公聴会への出席、委員会の委員長、請願書への署名、教会の礼拝への出席など」である[37]。

これは実に理にかなった調査結果だ。ただし、これは家に帰るまでの時間だけでなく、その家がどのような地域にあるかということも含んだ全体像の一部を示すものである。市民活動の多くは身体的なもので、路上での交流から生まれるのだ。ジェイン・ジェイコブズはこのように言っている。「平凡で、目的地となるわけでもなく、ランダムに生じるように見える歩道での交流は、都市の豊かな公共生活を育む小さな変化なのだ」[注15]。

また、『健康長寿の地域：最も長生きしている人から聞く、長生きの秘訣』の著者であり、ナショナル・ジオグラフィックのカリスマ司会者であるダン・ビュートナーによる話をここで取り上げてみよう。彼は世界の長寿地域を巡ったことを踏まえて、「9つの力：健康長寿の地域からの教訓としての、健康と長寿に関する文化を超えた世界中のベストな実践」を説明していた。第一の教訓はなにか？それは「自然に動く」である。これは「意識せずに体を動かす……長寿社会の星となるような人々は、マラソンやトライアスロンに参加するわけではなく、土曜日の朝にファイターに変身するわけでもない。その代わりに、日々の習慣の一部として普段から低負荷な身体活動を行う」とのことである[注16]。ビュートナーは、ミネソタ州高齢者医学教育センター所長のロバート・ケイン医学博士の言葉を引用している。「運動のために運動するのではなく、ライフスタイルを変えてみましょう。車を運転する代わりに自転車に乗りましょ

注15『アメリカ大都市の死と生』p.72より。パットナムはウォーカビリティを判断材料としていないが、2010年のニューハンプシャー大学の研究ではウォーカビリティを考慮に入れているものがある。研究者たちはまず、ニューハンプシャー州のマンチェスターとポーツマスという2つの都市で、歩きたくなる地域とそうでない地域を定めることに全力を注いだ。どちらの都市にも、混合用途のダウンタウンと、取り囲むスプロール地域が存在する。さらに、歩きたくなる場所とそうでない場所に分けて、20の近隣地域の700人の住民を対象に調査を行った。その結果、「歩きたくなる地域に住んでいる人は、歩きたくならない地域に住んでいる人に比べて、近隣住民への信頼度が高く、地域のプロジェクトやクラブ、ボランティア活動への参加度も高く、テレビを主な娯楽としている人が少ない」ことがわかった（ロジャース他『ウォーカビリティの検証』pp.201-203）。

注16『健康長寿の地域』p.220より。第四の秘訣が「高品質の赤ワインを1ケース買おう」となっているのは注目に値し、同書の魅力を高めている（p.240）。

う。車を運転する代わりに歩いて買物に行きましょう。そのような生活習慣を身につけましょう」[注17]。

このテーマに関する多くのライターと同様に、ビュートナーとその情報源は環境のデザインが必然的にこうした「ライフスタイル」の選択に影響していることを論じていない。もちろん、彼らが取り上げた健康長寿の地域は「場所」と強く結びついているだろう。しかし、歩いて買物に行くことがより簡単で、より楽しく、より習慣化しやすい場所があることを、彼らはほとんど認識していない。このような場所は、私たちの身体的・社会的健康にとって最も良い場所なのだ。

コロンビアのボゴタの前市長であるエンリケ・ペナロサは、物事をもっとシンプルに捉えている。「神は私たちを歩く動物、つまり「歩行者」にした。魚にとっての泳ぐこと、鳥にとっての飛ぶこと、鹿にとっての走ることのように、私たちはただ生き延びるためではなく、幸せになるために歩く必要があるのです」[38]。この考えはすばらしく、納得するが証明することは難しい。しかし、健康であるためには活動的である必要があり、歩くことはその最も簡単な行動であることはわかっている。もっと歩きやすい環境をつくるべきである。

注17『健康長寿の地域』p.223より。ニューヨークタイムズによると「運動と死亡率に関する研究の最近のメタ分析で、一般的に座りがちな人が週に5回、30分間の早歩き（またはそれに相当する運動）をすると、あらゆる原因で早死にするリスクが20％近く低下することが示された」（グレチャン・レイノルド『何が最も良いエクササイズか？』）。

間違った色の炭素マップ

2001年、シカゴのインナーシティにある近隣技術センターのスコット・バーンスタインが作成した一連の地図は、これまでの常識を変えた。これらの地図では、驚くべきことに、赤と緑が入れ替わっているのである。この逆転現象は、おそらく健康に関する議論以上に、ウォーカビリティを再び重要なものにしようとしている。

赤と緑というのは、炭素排出量のことである。一般的な炭素マップでは、炭素排出量が多い地域は明るい赤で、少ない地域は緑で、その中間の地域はオレンジや黄色で表示されている。基本的には、暖色であるほど気候変動への影響度が高いことを示している。

歴史的に見ても、これらの地図は、都市部では暑く、郊外では涼しく、田舎では最も涼しいという、アメリカの夜間の衛星写真のようなものだった。人が多く住んでいる場所では、多くの汚染が発生する。パデュー大学のバルカンプロジェクトが2002年に作成した炭素マップは、「田舎は良くて、都市は悪い」という非常に明確なメッセージを発信している。

長い間、この種の地図はこのスタイルだった。汚染を排出場所ごとに見ることは論理的である。しかし、この論理は「炭素を測定する方法は1平方マイル単位である」という前提に基づいているが、その前提が間違っている。

炭素を測定する最適な方法は、1人あたりの数値である。その場所がどれだけの炭素を排出しているかではなく、その場所がどれだけ私たちに炭素を排出させているかで判断されるべきである。アメリカには多くの人々が住んでいるため、環境への影響が最も少ない場所に住むことが推奨される。その場所とは都市であり、密集すればするほど良いのである。

このような理由から、バーンスタインは、1平方マイルあたりの炭素量を1世帯あたりの炭素量に置き換え、その結果、色が反転した。今では、アメリカの各都市圏（アビリーンからユマまで数百の事例が彼らのウェブサイトに掲載されている）で最もホットな場所は、必然的に郊外であるとわかる。最もクールな場所は、都市の中心部に位置している。

正確に言うと、バーンスタインの地図には限界がある。炭素排出量をすべて表示しているわけではなく、データ収集が容易な各家庭の自動車利用による二酸化炭素排出量のみが表示されているのだ。しかし、この制限はいくつかの理由で役に立つことがわかる。第一に、自動車の利用は、私たちの炭素排出量の最大の原因であるだけでなく、その総量を予測する信頼性の高い要因でもあることが確認できたこと、第二に、多くの人々にとっての差し迫った問題は、温室効果ガスの排出量を抑えることよりも、外国からの石油依存を抑えることだからである。

CAR（自動車）なくしてCARBON（炭素）は語れない

最近の推計では、現在の自動車中心のライフスタイルを維持するために、私たちは毎分61万2500ドルを海外に送金していると言われている[1]。ここ数十年の累積では、「アメリカから中東の石油産出国や地下資源豊富なロシアに富と権力が大規模かつ不可逆的に転換」していると言える[2]。毎年3分の1兆ドルに達するお金の移動により、ドバイやアブダビにすばらしい地下鉄が建設されている。

私たちが乗っている車によって、それらが購入されているのだ。この金額に加えて、これらの国々を守るために[注1]、7000億ドルの軍事予算のかなりの部分が使われていることを考えると、石油が枯渇し始める前に、アメリカが経済的に破滅する可能性があることは容易に想像できる。

それでは、電気自動車はこの課題を解決できるのだろうか？少なくともハイブリッド車はそうではない。ますます大型化する車の燃費がわずかに改善され、より多くの距離を走れるようになる程度である。市営駐車場に「ハイブリッド車専用」のスペースを見つけると、いつも腹が立つ。21MPG［燃費8.9km/L］のシボレー・タホ・ハイブリッド（ハイブリッド車）は歓迎されるのに、35MPG［燃費14.9km/L］のフォード・フィエスタ（非ハイブリッド車）は歓迎されないからだ[注2]。

対照的に、電気自動車は、外国産の石油中毒を抑制するための有望な手段であるように思われているが、環境面ではどのような犠牲を払っているのだろうか。アメリカのほとんどの地域では、電気自動車は本質的には石炭で動く車[注3]であり、「クリーンな石炭」という言葉は矛盾している[3]。抽出と燃焼により炭化水素を純粋な炭素に置き換えるだけで、石炭は石油を環境に優しく見せることができる[注4]。

注1　キャサリン・ルッツとアン・ルッツ・フェルナンデスは、著書『カージャックド』の中で、「年間軍事予算の10～25％を石油資源管理の項目に割り当てるべきだ」と提案している（p.96）。

注2　タホのデータは『カージャックド』によるものである。著者は、タホは非ハイブリッドのモデルより1万3000ドル近く高いが、1ガロンあたりの走行距離は4マイルしか増えていないと述べている（同書、p.88）。

注3　2010年の時点で、アメリカの電力の約半分は石炭で発電されており、その量は次に多い天然ガスの約2倍である（米国エネルギー省『エネルギー源別の純発電量』）。

正確に言うと、電気自動車は現在、1マイルあたりではガソリン車よりも環境に優しいと言われている。ガソリン車である日産アルティマで100マイル走ると、90.5ポンドの温室効果ガスが排出される。同じ距離を電気自動車の日産リーフで走ると、63.6ポンドの温室効果ガスの排出となり、大幅に改善する。しかし、アルティマのドライバーが1マイルあたり14セントの燃料費を支払っているのに対し、リーフのドライバーが支払う燃料費は1マイルあたり3セント以下である[4]。この差が需要と供給の法則によってリーフのドライバーをより多く走らせる原因となっている。

それでは、電気自動車の数はどれくらい増えるのだろうか？スウェーデンでは、政府の積極的な補助金によって、1人あたりの「クリーンな」自動車販売台数が世界最高になった。しかしながら、その結果、衝撃的なことに、「スウェーデンの運輸部門の温室効果ガス排出量は増加している」のだ[5]。ファーミン・ドブランダーは以下のように報告している。

> このことは驚くべきことではない。運転に満足し（少なくとも罪悪感が少ない）、購入・維持管理コストが安いと、何が起こるのだろうか？当然のことながら、人々は車に長く乗るようになる。実際に、燃費向上によるエネルギー効率の向上を帳消しにしてし

注4　さらに、アメリカ政府による取り組みにより、風力発電・太陽光発電・水力発電・潮力発電・原子力発電が大幅に増加するのは、少なくとも一世代先になると思われる。我が国の安全保障と経済的自立のために重要なエネルギーの自給自足のためには、さらに大きな炭素排出が必要とされることは自明である。デイビッド・オーウェンが著書『グリーン・メトロポリス』で述べているように、「雨垂れ石を穿つ」（p.66）のである。この点はダニエル・グロス『石炭と石油：純炭素と炭化水素』（achangeinthewind.com、2007年12月28日）を参照のこと。また、水力発電はアメリカの水の使用量の約20%を占めている（ジョンF. ワジク『クルドサック・シンドローム』p.60）。

まうほど、運転しているのである[6]。

電気自動車は、間違った質問に対する正しい答えであることは明らかである。この事実は、自動車のガス排出量が自動車のカーボンフットプリントの一部に過ぎないことに注目すると、さらに明確になる。コンサルタントのマイケル・メハフィによると、自動車のフットプリントには、「自動車の製造に伴う排出物、道路や橋などのインフラの建設、インフラの運用と修理、自動車のメンテナンスと修理、燃料を精製するエネルギー、そのために必要なパイプやトラックなどのインフラが含まれる」。これらを含めたフットプリントは、排出ガスだけの場合よりも50%多いと推定される[7]。

しかし、このことはほんの始まりに過ぎない。車を運転することで、自動車以外の消費パターンが拡大し、より大きな相乗効果が得られる。デイビッド・オーウェンは著書『グリーン・メトロポリス』の中で以下のように述べている。

> 車の問題は、燃費が悪いことではない。車があることで、人々は簡単に分散してしまい、無駄で環境負荷の大きな開発形態を助長しているのだ。典型的なアメリカの郊外でエネルギーを消費しているのは、車道に停車しているハマー〔大型車〕ではなく、ハマーがあることで可能になる他のすべてのものである。大きな家やスプリンクラーにより灌漑された庭、新しい幹線道路や住宅地内の道路、コストがかかり非効率的な電力網の郊外への拡張、重複して存在する店舗や学校、往復2時間かけて車に乗って1人で通勤することなどである[8]。

ここまで、生活の仕方よりも移動方法が大事だということを説明してきたが、結局のところ、移動方法が生活の仕方を大きく左右するのだ。

木を見て森を見ないLEED脳

ワシントンに新居を建てたとき、私たちはなるべく持続可能性に配慮して材料などを選定した。具体的には、竹製の床、輻射式暖房、二重の断熱材、洗浄ボタンが2種類ついたデュアルフラッシュ式のトイレ、太陽熱温水器、12枚のパネルで構成された2.5キロワットの太陽光発電システムなどを導入した。導入したハイテクの薪ストーブで松の丸太を燃やすと、森の中で分解されるよりも大気汚染が少ないと言われている。

しかし、これらの機器で貢献できることは、ウォーカブルな地区に住むことで節約できる量のほんの一部に過ぎない。郊外で白熱電球をすべて省エネタイプに交換して1年生活しても、ウォーカブルな地区に1週間住むのと同じくらいの炭素しか節約できないことがわかっている[9]。しかしながら、持続可能性に関する我が国の考え方の大半が、ウォーカブルな地区に住むことではなく、郊外部での生活の工夫であるのはなぜなのだろうか。ヴィトルト・リプチンスキは以下のように述べている。

> 政治家や企業家は、炭素排出量を削減するために行動を変えようとするのではなく、環境保護を一種の宣伝文句として世間に売り込んでいる。ソーラーパネルや風力発電機、竹製の床などを追加するだけで、「今の生活を続けてください」というメッセージである。しかし、郊外部に立地した太陽熱を活用した家は、郊外に存在することに変わりなく、たとえハイブリッド車であるプリウスを所有していても日常の交通手段が車なら、環境に優しいと

は言えない[10]。

私たち、都市プランナーは、この現象を「ギズモ・グリーン」と呼んでいる。つまり、「持続可能な」製品に執着しても、私たちがどこに住んでいるかに比べれば、カーボンフットプリントへの影響は統計的にはほとんどないのである。そして、すでに示唆しているように、私たちの居住地がカーボンフットプリントに与える最大の影響は、私たちがどれくらい車を運転するかということである。

この点について、米国環境保護庁（EPA）の最近の調査「立地の効率性と建物の種類：英国熱量単位での分析」[11]では、車移動が前提の郊外居住地とウォーカブルな都心部の居住地、従来の建築物と環境に配慮した建築物、戸建て住宅と集合住宅、従来型の自動車とハイブリッド自動車という4つの組み合わせを比較している。この研究では、どの要素も重要であるが、ウォーカビリティほど重要な要素はないことが明らかになった。具体的には、車移動が前提の郊外居住地では、移動のためのエネルギー消費量が家庭のエネルギー消費量を常に上回っており、中には2.4倍以上の差があるケースもあった。その結果、スプロール地域で環境に配慮した住宅（プリウス付き）は、ウォーカブルな都心部の居住地で環境に配慮していない住宅にエネルギー消費量の面で劣っていた[12]。

環境保護の面で立地条件が建物の設計に勝るというニュースを米国環境保護庁が伝えていることは重要なことだが、このことを誰が聞いているのだろうか？少なくともニュースを伝えている米国環境保護庁自身は聞いていない。なぜなら、この調査結果を発表してからわずか1か月後、米国環境保護庁は672名の従業員を抱える第7地域本部をカンザスシティのダウンタウンからカンザス州レネクサの郊外（ウォーク・スコア：28）に移転することを発表したからだ。なぜダウンタウンから20マイルも離れた場所にある元アップルビーのオフィスパークに移転するのか？その理由は、この建物がLEED注5（グリーン）認証を取得しているからだ[13]。

自然資源保護協議会で長年環境問題に取り組んできたケイド・ベンフィールドが計算したところ、「現在の米国環境保護庁の第7地域本部周辺の平均的な住民は、1か月あたり0.39トンの二酸化炭素を排出しているが、移転した場合の従業員の通勤のための二酸化炭素排出量は、なんと1人1か月あたり1.08トンであり、カンザス州平均の1.5倍である」という結果が出た[14]。

もちろん、これらの数字は、現時点の住まいで考えたときの米国環境保護庁職員の二酸化炭素排出量の増加であるが、職員のほとんどは現在の家から引っ越さないだろう。職員の自宅がカンザスシティの郊外に分散していると仮定すると、大多数の職員の通勤時間は長くなり、その多くは片道20マイル［約32km］以上になるだろう。これまで公共交通機関を使って通勤していた人々は、自家用車を使って高速道路を利用しなければならない。

このことを悲しむべきでないとすれば、おかしなことである。新しい建物がLEEDに認定されたことで節約できた炭素は、その場所で浪費された炭素のほんの一部に過ぎない注6。この「木を見て森を見ず」の状態を、デイビッド・オーウェンは「LEED脳」と呼んでいる。連邦政府、ニューヨーク、シカゴ、サンフランシスコ、コロンビア特別区など、多くの行政や企業がLEED規格の建物の建設に取り組んでおり、その数は日々増え続けている。LEED認定を

注5　LEED（Leadership in Energy and Environmental Design）とは、現在広く採用されている米国グリーンビルディング評議会の基準である。

注6　ダウンタウンにある建物は、LEED認証を受けていなくても、エネルギーをあまり消費しないビルである（ケイド・ベンフィールド『米国環境保護庁第7地域：サステイナビリティの話は冗談です』）。

受けなければ建築家として雇ってもらえないという転換点に達しているようである。

都心に位置することは、LEEDの評価に貢献する要素の１つではあるが、多くの要素の１つに過ぎず、都心に位置することで生まれる全体的な二酸化炭素の削減量は、ほとんどの場合は過小評価されている。LEEDは、プリウスのように「ないよりはまし」という理由で、私たちがより大きなフットプリントについて考えないようにするための免罪符である。ほとんどの組織や機関にとっては、それで十分なのだ。残念ながら、交通プランナーのダン・マルーフが言うように、「優れた都市デザインを伴わないLEED建築は、ハイブリッドエンジンのブルドーザーで熱帯雨林を伐採するようなもの」[15]なのだ。

マンハッタンは環境保護のメッカ

密集していて公共交通が発達した都市が良いなら、アメリカではニューヨークが一番である。これは、過去10年間で最も重要な環境問題のテキストであるデイビッド・オーウェンの著書『グリーン・メトロポリス』の明確で説得力のあるメッセージである。この本が示す考え方は革命的であり、もっと注目されるべきである。

オーウェン自身が述べているように、アメリカの環境保護運動は歴史的に反都市的であり、アメリカの多くの思想も同様である。この傾向は、トーマス・ジェファーソンまでさかのぼる。ジェファーソンは、大都市を「人間のモラル・健康・自由にとって有害である」と表現した。彼はユーモアのセンスもあり、「ヨーロッパのように大都市が互いに積み重なると、私たちはヨーロッパのように堕落し、ヨーロッパのように共食いするようになるだろう」[16]と述べた。

1780年のアメリカの人口が現在の１%にも満たなかったことを考えれば、ジェファーソンが人口分散の良い面しか見なかったことは容易に想像できる。土地も資源も無限にあるように見えたであろうこの国で、足を伸ばさない理由はない。特に、輸送の最大の副産物は肥料だった。

残念なことに、その後の200年間、他のすべてのものが変化したが、アメリカの反都市的主義は変わらなかった。自然の中で伸び伸びと暮らしたいという願望が一斉に採用された結果、現在ではスプロールと呼ばれる現象が生まれ、都市の交通渋滞と郊外の知的文化を両立させることに成功したのだ[17]。郊外の開発が環境に与える影響が測定されるようになった現在、新しい考え方を持つ思想家たちが古いパラダイムを覆しつつある。その中には、ジェイン・ジェイコブズのような作家であるデイビッド・オーウェンや、経済学者のエドワード・グレイザーなども含まれており、彼は以下のように述べている。「私たちは破壊的な種であり、もし自然を愛するなら、自然に近づくべきではない。環境を守る最善の方法は、都市の中心部に住むことである」[18]。

そして、アメリカの都市の中で、ニューヨークほどパフォーマンスを発揮している都市はない。もともと『グリーン・マンハッタン』というタイトルで出版される予定だったオーウェンの本には、驚くべきデータが多く詰まっている。平均的なニューヨーカーの電力消費量は、平均的なダラス市民の約3分の1であり、温室効果ガスの発生量は平均的なアメリカ人の3分の1以下である。ニューヨークで最もニューヨーカーらしいマンハッタンの平均的な住民のガソリン消費量の低さは、「1920年代半ば以降、アメリカ全体で見ても匹敵する都市はない」[19]と書かれている。ニューヨークの交通安全に関するすばらしい記録については、すでに述べたとおりである。

ニューヨークは、アメリカで最も人口密度の高い大都市であり、最も交通の便が良い都市でもある。アメリカの他の地下鉄の駅をすべて合わせても、その数はMTA（ニューヨーク都市圏交通公社）の468駅にはかなわない。資源効率という点でも、最高である。しかし、なぜニューヨークに留まる必要があるのだろうか？世界中の他の都市では、様々な人口密度や交通手段の選択肢があり、はるかに優れている。確かに、ニューヨークのガソリン消費量はアトランタの半分である（1人あたりの年間消費量は、ニューヨークの326ガロンに対してアトランタは782ガロン）。しかし、トロントやシドニーはこの数字の半分であり、ヨーロッパのほとんどの都市はトロントやシドニーの半分の量しか使っていない。ヨーロッパの都市の半分の量なのは香港である[20]。10人の香港市民が、ガソリン消費量を変えずにニューヨークに移住したら、そのうち9人は家から出られない。

これらの数字は、今後数年間の原油価格のピーク時の影響を考える上で、特に意味を持つ。原油価格が1バレル200ドルになったとき、最も競争力のある都市や国はどこだろうか？パリは自動車への依存度を下げることに未来を託している都市のひとつである。パリは最近、全長25マイルのバス専用レーンの建設を決定し、2万台のシェアサイクル「シティバイク」を1450か所に導入し、今後20年間で毎年5万5千台の駐車スペースを市内から撤去することを決めた。これらの変化はかなり過激に聞こえるが、市民の80%が支持している[21]。

幸せなアーバニズム

このような話や数字は、実に驚異的で、やる気を失わせるものである。他の国の方がはるかに進んでいるのに、なぜ努力しなければならないのか？

1991年、自然保護団体シエラクラブのジョン・ホルツクロウは、居住密度が大きく異なる28のカリフォルニア州のコミュニティを対象に、自動車の走行距離を調査した。その結果、予想通り、都市化の度合いと走行距離の間には逆比例の関係性があることがわかった。しかし、予想外だったのは、これらが鋭いカーブを描いて分布しており、効率性の向上のほとんどが早い段階で発生していることだった。郊外の住宅密度を高めると、都市部よりもはるかに大きな効果が得られ、走行距離の削減の大部分は、大区画のスプロールから1エーカー［約0.4ha］あたり10～20戸の密度に切り替わったときに発生した。この密度は、アパートや長屋、独立した一戸建てなどが並ぶ伝統的なアーバニズムの密度を表している。対照的に、1エーカーあたり100戸を超えるような高い密度の開発は、有益ではあったが、劇的な結果をもたらさなかった。

その後、ニューヨークとロサンゼルスでも同様の調査を行ったところ、ほぼ同じ曲線に沿ってデータが推移していることがわかった。いずれの場合も、密度を1エーカーあたり2戸から20戸に増やした場合は20戸から200戸に増やした場合とほぼ同じ効果が得られた[22]。1エーカーあたり10～20戸という密度は、車でのみ移動可能な郊外からウォーカブルな都市に移行する密度である。もちろん平面駐車場付きのタワーマンションのような例外もあるが、このような密度を持つほとんどのコミュニティは、伝統的な複合用途となっており、歩行者に優しい地区として人々を車から引き離すような構成になっている。それ以上の密度になっても、ケーキにデコレーションするようなものだ。

つまり、アメリカ人がヨーロッパやアジアの人々のように持続可能な社会を実現することは遠い道のりかもしれないが、少しの努力でかなり近づくことができるのである。しかし、すべてのアメリカ人が気候変動や原油価格のピークへの懸念を抱いているわけではないし、たとえそうであっても、行動に移すことは必ずしも容易ではない。確かに、前例のない深刻な国家的危機に見舞われない限り、持続可能性についての議論が、多くの人々の行動を変えるきっかけになるとは考えにくい。では、何が行動を変えさせるのだろうか？

生活の質ランキングの代表といえばマーサーであり、政治的安定性・経済・社会的な質・健康と衛生・教育・公共サービス・レクリエーション・消費財・住宅・気候の10項目で世界中の都市を比較している。

このランキングは年によって若干の変動があるが、上位10都市には、バンクーバー、オークランド、シドニーに加えて、ドイツ語が話されている都市（ウイーン、チューリッヒ、デュッセルドルフなど）が含まれている[23]。これらの都市はすべて、コンパクトな居住形態と優れた公共交通機関を持つ、ウォーカブルな都市である。実際、トップ50の中には自動車中心の都市は1つもない。2010年にアメリカで最も高い評価を受けた都市は、31位までに登場するホノルル、サンフランシスコ、ボストン、シカゴ、ワシントン、ニューヨーク、シアトルである[注7]。

エコノミスト誌には、マーサーのデータを使った独自のランキングがあるが、その結果は少し異なる。エコノミスト誌は英語圏の国に偏っていると批判されているが、アメリカにとっては仕方のないことであり、トップ10のうち8都市がカナダ、オーストラリア、ニュージーランドの都市である。しかし、いずれの都市も、車で移動するよりも徒歩で移動したほうが効率的な都市であることに変わりない。

何を信じるかは別にして、メッセージは明確である。アメリカの都市は、郊外に比べて2倍効率が良いが、ヨーロッパやカナダ、オー

注7　マーサー『2010年 世界の都市の生活水準ランキング』（Mercer.com）より。ちなみに、ランキング最下位はバグダッドだった。

ストラリアやニュージーランドの都市に比べて2倍の燃料を消費している。しかし、これらの外国の都市の生活の質は、圧倒的にアメリカの都市よりも高いと考えられる。生活の質が持続可能性に直結しているということではなく、多くのアメリカ人がより良い生活を求めて、より勝者に近い場所に移動しているのではないだろうか。もっと言えば、自分が住んでいる都市を勝者に変えようとしているのではないか、ということである。このような変革のためには様々な方法が考えられるが、その中に「ウォーカビリティ」があることは間違いない。

エコノミスト誌のランキングで1位になったブリティッシュコロンビア州のバンクーバーは、そのモデルとして参考になるだろう。バンクーバーは、20世紀半ばまでは、アメリカの典型的な都市と見分けがつかないほどだった。しかし、アメリカの多くの都市が高速道路を建設していた1950年代後半から、バンクーバーの都市プランナーたちは、ダウンタウンに高層住宅を建設することを提唱し始めた。この都市戦略は、緑地や公共交通に対する厳しい要求を含んでいたが、1990年代半ばに本格的に動き出し、その変化は大きなものだった。それ以来、都市全体の徒歩と自転車の利用率は、全交通量の15%から30%に倍増した[24]。バンクーバーが住みやすさランキングで1位なのは、持続可能性が高いからではない。

健康と豊かさの両方を含む生活の質は、エコロジカルフットプリントの目的ではないかもしれないが、この2つは相互に深く関係している。つまり、もし私たちが高速道路で時間とお金と命を浪費するために、環境が汚染されているなら、この2つの問題には1つの解決策があるように思える。その解決策とは、都市をよりウォーカブルにすることである。それは簡単なことではないが、実現可能である。これまでにも実現されてきたし、実際に今この瞬間にも複数の都市で実現されているのだ。

PART Ⅱ
ウォーカビリティの 10 のステップ

私は車が大好きだ。10代の頃は、「カー・アンド・ドライバー」と「ロード・アンド・トラック」を愛読していた。通学中のスクールバスでの私の特技は、通り過ぎるすべての車のメーカーとモデル名を言えることだった。最近まで、購入できる範囲内で最もハンドリングの良い車を所有してきた。特に、高回転まで気持ちよく回る日本のスポーツカーが好きで、2003年にワシントンD. C.に引っ越した際には、マイアミからワシントンD. C.まで運転したことがある。追い風と最新鋭のレーダー探知機のおかげで6時間ほどの旅だったと記憶している。

しかし、ワシントンに到着してから面白いことが起こった。車を運転する機会が減ったため、1マイルあたりにかかる車の諸経費がどんどん高くなっていったのだ。ホーム・デポへの買物やたまに行く郊外へのドライブを除けば、車をガレージから出す理由はなかった。徒歩や自転車、充実した地下鉄を利用すれば、車での移動が選択肢になることはほとんどない。また、マンションの下にある駐車場の料金は少々高かった。さらに、近所でカーシェアリングが利用できるようになったこともあり、車を持たないことが最も便利であることに気付いたのだ。

マイアミ時代の私には車を売るという発想はなかった。私のアパートはサウスビーチのアールデコ地区の中心にあった。職場は本土のリトル・ハバナにあり、自宅から車で20分ほどだった。通っていたスポーツジムはさらに20分ほど離れたコーラルゲーブルズにあった。昼食は、健康のために毎日キューバ料理を食べたいと思わなければ、さらに車で20分ほど行く必要があった。合計すると、平日は90分近く車に乗っており、いつも交通渋滞でイライラしていたが、アメリカ人にとっては普通のことだ。私はそれでいいと思っていた。

しかし、ワシントンで、車を使わない新しいライフスタイルは便利なだけでなく、他にもメリットがあることにすぐに気付いた。車を使わず徒歩や自転車の生活を始めて半年後には10ポンドの減量に成功し、交通渋滞を避けることでストレスも軽減された。交通費を数千ドル節約できただけでなく、徒歩や自転車でまちを巡ったことで、まちをより深く理解できるようになった。最後に、公共交通を利用した究極の報酬として、公共交通の停留所で、未来の妻になる女性に出会えた。このように、モーダルシフトによって、私はより健康に、より豊かに、より賢く、そしてより幸せになったと言えるだろう。

このような変化は、住んでいる都市のデザインによるものだった。

ワシントンD. C. は、車を必要としない都市と呼べるアメリカの数少ない都市のひとつだ。ニューヨーク、ボストン、シカゴ、サンフランシスコなどの都市は、自動車社会以前の歴史とその後の賢明な都市計画のおかげで、車を持たない人々にも車を持つ人々と同等以上の生活の質を提供している。対照的に、アメリカのほとんどの都市は、主に車利用を前提として設計されたり再設計されているため、16歳以上になると1人1台の車所有が常識になる。アメリカのほとんどの都市では、車はもはや自由のための道具ではなく、むしろ大きくて高価で危険な補装具であり、市民権を得るための必須条件なのである。

私が車を処分したのは、都市が私にそうするように導いてくれたからであり、それなりの見返りがあったからだ。同じような選択ができる人がすべて、私が受けたのと同じ恩恵を受けられるわけではないし、パートナーを見つけられるとは限らないが、ある程度の恩恵を受けることは明らかだ。排気ガスやエネルギー消費量の削減による地球規模の影響とは別に、車を手放すことで得られる個人的な経済的・健康的メリットは非常に大きい。すべての人にとって魅力的ではないし、多くの人々は郊外部のクルドサック型の住宅地やSUV車を選ぶだろう。しかし、これまで見てきたように、活気のある都市生活を望むアメリカ人は多く、その需要を満たせる都市は繁栄するだろう。

このような現象はすでに起こっている。ますます多くのアメリカ人が、車社会では得られない経済性・刺激・ストリートライフを提供する都市に魅了されている。これらの人々にとって、郊外のショッピングモールはティーンエイジャーのためのものであり、自転車は車よりもクールであり、夜の外出で飲酒しても車を運転しないで帰宅できることが重要なのである。最近、ポートランドやデンバーのように、ダウンタウン中心部に再投資し、変化に富んだ公共交通や自転車設備を整備した都市は、居住地の選択権を持つ人々に移住先として選ばれている。

居住地の選択権を持たない人々に関して、すべての都市は市民を車依存の負担から解放する義務があると言えるだろう。都市がそうした努力をすれば、すべての国民が恩恵を受けられる。私と妻がその例だ。新居を建てたとき、通常なら車庫にする場所にオフィスを設け、車路の代わりに菜園を作ったが、市が作った駐車場の設置義務を無効にするのに9か月もかかった。現在、私は自宅で仕事をし、家庭菜園で栽培した旬の野菜を食べている。車がないので、可処分所得のほとんどを近所のレストランやファーマーズマーケットで過ごすことに費やしている。電球や延長コードが必要なときは、車でホーム・デポに行くのではなく、自転車で近所のローガンサークル・ハードウェアに行く。私たちや車を持たない多くの人々のこうした日々の行動が、結果的にコミュニティ内でお金が廻ることにつながるのだ。

これは観念的な議論ではなく、車を持たないライフスタイルが良いと主張しているわけでもない。実際、この原稿を書いている時点で、車の購入を真剣に検討している。2人目の子どもが生まれたことで、車が私たちの生活の質の向上に貢献する状況が生まれたためだ。チャイルドシートをカーシェアリングの車から出し入れするのは、腰痛持ちの私たちには負担が大きすぎる。

こんなことを書くと期待はずれに見えるだろうか。しかし、車も選択肢のひとつだという都市のアイデアからは逸れていない。私たちは7年間、車を持たずに生産的に過ごし、そのうち2年間は子どもがいた。将来的には、また車のない生活に戻るだろう。それまでの間は、車は数ある交通手段の中の便利な選択肢のひとつになるだろう。

歩くことはシンプルで有益なことであり、とても楽しいことでもある。アメリカ人が休暇でヨーロッパに行くのは、このためであり、その中にはアメリカの多くの都市を人を寄せつけない場所にしている交通エンジニアも含まれる。そうした交通エンジニアの中には、五感を刺激する公共の場をゆったりとしたペースで自分の力で移動することの価値を理解している人もいるはずだ。ワシントン、チャールストン、ニューオーリンズ、サンタフェ、サンタバーバラなど、歩くことを芸術の域まで高めたアメリカのいくつかの都市では、ヨーロッパの都市のような観光体験が当たり前にできる。これらの都市は、生活の質を高めているため、人々は高い生活水準を享受している。しかし、残念なことに、これらの都市がアメリカの標準であるべきなのに、例外的な存在のままだ。

このような状況をいつまでも続ける必要はないし、そうした余裕もない。私たちは、歩くことを歓迎するようなアメリカの新しい常識を必要としている。これから紹介する10のステップは、私たちが今いる場所から、あるべき場所に導くためのものである。

ウォーカビリティの10のステップ

利便性の高い歩行

STEP 1 車を適切に迎え入れよう

自動車はもともと人間の召使いだったが、いつの間にか主人になっている。この60年間、自動車は都市を形成する上で支配的な要因となってきた。歩行者のための都市を取り戻すには、自動車を本来の役割に戻すことが不可欠であり、そのためには、自動車が都市デザインの決定をいかに不必要に歪めてきたかを理解する必要がある。

STEP 2 用途を混在させよう

人々が歩くことを選択するためには、歩くことで何らかの目的が果たされる必要がある。都市計画的に言えば、その目的を達成するには、用途混合（より正確に言えば、歩いて行ける距離に適切なバランスで様々なアクティビティが配置されること）が必要である。例外はあるが、ほとんどのダウンタウンでは用途のバランスが悪く、住宅供給を増やすことが必要である。

STEP 3 駐車場を正しく確保しよう

アンドレス・デュアニーは「駐車場は運命だ」と述べている。駐車場は多くのダウンタウンの生死を決定する隠れた力である。駐車場の要件や価格設定は、他のどの要素よりもアメリカの都市の土地の価値を決定するが、最近まで、都市の利益のために駐車場を利用する方法についての理論すらなかった。しかし、今ではその理論が存在し、全米の都市政策に影響を与え始めている。

STEP 4 公共交通を機能させよう

ウォーカブルな近隣は、公共交通がなくても発展するが、ウォーカブルシティは、公共交通に依存する。ウォーカブルシティを目指すためには、日頃軽視されがちないくつかの要素に基づいて公共交通の計画を決定する必要がある。例えば、公共交通への投資に対する市民の支持、不動産価値向上における公共交通の役割、公共交通の成否を左右するデザインの重要性などである。

安全な歩行

STEP 5 歩行者を守ろう

これは10のステップの中でも最も簡単なものだが、最も多くの要素を含んでいる。ブロックの大きさ、車線の幅、旋回速度、車の流れの方向、信号、道路の形状など、車の速度や歩行者が轢かれる可能性を決定する数多くの要素がある。アメリカの多くの都市の多くの道路では、これらの要素のうち、少なくとも半分が間違っている。

STEP 6 自転車を歓迎しよう

ウォーカブルシティは自転車に優しい都市でもある。なぜなら、歩行者をサポートする環境では自転車が活躍し、自転車があることで車を運転する必要性が低くなるからだ。アメリカでは、自転車のための環境整備に大きな投資をする都市が増えており、すばらしい成果を上げている。

快適な歩行

STEP 7 空間を形作ろう

都市計画の中で最も直感に反する議論であり、最も間違えてしまうステップかもしれない。人々はオープンスペースや大自然を楽しむが、人々が歩行者として快適に過ごすためには、囲まれた感覚が必要である。パブリックスペースはエッジがあってこそ成り立つものであり、広々とした駐車場や公園が多すぎると、歩行者が自宅に戻ってしまうこともある。

STEP 8 樹木を植えよう

公共交通と同様に、ほとんどの都市は樹木が良いものであることを知っているが、植樹に適切な費用を払おうとする都市はほとんどない。このステップでは、樹木の価値を伝え、アメリカのほとんどの都市が行うべき樹木への投資が正しいことを解説する。

楽しい歩行

STEP 9 親しみやすくユニークな表情を作ろう

生き生きとした街並みには、駐車場・ドラッグストア・スター建築家という３つの主要な敵が存在すると言われている。この３者は、何もない壁や繰り返しを好み、歩行者を楽しませる必要性を無視している。都市のデザインコードの多くは、用途・大きさ・駐車場に焦点を当てているが、歩行者にとって魅力的で活動的な表情を作ることには関心を持ち始めたばかりである。

STEP 10 優先順位をつけよう

ヴェネツィアを除いて、どんなに歩きやすい都市でも、一様に歩きやすいわけではない。その結果、どんなに優れたデザインの通りでも、自動車が主役になっているものがある。これは当然のことではあるが、都市はウォーカブルな中心部のサイズと位置を意識的に選択し、歩行者が行かないようなエリアにウォーカビリティのリソースを浪費しないようにしなければならない。

利便性の高い歩行

STEP 1 車を適切に迎え入れよう

STEP 2 用途を混在させよう

STEP 3 駐車場を正しく確保しよう

STEP 4 公共交通を機能させよう

STEP 1　車を適切に迎え入れよう

自動車はアメリカの都市のエネルギー源である。徒歩や公共交通の発達した都市であっても、自動車は至る所に存在し、街並みに動きと活気を与えている。過去の失敗から、自動車を全面的に禁止することは、利益よりもリスクが大きいことがわかっている。今後、どのような技術革新が起きようとも、私たちが生きている間は、自動車が地域社会に残り続けることは間違いないが、それで良いのだ。

しかし、自動車が私たちの都市や生活を歪められる自由裁量権を得ている現状は問題である。自動車がアメリカ人の可能性と選択肢を広げた時代は、とうに過ぎ去っている。現在では、空間や速度、時間に対する自動車の要求は、ますます高まり、都市景観とライフスタイルを再形成している。要するに、自動車という自由のための道具が、私たちを奴隷にしているのだ。

この結果は、アメリカ人の流動的性質を考えれば驚くべきことではない。ネイティブアメリカンは、遊牧民であり、大西洋を渡ってきた種族に追いやられた。アメリカ人に共通する特徴は、どこか違うところからやってきたことである。ダブリンやパレルモ、ムンバイ、フォルモサの波止場でランチを食べながら、切なげに海を眺める２人の兄弟を想像してみよう。１人は船に乗る勇気があったが、もう１人はなかった。どちらの子孫がアメリカ人だろうか？

アメリカ人の移動性は、自動車の導入よりはるか昔に規定されていた。ルイス・マンフォードが、「アメリカ合衆国の花は、コンクリート製のハイウェイ・ジャンクションだ」と宣言する前に、ラルフ・ウォルドー・エマーソンは、「良いものはすべてハイウェイ沿いにある」[1]と述べた。ウォルト・ホイットマンは、次のように述べている。「公道よ、私はあなたから離れることを恐れていないが、あなたを愛している。あなたは、私が自分自身を表現するよりもうまく私を表現してくれる」[2]。

アメリカの都市とカナダやオーストラリアの都市との違いを示す他の要因を無視して、流動的性質がアメリカ人の遺伝子に組み込まれていると主張することは簡単である。少なくとも、カナダとオーストラリアの2つの国は、アメリカと同じような起源を有している。しかし、これらの国では、1956年に制定された「全国州間国防ハイウェイ法」のような法律は制定されていない。さらに、いずれの国も軍部とともに新しいハイウェイ建設を推し進めた「石油、セメント、ゴム、自動車、保険、トラック運送、科学、建設業界、消費者団体、政治団体、金融機関、メディア」の共同事業体である「ロード・ギャング」のような強力な圧力団体に支配されていなかったことは偶然ではない[3]。

アメリカのハイウェイ建設の最盛期には、ゼネラルモーターズは世界最大の民間企業となり[4]、当時の国防長官には「国にとって良いことは、ゼネラルモーターズにとって良いことであり、その逆もまた然り」[注1]という有名な信念を語っていたゼネラルモーターズの元社長、チャールズ・アーウィン・ウィルソンが就任していた。アメリカにとって良かったかどうかは別として、連邦政府のハイウェ

注1　ウィキペディア「ゼネラルモーターズの歴史」より。ナチスがアメリカに宣戦布告した後も、ゼネラルモーターズはナチスを武装させていたことを考えると、このコメントは興味深いものである（チャールズ・ハイアム『国際金融同盟』）。アドルフ・ヒトラーは、ナチス政権を支援した功労者として、ゼネラルモーターズのジェームズ・D・ムーニーに、ゴールデン・イーグル勲章を授与した。

イ法とそれに続く様々な法律によって、半世紀を経てアメリカの都市と他国の都市との違いが、顕著に現れてきた。

ハイウェイと都市の闘い

ハイウェイと都市について最も興味深い記事は、ブリティッシュコロンビア大学ランドスケープ・アーキテクチャ学科の学科長を務めるパトリック・コンドンにより執筆された、あまり知られていない学術論文である。「カナダとアメリカの都市：違いはあっても同じ」というタイトルの論文は、ハイウェイへの投資と都市の資産価値との間には、無視できない負の相関関係があることを明確に示している。

研究者らは、カナダとアメリカの都市の運命の違いには、歴史的・文化的な背景が影響していると予想していた。しかし、この論文によると 1940 年代のこれらの都市はおよそ同じであり、40 年代以降のハイウェイへの関連投資により、異なる方向へ向かったことが明らかになったのだ。アメリカに存在するかカナダに存在するかは関係なく、ハイウェイ投資の歴史を知るだけで、不動産価値の歴史を正確に予測することができるのである。

ポートランドのグラフは特に顕著であり、ハイウェイと不動産の線が、砂時計を横にしたようにほぼ正反対の値を示している。次にその現象を記してみよう。1960 年代には、ハイウェイの建設は上向きになり、不動産価格は横ばいになる。1970 年代になると、ハイウェイ建設は下向きになり、不動産価格は上昇する。1980 年代には、ハイウェイ建設は上方へと傾斜し、不動産価格は低下する。最後に、1990 年代には、ハイウェイへの投資が下降し、不動産価格が再び上昇する[5]。

繰り返しになるが、ハイウェイ建設と不動産価格の間に、正の相関関係は存在せず、研究者たちは、都市の不動産価値との間に正あるいは負の相関を示したその他のデータセットを見つけられなかった。アメリカでもカナダでも、地域のハイウェイへの投資が少なかった都心部の方が、多かった都心部よりも不動産価値の点で有利だったのだ。もちろん、後者の都心部は、連邦政府が道路建設1マイルごとに1ドル90セント（カナダは10セント）を支払っているアメリカで多い[6]。

アメリカのハイウェイ建設は、全体的に見て悪いアイデアだったのかどうかの検証はまだ終わっていない。少なくとも国内の油田が枯渇し始めるまでは、経済的にはうまくいっていたようだ。しかし、都市の中心部にとっては明らかに悪い結果となり、さらに悪化したのは、雇用を求めて必死になっていた大都市の市長たちが、ハイウェイ法を改正して、都心部に6千マイルものハイウェイ建設を許可したからである[7]。これらのハイウェイは、当初の法案では想像もつかないほどにマイノリティの近隣を破壊した[注2]。地方分権を支持するルイス・マンフォードでさえ、「誰もが自家用車を所有する時代に、自家用車で都市のあらゆる建物にアクセスできる権利は都市を破壊する権利である」[8]と認めている。

皮肉なことに、連邦政府によるハイウェイ投資に最も抵抗したのは、首都ワシントンであった。現在の居住者は知らないだろうが、かつてワシントンエリアには、450マイル［約720km］のハイウェイが建設される予定で、そのうち38マイル［約61km］はワシントンの中心地区を通るはずだった。しかし、22年間の政治的な戦いの結果、建設されたのはわずか10マイル［約16km］だけだった。

注2　州間ハイウェイシステムの生みの親であるノーマン・ベル・ゲッデスは、1939年に「ハイウェイが都市を侵害することは許されない」と述べている（デュアニー、プラター＝ザイバーク、スペック『サバーバン・ネーション』pp.86-87より）。

ハイウェイの代わりに、連邦政府の資金は、103マイル［約165km］の地下鉄網[9]に転用され、近年の都市再活性化の中心的役割を担っている。

このことについて、ボブ・リービーとジェーン・フロインデル・リービーは、ワシントンポスト紙で以下のように伝えている。

> 20万戸以上の住宅が解体を免れた。そして、大都市圏の100平方マイル［約259km²］以上の公園も救われた。ショッピングセンターの下を通る幹線道路、安定した中流階級の黒人居住区を横切る幹線道路、Kストリートの地下を通る幹線道路、ジョージタウンのウォーターフロントやポトマックのメリーランド側の水辺を埋め尽くす幹線道路から、街は免れたのだ。上述の幹線道路の1つは、ホワイトハウスから南北0.5マイル［約0.8km］離れた地点を平らな楕円を描くように計画されたものだった[10]。

「白人の道路が黒人の家を通る」というスローガンのもと、ハイウェイ建設への反対運動が草の根的に発展した。デモの参加者らは、ブルドーザーの通り道に寝そべったり、自分自身を木に縛りつけた。ハイウェイ建設案は、ワシントンポスト紙、イブニングスター紙、商品取引所、そしてキャピトル・ヒル［国会議事堂のある丘］の有力者など、ワシントンD. C.の権力者らが熱烈に支持していたため、結果はどちらに転んでもおかしくなかった。ハイウェイ建設への組織的な支援は、国土全体で当たり前のように行われ、東海岸の大都市では、ワシントンほど免れた都市はなかったのである[11]。

20世紀半ばの大混乱の時代と比べて、ハイウェイ推進派の偏った意見が減ったと考えるのは、少なくとも連邦政府や州政府のレベルでは間違いだろう。陰謀論者でなくとも、世界4大企業のうち3

社がアメリカの石油会社注3であり、これらの企業が何百万ドルもの選挙資金を提供しているのであれば、道路建設が優先されることは当然だと思うはずだ。交通手段に関する議論がなされ、鉄道利用者数が躍進しているのにもかかわらず、連邦政府は公共交通機関と比較して、約4倍の資金をハイウェイに提供している。この資金は、2011年には約400億ドルであったが、これに加えて石油産業への直接・間接的な補助金が提供されている。元カリフォルニア州環境保護局長官のテリー・タミネンの計算によれば、補助総額は年間650～1130億ドルにのぼり、「国土安全保障に費やす金額の2倍以上」になる[12]。重要なのは、連邦政府の交通関係資金が、州の交通局に直接送金されていることだ。州の交通局は、道路建設業者と密接な関係にあり、通常ハイウェイを建設することを主な職務としている[13]。州の交通局についてもう少し詳しく見てみよう。

歴史上類を見ない自動車による移動を導入した結果、アメリカは自動車を中心に整備あるいは再整備された都市で溢れている。車の運転にインセンティブが与えられてきたため、車は水のように振る舞い、許可されたあらゆる場所に隅々まで流れ込んでいった。ヒューストンやロサンゼルスなど空間に余裕のある都市では自動車数が増え、ボストンやニューオーリンズなど空間に余裕のない都市で、自動車数が減った。都市の中心部を歩行者のために取り戻すには、自動車中心の都市が必然的なものではなく、世界的に見ても標準的でなく、継続する必要がないことを認めなければならない。あらゆる圧力は存在し続けるものの、典型的なアメリカの都市では、自動車との関係を微妙に変化させることが可能であり、それはウォーカビ

注3　エクソン・モービル、シェブロン、コノコフィリップス（フォーチュン500、2011）。最も大きな企業はもちろんウォルマートで、そのビジネスモデルは安い運転手とトラック輸送に基づいている。

リティに大きな影響を与える。自動車を歓迎しつつ、独自の条件で受け入れなければならない。1つ目の条件は、すべての交通手段の決定において、誘発需要の現象を考慮することだ。

誘発需要——戦わなければならない理由

私は月に1度、アメリカのどこかで講演する。商工会議所や都市計画協会、あるいは書店に集まった人たちに向けてである。テーマやアプローチは異なるが、1つの厳格なルールを設けている。どの講演でも、どんな内容であっても、誘発需要について長々と話すことだ。なぜなら、誘発需要は都市計画における大きな知的ブラックホールであり、思慮深い人なら誰もが認めているようでいて、誰も実行に移そうとしないが、専門的には立証されているからだ。これだけ社会が進歩しているにもかかわらず、都市づくりにおいて、不幸にも中心にある誘発需要は、地球を平面上にあると考えている人たちの団体に委ねられているかのようだ。

交通調査は、近年の都市計画において最も避けられない取り組みだろう。ある近隣で重要な用途を追加する場合は、交通調査を行わなければならない。街路のデザインを変更したい場合は、交通調査を行う必要がある。かつて、アイオワ州のダベンポートで、1ブロック分の路上駐車帯が通行車線に変更され、3車線の一方通行道路は、たった300フィート［約90m］の間で4車線の一方通行道路になった。私はその1ブロック分の路上駐車帯を戻すことを提案したが、行政は「交通調査を行う必要がある」と答えた[注4]。

この状況は特に驚くことではない。なぜなら、アメリカの地域社会では、交通渋滞が市民の不満の種になっているからである。渋滞

注4　市はさらに検討を重ねた結果、調査を省略して路上駐車帯を復活させた。

は自動車を運転する上での唯一の制約であるため、自動車を利用する生活では、渋滞により人々が苦しい状況を強いられる。渋滞がなければ、より長い距離を走れるのだ。このように交通調査は、計画時に一般的に実施されており、交通調査を請け負う多くの大企業は収入の大半を交通調査に依存している。それらの大企業は次に書く数段落を読まれたくないだろう。

交通調査はデタラメである。その理由は、3つある。

まず、シミュレーションモデルはインプットに依存するが、それを微調整して望む結果を得るのは簡単なことである。オクラホマシティで仕事をしていた時に、地元の交通エンジニアの「シンクロ」というソフトウェアは、私たちが提案した歩行者優先の計画案は渋滞を引き起こすという分析結果を出した。そこで私たちは、そのエンジニアのシミュレーションモデルを借りて、仲間のエンジニアに渡し、そのエンジニアがインプットを微調整した結果、渋滞は解消した。インプットは、今後予測される成長であるため、しばしば調整が必要になる。ほとんどの都市の交通モデルは、都市が縮小している場合でも、年率1〜2%の成長を想定している。

次に、交通調査は一般的に交通工学を専門とする民間企業が行う。非常に理にかなっており、専門企業以外にその調査を行える企業はいない。しかし、交通調査で必要と判断された道路拡幅のための大きな契約は誰が手にするのだろうか？交通エンジニアが交通調査を担当している限り、民間企業にとって有利な予測をすることになる。

最後の理由は、最も本質的である。交通調査の最大の問題点は、誘発需要という現象をほとんど考慮していないことだ。誘発需要とは、新しく道路を整備することで自動車を運転する時間的コストが減少し、より多くの人が自動車を運転するようになり、渋滞の解消が帳消しになってしまう現象だ。この現象については、拙著『サバーバン・ネーション』(2000年) で詳しく紹介しており、ハートとスピヴァックが1993年に出版した『触れてはならない話題：自動車依存と否認』の論考でも紹介されている。そのため、この現象の原因については本書では触れないが、その原因は多種多様で興味深いものである。これらの書籍が出版されてから、当時の知見を裏付けるような報告が次々となされた。2004年には、過去に行われた数十件の交通調査結果のメタ分析により、「平均して、車線距離が10%増加すると、走行距離が4%増加する。これにより、数年後には交通量が新たに10%上昇する」という結果が出たのだ[14]。

最も総合的な取り組みは、1998年に「陸上交通政策検討プロジェクト」で行われたものであり、15年間にわたって70の大都市圏を調査したものだ。この調査は、保守的なテキサス交通研究所の年次報告書のデータに基づいて行われ、次のような結論が得られた。

> 道路交通容量の拡大に多額の投資を行った都市圏では、そうでない都市圏に比べて、渋滞緩和の面ではあまり効果が得られていなかった。渋滞の傾向を見ると、車道容量を拡大した地域は、そうでない地域に比べて、道路整備に約220億ドルを費やしたが、1人あたりの渋滞コスト、燃料の浪費、移動の遅れがわずかに増加する結果となった。道路整備費が最も高いと見積もられていた都市圏であるテネシー州ナッシュビルでは、1世帯あたりの整備費が年間3243ドルにもなった[注5]。

注5　ドナルド・チェンによる『道路の拡幅は渋滞の原因になる？』と『道路を建設すれば、交通渋滞が悪化する』より。トロント大学のジル・デュラントンとマシュー・ターナーによる2010年の研究では、「州間ハイウェイや主要都市の道路の整備を進めても、これらの道路の渋滞が解消されることはないだろう」と結論づけている (『道路渋滞の基本法則：全米都市での実証から』p.2616)。

この調査のおかげで、誘発需要は、決して専門家だけの秘密ではなくなった。2009年にニューズウィーク誌に掲載された次のような記事を読むと嬉しくなる。「ドライバーからの需要は、新しい供給をすぐに圧倒してしまう。交通エンジニアは、新しい道路を建設すると、交通が悪化することを認めている」[注6]。

この記事に対して、交通エンジニアは次のように応えるに違いない。「この記事を書いた交通エンジニアは誰ですか？会うことはできますか？」私が一緒に仕事をしている交通エンジニアは、何十年も前に大学を卒業し、それ以来教科書やニューズウィーク誌を読んだことがない[注7]。そのためすばらしいデータにより裏付けられた現象は、アメリカの道路建設にはほとんど目に見える形で影響を与えていないのだ。しかし、ヨーロッパからは大きな進歩を遂げているという朗報が飛び込んでいる。イギリスでは、プランナーが渋滞緩和を理由にハイウェイの新設を正当化することが許されなくなったため、道路建設が激減し、ハイウェイ反対運動の主要組織であった「Alarm UK」は、「もはや必要ないという理由で」解散した[15]。

一方、アメリカでは運輸長官のメアリー・ピータースが、上院の委員会で「渋滞は道路交通容量を増やす長期的な戦略で対処しなければならない」[16]と証言している。ソール・ベローの言う善意の舗

注6　ニック・サマーズ『ネオンの先が明るく、ドライバーが歓迎されなくなった場所』より。誘発需要は主にハイウェイや幹線道路の建設や拡幅に適用されるのであって、小さなローカルな道を挿入してより複雑な道路網を作ることとは対照的であるという、より大きな議論に照らし合わせることが重要である。

注7　公平に言えば、私の意見は、私が計画したプロジェクトを承認しなければならない自治体や運輸省のエンジニアに対するものである。現在では、誘発需要に関する情報を共有するために最善を尽くしているプロの交通エンジニアはひと握りしかいない。最近では、インディアナ州カーメル、シーダー・ラピッズ、フォートローダーデールの自治体のエンジニアと仕事をし、良い経験をした。しかし、多くのエンジニアにとって、アプトン・シンクレアの以下の有名な言葉はいまだに根強く残っている。「自分の給料が何に依存しているかを理解していない場合に、何かを理解させるのは難しい」。

装会社は、まだ営業活動中である。

顕著に表れているのは、現在の道路工事業者の宣伝だ。私は、ある国内最大級のエンジニアリング企業と一緒に働いている。また仕事をしたいと思っているので、ここでは名前を伏せておく。すばらしい都市プロジェクトを手がけ、アーバニズムの偉大な推進者であり、新しい交通システムの開発をリードしている。他方、スプロール現象を引き起こしているのも事実だ。なぜなら、彼らは利益の最大化を目指し、そのためにはやはりスプロールが役立つからだ。

少し前のことだが、この会社は、プランニング誌に全面広告を掲載した。そこには、交通量の多い古いハイウェイが描かれている。そして、自動車が悠々と走っている新設されたハイウェイのジャンクションが描かれている。キャッチコピーは以下の通りであった。

> 自動車の走行距離は、1980年から1996年にかけて97％増加している。インフラの改善により、渋滞によって失われる年間780億ドルの燃料を大幅に削減できる。

この広告は、控えめに言っても誤解を招く。あらゆるレベルで誤解を招くため、どこから説明すればいいのかわからない。少なくとも、言っていること、暗示していること、仮定していることは誤解を招くだろう。新しい道路が渋滞を緩和するとしているが、新しい道路が整備されると、渋滞が増加することが明らかになっている。また、1980年以降の走行距離の劇的な増加は、インフラの改善によってもたらされたものではない。最後に、渋滞が燃料を浪費すると仮定しているが、実際には渋滞が燃料を節約し、それどころか燃料を節約できる唯一の手段であることがわかっている。

この説明は、いずれも直感に反するものだが、だからこそ、このプロモーションが広告代理店のコピーライターのテーブルから笑い飛ばされることがなかったのだろう。最初の2つは、もちろん、誘発需要のことであるが、3つ目の「渋滞が燃料を節約する」という説明には、もっともらしい証拠が必要だ。

都市圏の平均交通速度と燃料消費量には、強い相関関係があることがわかっている。渋滞の多い都市では1人あたりの燃料消費量が少なく、渋滞の少ない都市では燃料消費量が多いのだ[17]。

この奇妙な現象は、渋滞中の運転がより効率的だからではなく、運転をするためにお金を払う方法に起因している。自動車を所有あるいはリースしても、ほとんどの費用は固定されている。つまり、車の価格・ローン・ドライバーの保険料・登録料・維持費は、少ししか運転していなくても、たくさん運転していても、ほとんど変わらない。道路、橋、警察は、ドライバーと非ドライバーを問わず、一律の税金で賄われている。通行料は、マンハッタンやサンフランシスコに入ろうとしない限り、重要な意味を持つことや、ましてや致命的な問題になることはほとんどない。駐車場については後で詳しく説明するが、ごく一部の場所では法外な値段となっているものの、一般的には市場価格よりも安い価格で提供されている。アメリカのドライバーにとって最も変動する経費はガソリン代であるが、世界的に見てもアメリカのガソリンは非常に安く、1ガロンあたり4ドルでもヨーロッパの半分程度である。つまり、固定費に比べて変動費用はほとんど無視できるものなのだ。アメリカ自動車協会によると、年間1万マイル走行する大型セダンのランニングコストの合計は、所有コストの5分の1に過ぎない[注8]。

要するに、運転してもしなくても、お金を払っているようなもので、運転すればするほど1マイルあたりのコストが下がるのだから、最大の制約は渋滞に巻き込まれることになる。移動費が高いために家に閉じこもることはほとんどないが、少なくとも大都市では渋滞の脅威にさらされているのだ。渋滞が燃料を節約するのは、人々が惨めな思いをして時間を無駄にしたくないからである。

ここまでは、ネガティブな見方であるが、ポジティブな面もある。渋滞が最も多い都市は、渋滞に巻き込まれずに済む最良の選択肢を提供している都市であることが多い。2010年の「アーバン・モビリティ・レポート」[18]で示された渋滞の深刻な10都市のうち、ヒューストン、ダラス、アトランタの3都市を除くすべての都市には、優れた公共交通機関があり、ウォーカブルな近隣地区が広がっている。実際、シカゴ、ワシントンD.C.、ロサンゼルス、サンフランシスコ、ボストン、シアトル、ニューヨークの7都市は、ウォーク・スコアに基づく「アメリカで最もウォーカブルな近隣地区のある10都市」に選ばれているのだ[注9]。

つまり、サンベルト地帯［アメリカ南部の温暖な地域］の例外を除いて、渋滞はそれを回避できる機会と密接に結びついているのだ。アトランタのように、渋滞の影響を強く受けている都市では、少なくとも燃料消費量を増やすのではなく、減らすことができる。渋滞の中で車中で座り、100本のテールパイプの排気で空が揺れるのを見

注8　アメリカ自動車協会『自動車の運転費用』2010年版、p.7。ほとんどの自動車の変動費用は、1マイルあたり20セントを大きく下回っている。一方、同書ではジップカーをはじめとする都市部のカーシェア・プログラムが自動車使用量の削減に非常に効果的である理由を説明している。ジップカー社のウェブサイトによると、1台のジップカーで少なくとも15台の個人所有の車を道路から取り除くことができる。ジップカー会員にとって、入会金25ドルと年会費60ドルの固定費は、1時間ごとのレンタルにかかる変動費用に比べてごくわずかなものである。

注9　ウォーク・スコアのウェブサイト「アメリカで最もウォーカブルな近隣地区」より。この結果は、理にかなっている。なぜなら、ウォーク・スコアの高い都市は、しばしばスプロール現象を引き寄せている都市でもあるからだ。好きな所へ行けて、好きなことができる読者は、この10都市の次点に選ばれた3都市の1つに引っ越したいと思うかもしれない。フィラデルフィア、カリフォルニア州ロングビーチ、オレゴン州ポートランドである。

るのは辛いものだ。しかし、渋滞が緩和されれば、かえって排気量が増えるという事実に気づくことができる。

渋滞を好きな人は存在せず、渋滞を増加させることを主張しているわけではない。むしろ、コミュニティの形成や再構築に携わる人々に、この問題をよりよく理解してもらいたいのだ。そうすれば、怒りに満ちた市民をなだめるだけで、長期的には彼らを苦しめる愚かな決定をしなくて済むからだ。渋滞にはシンプルな答えがある。混雑した道路で運転することの費用と価値を一致させることだ。この技術は、「渋滞課金」のセクション［p.106］で詳しく紹介する。

州管轄の道路の問題

「ハイウェイ」と言えば、ガードレールや道路照明の設置された、出入りに制限のある6車線道路を思い浮かべるだろう。しかし、アメリカの典型的な「ハイウェイ」は、幹線道路だけではなく、都市の中心部を横切る州管轄の道路のことである。住宅やオフィスが立ち並ぶ州道は、沿道の価値を維持するのに貢献しているが、州の運輸局は道路交通容量を増やすことに注力している。アンドレス・デュアニーの言葉を借りれば、「運輸局はただひたすらに交通の流れを追求することで、シャーマン将軍よりもアメリカの町を破壊してきた」[19]ということになる。

州によって、運輸局管轄の道路数は異なっている。例えば、街路樹を「FHO（固定された危険物）」[20]と呼ぶバージニア州では、ほぼすべての道路が州の所有である。しかし、ほとんどの州では、交通量の多い道路だけが州の管轄である。残念なことに、アメリカ国内のメインストリートは、日常的に利用するコミュニティではなく、州政府のエンジニアによって管理されているのだ。メインストリートとは、規模の大きい通りであり、州は交通量を維持することに依存しているのである。

この状況は最悪である。都市や中心市街地の再生支援を依頼される際には、グーグルマップを開いてダウンタウン内のどの通りが州管轄になっているかを確認する。州道が多い場合には、自分への報酬を高くして、依頼先からの期待を下げる。なぜなら、州の運輸局相手では、期待外れの結果になってしまうからだ[注10]。

交通エンジニアの誰もが問題を起こしうるが、州のエンジニアは地元の市長や市民の意見に耳を傾ける義務がないため、最も厄介な相手である。彼らは、強い権限を有する者の期待に応えるため、究極的には神として崇められる「交通の流れ」に従うのである。彼らは、ウォーカビリティへの配慮や「文脈に応じたデザイン」を提案するが、それらはスムーズな流れを意味する「サービスレベル」に基づいて決定されている。ちなみに、都市計画のコンサルタントにとって、州の運輸局は大きな仕事の発注者であるため、彼らに立ち向かおうとするプランナーは極めて少ない。

ニューヨーク州などでは、郡のエンジニアも同様であり、多くのコミュニティが、郡により管理されているメインストリートの人質になっている。いずれの場合も、運輸局との戦いは常に苦難の連続であるが、解決する方法は存在する。リーダーシップと呼ばれるものだ。問題を解消したコミュニティでは、当選した議員が運輸局と

注10　いくつかの注意書きを書き加えておく。他の州よりも期待を上回っていた州もある。マサチューセッツ州やミシガン州では、良い経験をしたし、州と同等であるコロンビア特別区は、歩行者優先政策においてその他の都市よりも進んでいる。また、州の交通エンジニアは非常にいい人たちである。ニューヨークタイムズ紙が2010年にエンジニアのテロ傾向について暴露しているし、「捕まったテロリストや告白したテロリストの中に、エンジニアやエンジニアを志す学生が、かなり多く含まれている」（デイビッド・ベレビー『エンジニアリング・テロ』）らしいが、私は一緒に働いていて楽しい人たちだと感じている。もちろん、彼らはまだ本書を読んでいない。

真っ向から対立し、よりウォーカブルな解決策を公的に要求している。このアプローチは、大きな都市であればあるほど簡単ではあるが、小さな町であったとしても、十分な声を上げれば成功するのである。

ニューヨーク州の人口約1万人のハンブルグ村では、ジョン・トーマス村長が、州の運輸局から3つの道路の拡幅を受け入れるように指示された。これらの道路拡幅は、縦列駐車をなくし走行速度を上げることにより、中心市街地を衰退させるものであった。村長は、全米で有名なウォーカブル推進者であるダン・バーデン[注11]と協力して、市民参加の結果を踏まえて作成された新たなデザイン提案を行い、州の運輸局による「改造」を拒否した。現在では、ハンブルグ村のメインストリートは、自転車道と縦列駐車帯を兼ね備えた2車線道路になっており、運輸局は交通会議で受賞したデザインを誇らしげに紹介している[21]。

運輸局を打ち負かすことは、しばしばコミュニティが中心市街地を取り戻すために最も重要なことであり、都市が繁栄するためにはこのような壮大な戦いが時々行われなければならない。しかし、「ブギーマン［伝説上の怪物］はいつも街の外からやってくる」と主張すると、皆さんを真実から遠ざけてしまう。ほとんどのコミュニティでは、市長のリーダーシップがなくとも、交通が住みやすさよりも優先される市行政において、日常的に戦いが行われているのだ。

先に述べたように、私は4年間、「都市デザイン市長協会」という、市長たちを集めて集中的に都市計画のワークショップを行うプログラムに携わってきた。このプログラムの出資者の代表として、私はいつも発言の機会を与えられたが、私のメッセージはいつも同じであった。「交通エンジニアに都市デザインを任せるのはやめよう！」

注11 ジェフ・メイプス『ペダルを踏む革命』でダン・バーデンが紹介されている。

このメッセージの必要性は、いくつかの都市デザイン市長協会のセッションに参加した後、より明確になった。各都市では、交通エンジニアらが、自動車交通の流れを改善するために、道路を広げ街路樹を除去しダウンタウンを整備していた。このような整備は、市長の目の届かないところで行われていたのだ。上層部からのリーダーシップがないまま、交通エンジニアは自分の仕事のみを行い、都市を悪い方向にリデザインしていたのだ。

このような状況において、交通エンジニアを責めるのは少々酷ではある。なぜなら、都市部での苦情の多くは交通に関連しており、善良な公務員であれば、交通渋滞の解消に努めることは当然だからだ。渋滞解消のための努力が都市を破壊せず、また、良い影響を及ぼすのであれば、受け入れられる。しかし、誘発需要のために効果を発揮しないのである。交通エンジニアは、誘発需要を理解していない。理解していると言うかもしれないが、理解していたとしても、理解に基づいて実行していない。

なぜなら、誘発需要の議論を論理的に完結させるために必要な洞察力と政治的意思を兼ね備えた交通エンジニアは、アメリカにはいないように思えるからだ。ここで言う論理的な完結とは、「交通調査をやめること」「交通の流れを改善するのをやめること」「税金を使って、渋滞を解消できるという誤った希望を与え、そのプロセスにおいて都市を破壊するのをやめること」などである。

国民が抱える最大の不満を解消できないことを公にすることは、難しいことだろう。しかし、市民が幸せになるようなメッセージの伝え方もある。例えば次のようなものだ。「自分たちが望むような都市を手に入れられる」「自動車がどちらに向いて走り、どれだけ速く走るかを指定できる」「自動車で通り抜けるだけでなく、到着したい場所にできる」。このようなメッセージこそが、交通エンジニアが共有すべき物語であり、渋滞に怯えてキャリアを無駄にすることはない。交通エンジニアが実行できない限り、市長やメインストリートの商店主、思慮深い市民は、エンジニアへの信用を落としていくだろう。そのために、私は次のような短い節を設けた。

まず交通エンジニアを始末しろ

読者の皆さんはジェイン・ジェイコブズを好むだろう。彼女が交通エンジニアと戦った話は有名であり、代表作『アメリカ大都市の死と生』では、幾度となく効果的に交通エンジニアを批判している。プランナーや公務員はこの書籍を愛読しているが、その出版から40年後に執筆した『壊れゆくアメリカ』を読んだ人は少ない。この書籍には、彼女の声明が記されており、交通エンジニアが誘発需要に対する考え方を変えるまでは、すべての公務員とプランナーは、机の上に目立つように、次の声明を書き記して貼る必要があるだろう。

> 一般的には、大学が交通工学の修士号を授与することは、専門家としての知識を認めたことになると思われている。しかし、そうではない。このような専門知識の証明証を授与することは、学生や一般市民に対して詐欺行為を行うことなのだ[22]。

もう少し引用してみよう。

> 私は悲しく思った。「ここにいるのは、いい加減な教育を受けた若い世代であり、エビデンスを気にしない偽科学でキャリアを無駄にしようとしている。そもそも有益な問いを立てず、予想外のエビデンスが出てきたとしても、それを追求しようとしない。……

この好奇心のない職業は、エビデンスの意味する結論を何もないところから引き出している。まったくの憶測だが、たとえエビデンスに気付いたとしても……。そうした中でも、毎年、大学から学生が続々と卒業しており、教育が資格主義に委ねられていることは明らかであり有害である。学生たちの従順さには驚かされる。教育の欠如を気にしないほど資格に満足しているに違いない」[23]。

ジェインに触発されたためか、最近勇気ある若くて資格を持った交通エンジニアたちが、自らを変えようとしている。特に注目されているのは、グリスト誌に次のような文章を掲載したチャールズ・マローンである。非常に力強く、重要であり、長文で引用するに値する。

変わりつつあるエンジニアの告白

土木工学の学位を取得して大学を卒業した私は、地元のエンジニアリング会社に就職し、主に地方自治体のエンジニアリング（道路、下水管、水道管、雨水）を担当していた。そこでは、道路について私の方がよく知っていることを人々に説得することに時間を費やしていた。

もちろん、私はもっと知識を蓄えなければならない。第一に、一流大学で技術的な学位を取得した。第二に、国家資格の取得を目指していた……そのために、難しい試験に合格し、最終的にはさらに難しい試験に合格しなければならなかった。第三に、土木工学は人類史において最も古く、尊敬されている専門的職能であり、人類の最も偉大な業績に対して責任がある。第四に、最も重要なことであるが、従わなければならない基準の本があった。

広い道路は必要ないと言われても、安全のためには仕方がないと答えていた。

道幅が広ければ車の速度が速くなり、特に子どもが遊んでいる家の前では安全性が低下するように思えると言われた時、私は基準で求められている他の安全性の向上と組み合わせた場合には、広い道路の方が安全であると答えていた。

道路近くの木々を除去するなどの「改良」に反対する人が現れた時には、安全上の理由から、視距離を改善し、リカバリーゾーンに障害物を置かないようにする必要があると伝えた。

リカバリーゾーンは自分たちの「庭」でもあり、子どもたちはそこでキックボールや跳び箱をして遊んでいると指摘されると、私はフェンスを設置することを推奨した。ただし、フェンスは車道の外側に設置しなければならなかった。また、より広く、より速く走れる街路樹のない道路を整備するためには、プライバシー確保のために道路境界線に沿ってコンクリートのバリケードを作る必要があり、コストがかかると反対されたこともあった。その際には、進歩には時にコストがかかるが、この基準は州や郡、世界各地で機能することが証明されており、あなたたちの安全のために妥協できないと伝えていた。

今考えれば、まったくの狂気の沙汰であった。広く速く走れる木のない道路は、公共の場を破壊するだけでなく、人を殺める。ハイウェイの規格を都市部や郊外の道路、さらには郡道に適用することで、毎年何千人もの命が失われている。交通エンジニアが、すべての街区に幅14フィート［約4.2m］の車道を設計する理由はないが、私たちは絶えずそうしてきた。なぜだろうか？

その答えは、恥ずかしながら、それが基準だからである[注12]。

注12「変わりつつあるエンジニアの告白」より。チャールズ・マローンと彼の仕事の詳細は、strongtowns.org で閲覧可能である。

上記の2つの文章は、交通エンジニアによる悪行から都市を守るために引用した。このような文章を紹介することは、私にとって喜ばしいことではないし、喜ぶ必要もないと思っている。しかし、交通計画の専門家は、切実に軌道修正を必要としているため、最も生産性の高いアプローチは、容赦なく恥をかかせることである。とはいえ、マローンのエッセイは、極めて希望に満ちたものである。彼は、つまるところ、交通エンジニアなのであり、明らかにそのことを理解しているのだ。コンサルタントや市の職員など交通の専門家の中でも、近年、新しいパラダイムに向けて先頭に立つ人が増えてきており、彼もその中の1人である。都市側が要求するからこそ、これらの交通エンジニアは今もなお交通調査を行っている。しかし、これらの調査では、イギリスで行われているように、ようやく誘発需要が考慮されるようになったのである。

撤去すればうまくいく

ハイウェイが増えれば交通量が増えるのであれば、同じ論理は逆に働くのだろうか。誘発需要に関する最近のねじれは、"減少需要"と呼ばれるようになるかもしれない。つまり、「騒がしい」動脈が都市から取り除かれることで、交通量は減少するのだ。

アメリカでは、1973年にニューヨークのウエストサイド・ハイウェイが、1989年にサンフランシスコのエンバカデロ・フリーウェイが、撤去されたことはよく知られている。いずれの場合でも、交通エンジニアの黙示録的な警告に反して、自動車による移動がなくなった。自動車がその他の場所に現れて道路を塞いでしまったわけではなく、人々は他の移動手段を発見したり、あるいは、移動する必要性を感じなくなったのだ[注13]。エンバカデロは、美しい大通りに変貌し、愛らしいストリートカー（路面電車）は、かつての幹線道路と比較してより多くの輸送量をもたらした。

このような成功に対する人々の関心の高まりにより、ハイウェイの撤去はアメリカの国内外で増えてきている。例えば、ポートランドのハーバー・ドライブ、ミルウォーキーのパーク・イースト・フリーウェイ、サンフランシスコのセントラル・フリーウェイなどの高架道路が挙げられる。サンフランシスコのセントラル・フリーウェイは、現在では魅力的なオクタヴィア大通りになっている[24]。このような道路撤去は、ハイウェイによって荒廃していた地域に新たな命を与えるだけでなく、都市内の移動時間の総量を短縮した。最も有名な事例は、ソウルの清渓川(チョンゲチョン)高速道路であり、交通量の多い高架高速道路が2000年代半ばに取り壊され、半世紀にわたり覆われていた河川が日の光を浴びるようになった[25]。

清渓川の物語は、本が1冊できるほど興味深いものである。この物語は、草の根活動として始まり、政治的には支援されていなかった。1日に16万8千台もの車が走る道路を撤去することに、誰が賛同するだろうか？誰も賛成してくれなかったため、提案者は市長候補者にアイデアを売り込み、誰かがプラットフォームを作ってくれることを期待した。皮肉なことに、高速道路を建設した会社の元社長が、その公約を掲げて当選したのだ。市長となった李明博(イ・ミョンバク)は、就任式の日に解体事業を開始したのである。

その後、大騒動に発展した。反対派は大規模な抗議活動を行い、抗議参加者には、ハイウェイを利用する旅行者に商品を売ることで生計を立てていた3000人の露天商も含まれていた。中には「事業を停止しないと自殺する」と脅す人も現れた。その結果、2年を

注13 イギリスのある研究によれば、世界各地のデータから、道路の撤去は一般的に地域の経済を改善し、新しい道路は失業率を高めることが判明した（ジル・クルーゼ『撤去すればうまくいく』p.5,7）

要する設計期間が6か月に短縮され、30か月で竣工したのである。16車線のハイウェイは、都市の目抜き通りと3.6マイルの壮大な河川公園に生まれ変わったのである[26]。

数年後、河川の生態系は大幅に改善され、ヒートアイランドの影響のある都市部は5度以上も気温が下がった。また、交通渋滞も激減したが、これは同時に進められた公共交通機関への投資の恩恵でもある。本書を執筆している時点では、かつてのハイウェイ周辺の不動産価格は4倍に上昇している。さらに、李明博は韓国の大統領に選出された[27]。

2004年9月に開催し、シアトルのグレッグ・ニッケルズ市長が参加した都市デザイン市長協会の会合では、複層的なアラスカン・ハイウェイをプランニング課題として取り上げていたため、清渓川での取り組みを知っていれば紹介できただろう。エンバカデロと同様に、2層6車線のハイウェイは、地震で損傷しており、架け替えが必要だった。州の運輸局は、ハイウェイをきらびやかな地上大通りとし、42億ドルのハイウェイ・トンネルを建設することを提案したのだ。

同席したプランナーたちは、一斉に「それならハイウェイ・トンネルをやめればいいじゃないか」と声を上げた。すると、市長は「しかしその交通量はどこへ行くのだろうか」と質問した。私たちは「心配ない！」と回答した[注14]。しかしながら、どうやら説得力に欠けていたため、ニッケルズ市長はトンネル建設に固執してシアトルへ戻っていった。西海岸の革新的な都市における民主党のリーダー格であり、除雪用の塩さえ許さないほどの環境保護主義者である彼でさえ、誘発需要を理解できなかったのである。

その結果どうなっただろうか？まず、シアトル市民は住民投票で、

注14　このやりとりは、より長く、広範囲な議論からのパラフレーズであることは明らかである。

高架橋の代わりにトンネルか高架高速道路を建設する計画を否決した。その後、ニッケルズがトンネル整備を支持し続ける中で、比較的無名なシエラクラブのマイク・マッギンが、トンネル整備反対を掲げて市長選に出馬を表明した。ニッケルズが56万ドルもの選挙資金を集めたのに対して、マッギンは8万ドルしか集められなかったにも関わらず、予備選挙ではマッギンがニッケルズに圧勝し、市長に就任したのだ[28]。

李明博は大統領となり、グレッグ・ニッケルズは政界から姿を消した……。このことは誘発需要の教訓と捉えられるだろうか？いつものように市民が政治家を導いているように見えるが、そうではない。最近の住民投票では、トンネル整備派が勝利し、今ではトンネルの建設が差し迫っているようだが、その判断は正しくない。

最終的には、この議論は交通理論というよりも財政的な抑制にたどり着く。どんな美しい並木道でも、トンネルや高架橋の何分の1かの費用で作ることができる。現在（そしておそらく今後も）、都市や州の財政が逼迫していることから、高架の都市高速道路は、老朽化すれば地上の道路に置き換えるべきだと考えられる（おそらくすぐにはできないだろうが）。

このことについてはさらに考える必要がある。高架高速道路は、都市の景観を損ない、周辺の資産価値を著しく低下させる。隣接地のみならず、時として両サイドの数ブロック先まで、周辺の不動産価値を大幅に低下させるのだ。一方、並木道はその逆である。エンバカデロ大通りプロジェクトには、1億7100万ドルの費用がかかったが、1.2マイル［約1.9km］の区間で、ソウルと同じように資産価値を4倍に向上させたのだ[29]。不動産の学位を有していなくとも、サンフランシスコのダウンタウンの1.2マイルの固定資産税が3倍になったことで、2000年以降にはエンバカデロ大通りプロジェクトにかかった費用の数倍の利益を生み出したと理解できるだろう。もし計算する気があるなら、高速道路が壊れ始める前であっても、1、2本の高速道路を取り壊すための十分な経済的な正当性を見出せる都市もあるかもしれない。

歩行者ゾーンは、遠すぎる一歩だ

デンマークの有名な都市プランナーであるヤン・ゲールは、交通に関する議論を次のようにまとめている。

> 誘発と行動の関係は、20世紀の都市にとって頭を悩ませるものだった……いずれにせよ、道路や駐車場を増設して、交通渋滞を解消しようとすると、より交通量が増え、渋滞が発生する。自動車の交通量は、利用可能な交通インフラに応じて、どこであっても多かれ少なかれ恣意的に変化するのだ[30]。

この評価は、自動車に支配された都市の不可避な性質、そしてコミュニティがインフラについて協調的な選択をすることで、私たちの風景や生活の質を決定できることを適切に伝えている。ゲールはコペンハーゲンでの仕事で、都市の中心部から徐々に自動車を取り除くことを指揮してきた。その結果、1962年から2005年にかけて、歩行者と自転車のためのエリアは、約4エーカー［約1.6ha］から25エーカー［約10ha］以上へと約6倍に拡大したのである[31]。この取り組みに合わせて、市行政は過去30年間、毎年ダウンタウンの駐車場を2%ずつ削減している[32]。

最近では、ゲールは、タイムズスクエアのブロードウェイを歩行者天国にしたニューヨーク市のコンサルティングを担い、大きな成果を上げている。また、ニューヨークでは、かつての高架鉄道をリニアな公園に転用した壮大なハイラインプロジェクトを約20ブロックで完成させている。このプロジェクトは、今世紀半ば以降に創出された最も楽しい芸術作品と言えるだろう。皆さんも写真をご覧になったことがあると思うが、嘘ではない。このような公共的なアメニティは近隣の住みやすさに貢献しており、天気の悪い日以外ではよく利用されている。

これらのカーフリーの成功例は、残念ながらアメリカのほとんどの都市に当てはめられない強力な教訓を与えてくれる。似たようなデザインが、大きく異なる場所で同じような結果を生むと考えることは間違っている。現実に目を向けるべきだ。ここは、自転車の数が自動車数を上回るコペンハーゲンではない[33]。また、歩行者の混雑により、午前9時にペン駅近くの7番街を南に向かって歩くことがほぼ不可能なニューヨークでもない。ニューヨークと同じような住宅と歩行者の密度があり、車の通行がなくても繁盛する店がある稀な場合を除いて、アメリカでは商業地域を歩行者だけのものにすることは、その地域を死に追いやることになるのだ。

2003年にNEA（全米芸術基金）に着任した私のオフィスには、NEAの過去の成功事例を掲載した出版物が並んでいた。その中に、1970年代の古びたフォントで、NEAの資金で歩行者空間化した全米のメインストリートが何十本と紹介されていた。

しかし、この本を読むと、次から次へと失敗のページが出てきた。ボルチモアからバッファローまで、ルイビルからリトルロックまで、タンパからタルサまで、ノースカロライナ州グリーンビルからサウスカロライナ州グリーンビルまで、1960年代と1970年代に車の通行が禁止されたメインストリートが、NEAの本が出版されるやいなや失敗に終わったのである。

アメリカ合衆国でつくられた200ほどの歩行者専用モールのう

ち、現在残っているのは30ほどである[34]。その多くは、メンフィスのメインストリートのように、魅力的なストリートカーが走っているにも関わらず、空き店舗の多い低家賃のモラルのない地区である。コロラド州ボルダーやバーモント州バーリントンのような大学都市やアスペンやマイアミビーチのようなリゾート地は、例外である。サンタモニカのサード・ストリート・プロムナードやデンバーの16番街のような成功例もあるように、歩行者空間化の成功は確かに可能である。しかし、その可能性は極めて低い。

ダウンタウンの健全性を損なうのは、車を無条件に歓迎することよりも、自動車を完全に排除することだと思われる。肥満への適切な対応は、食べることをやめることではないように、ほとんどの店は車の通行がないと生きていけないのだ。グランドラピッズのモンロー・プレイスのように、失敗した歩行者専用モールは、自動車の通行を再び許可することで、少なくとも部分的に息を吹き返している。適切な数と速度で車を迎え入れることが重要である。

ブロードウェイに憧れて、自分の街にも歩行者専用道路をつくりたいと思うことは簡単である。ニューヨークには、もっとたくさんの歩行者専用モールがあってもいいのではないだろうか。2010年にニューヨークの計画委員会に、毎年1つずつ新しい歩行者専用モールをつくるようにアドバイスした[35]。ボストンやシカゴのようにダウンタウンの住宅密度の高い都市では、今後、数年間で歩行者ゾーンが成功する可能性があるし、そうなるべきであろう。しかし、ここでの重要な教訓は、車での移動が不可能になるような高価で撤去にも費用がかかる街並みを建設するという、以前のようなやり方を繰り返さないことだ。そうではなく、タイムズスクエアでやったように、仮設ボラードを設置し、鉢植えの木や可動式の椅子をいくつか持ち込んでみる。週末にやってみて、うまくいったら日にちを多くしてみる。派手なバリケードには1セントも使わないこと、なぜなら、歩行者ゾーンが成功するためには、街並みではなく、その場所、人口構成、組織が成功の鍵となるからだ。

渋滞課金は、賢すぎるから難しい

自動車の大群から地域社会を守るために広く活用されている仕組みである渋滞課金を抜きにして、自動車と都市に関する章を終えられない。人々が道路を利用する時間を制限する主な要因として、私は不本意ながら渋滞を称賛している。運転によりドライバーが負担する費用は、社会が負担する費用よりも少ないため、都市で車の運転を抑制するためには渋滞が必要である[注15]。しかし、もしドライバーが実際の運転費用に近い金額を請求され、いつどこで運転するかという市場に基づいた選択をし直してもよいとしたらどうだろうか。これにより、過剰な運転と過剰な渋滞の双方を解決できるのである。それが、渋滞課金の考え方だ。

2000年代初頭、ロンドンでは交通渋滞が深刻化し、解決策が求められていた。さまざまな手段を尽くした結果、ケン・リビングストン市長は、唯一の治療法である経済学的方法を提案した。「大規模かつ持続的なメディアキャンペーン」[36]を行い、平日に渋滞している都市中心部に入るドライバーに約15ドルの料金を課し、その収益を先進的な交通政策の支援に充てることにしたのだ。

その結果は次の通りである。有料道路の混雑率は30%低下し、平均的な所要時間は14%短縮された。ロンドン市民の自転車利用率は20%上昇し、大気汚染は約12%減少した。この課金システムは、

注15 公害や時間の浪費といった外的要因を無視した事実である。例えば、ニュージャージー州の一般住民からの一般税のうち、毎年約7億ドルが運転者に費やされている（チャールズ・シーゲル『アンプランニング』p.29)。

すでに10億ドル以上の収益を上げており、その多くが公共交通機関に投資されている。ロンドンでは、現在数百台もの新しいバスが導入され、有料化前に比べて1日の運行本数が約3万本増加している。バスの信頼性は30%向上し、遅延は60%減少している[37]。

渋滞課金が導入される以前、ロンドン市民の考え方は真っ二つに分かれていた。しかし、前回の世論調査では、賛成派が反対派を35%も上回っていた[38]。その後の市長選挙は、この渋滞課金制度の是非を問うものとなり、リビングストンは大差で再選されたのだ。

渋滞課金を導入しているのは、ロンドンだけではない。サンパウロ、上海、シンガポール、ストックホルム、シドニー[39]が、同様の施策を導入している。その結果はさまざまだが、概ね良好な結果を得ている。現在、サンフランシスコでは、独自のスキームが取り組まれている。2007年のアースデイに、マイケル・ブルームバーグ市長が渋滞税の導入を提案した時、ニューヨーク市は、その他のSで始まる都市［上に挙げた5つの都市］とは違って、明らかに不利な状況にあった。市長の提案は、年間約5億ドルの収入をもたらし、さらに連邦政府から3億5400万ドルの補助を受け取ることになっていた。しかし、驚いたことに、この提案は郊外からの通勤者が多いオールバニーの州議会で否決されてしまったのだ[40]。ニューヨーカーに言わせれば、「ふざけるな」というところだ。

皮肉なことにニューヨークに導入された、1リットルあたり4ドルのガソリン税は、ブルームバーグ市長が期待していた効果をすぐに達成し[41]、市への収入を差し引いたとしても、課税による渋滞対策の有効性を示したのだ。しかし、ガソリン価格を上げることは、都市にとって問題のある箇所を具体的に攻撃し、大金を収集できる渋滞課金と比較すると、はるかに鈍い手段だ。ニューヨークのように州議会の言いなりになるのではなく、混雑度合いの高い都市では、ロンドンのようなパイロットプロジェクトを検討すべきだ。何といっても、ブルームバーグ市長の提案は、地元では67％の有権者の支持を得ているのだから[42]。

長い視点で見ると…

「アメリカ人は馬に乗れるなら歩かないという習慣がある」。オルレアン公爵ルイ・フィリップは、1798年にこのように述べている（その後1830年にフランスの国王になった）[43]。我が国の初期に確立されたと思われるこの傾向は、私たちの物理的な景観と身体の両方に大きな影響を与えている。近年では、フランスの哲学者ベルナール・アンリ・レヴィが、アメリカ人の自閉的なライフスタイルを「公私問わず、人生のいかなる領域も惜しまないグローバルな完全肥満。社会全体が、上から下まで、端から端まで、生物をゆっくりと膨らませ、あふれさせ、爆発させる曖昧な錯乱の餌食になっているようだ」と表現している[44]。一見しただけではわからないが、2世紀の時間を経て発表されたこの2つのコメントはつながっている。

レヴィは、私たちの身体のことを言及したのではなく、明らかに社会全体のことを述べていたのであり、いかにこの土地で大きな生活をしているかを指摘していたのだ。この2つのフランス人の発言の間に何が起こっていたかを知るためには、少しまわり道をして、多国籍知識人イヴァン・イリッチの著作を読む必要がある。イリッチは1973年に交通手段について、私が未だかつて読んだことのない最も賢い言葉で表現している。「ある速度を超えると、自動車は自らが距離を縮めることのできる遠隔地を作り出す。あらゆる人との間に距離をつくり、わずかな人のために距離を縮める」[45]。

イリッチは本質的には公平性について議論しているが、もしそれだけで終わっていたなら、このメッセージは多くの人にとって説得力のあるものではなかっただろう。確かに、「エリートは限りない距離を一生の間に移動できる。他方、大多数の人々は不要な移動に人生の多くの時間を費やす」[46] ことは公平ではないが、人生はいつから公平になったのか？「特権の極みは、普遍的な奴隷化の代償として生み出される」[注16] というような発言は、今日では1970年代のように支持されない。しかし、イリッチは公平性を論じるだけでなく、アメリカの膨大な無駄を発見したのだ。

一般的なアメリカ人男性は、年間1600時間以上を車内で費やしている。走行中はもちろんのこと、アイドリングストップ中にも車中で座っている。車を駐車し、車を探す。月々の支払いに必要な頭金を稼ぐ。ガソリン代、通行料、保険料、税金、切符代などを支払うために働く。起きている16時間のうち4時間を道路上で過ごすか、そのための資金を集めるかに費やす……一般的なアメリカ人は、7500マイルを走るために1600時間を費やしている。つまり1時間に5マイル以下だ。交通産業が発達していない国では、人々は同じように行きたいところへ歩いて行くことができ、アメリカ人が社会全体の予算の28%を交通に充てるところを、彼らは3～8%しか充てていない[注17]。

注16　イリッチ『必要性の歴史をめざして』p.127,119より。イリッチが鉄道の大ファンでなかったことを知ると、少し安心する。「私たちの限られた情報では、世界のどこでも、ある乗り物が時速15マイル［時速24km］の壁を破った後、交通に関する時間の不足が増大し始めたようだ」（同書、p.119）

注17　イリッチ、同書、p.120より。彼は、次のように付け加えている。「病院、交通裁判所、車庫で過ごす時間、次に買うものの品質を向上させるための消費者教育会議に出席する時間などもある」。また、忘れてはならないのが、イリッチのデータは1970年頃のもので、当時は車の運転者がかなり少なく、収入のうち運転のために費やす割合も少なかったのである。

これは驚くべき結果だ。植民地時代の祖先に比べて、私たちは国家および個人の資源の25%を交通機関に費やしているが、移動速度は上がらない。しかし、私たちはより遠くに移動している。イリッチは「誰もが日常生活の範囲を広げており、通勤途中で知人に会ったり、公園を散歩したりしている」と書いているが、現代のアトランタのことだったかもしれない[注18]。

イリッチは、社会の動きが速ければ速いほど、社会は広がっていき、移動時間が長くなるという隠れた物理法則を発見したのだ。しかし、彼はまだその半分も理解していなかった。アメリカのスプロールマシンが本格的に始動した1983年以降、車で移動する距離は人口比の8倍で増加している[47]。イリッチの時代には、通勤者の10人に1人が徒歩で通勤していたが、現在では40人に1人以下となっている[48]。

このような変化は不穏であるが、不可逆的なものではなく、さらに言えば、現在のすべてのアメリカ人が経験していることではないことを忘れてはならない。ウォーカブルな都市は、高密度で活気に満ちた複合的機能の近隣地区を備えており、住民に優れた経済的・社会的機会を提供すると同時に、時間的・金銭的な交通コストはイリッチの言う「交通産業のない国」と比べて必ずしも高くないのである。このことは、より多くの市民が都市の中心部に住むことができる場合に当てはまるが、これについては次のステップで紹介する。

注18　イリッチ、同書、p.119より。正確を期すために、私の友人であるフィル・ハリソンがアトランタでの通勤途中に公園を歩いていることを記しておく。しかし、彼だけである。

STEP 2 用途を混在させよう

都市は物事をひとまとめにするために作られた。市民の仕事がうまくいけばいくほど、都市はより成功したものとなる。しかし、かつては、都市にとって良いことが、市民にとって良いことではない時代があった。「暗黒の悪魔」のような工場の煙や長屋での伝染病の蔓延は、都市の人々の寿命を劇的に縮めた。1900年まで、典型的なニューヨーカーは、農村部の従兄弟より寿命が7年、短かったのだ[注1]。

そんな時、都市計画が救いの手を差し伸べた。都市の過密状態を解消し、住宅と工場を遠ざけることで、プランナーは最初の大きな成功を収めたのだ。平均寿命は上昇し、プランナーは英雄として賞賛され、あらゆるものを他のものから分離する世紀が始まったのだ[1]。このように都市の構成要素を分解することは「ゾーニング」として知られるようになり、今でもアメリカのほとんどのコミュニティでは、ゾーニングが主流なルールとなっている。都市は「計画規制」ではなく「ゾーニングコード」によって構成されており、土地利用の違いが、健康や安全、常識を分け隔てている傾向にある。ほとんどの小規模な都市産業は、公害を発生させず、以前調べた時はコレラも抑制していた。

注1　エドワード・グレイザーによるニューアーバニズム委員会でのコメントより(2011年6月3日)。理由はすでに述べた通りであり、2010年に生まれたニューヨーカーは、全国平均より2年長く生きると予想されている。

ゾーニングは、郊外のスプロール地域でその頂点を迎える。そこでは、大きく分離された活動体制が、国民の生活に破壊的な影響を与えるハイパーモビリティを強制している。ゾーニングが都心部を蝕み、今なおダメージを与え続けていることはあまり語られていない。ゾーニングの影響があまりにも大きかったため、今ではゾーニングを廃止して市場に任せるだけでは不十分である。都市が完全な状態に戻るためには、ステップ9で議論されるようなコードの改革だけではなく、ダウンタウンの活動の適切なバランスを取り戻すための努力が必要だ。

まずは住宅供給だ

それでは、適切なバランスとはどのようなものだろうか？人間はどのような行動をするかを問えば良い。仕事、買物、食べる、飲む、学ぶ、創造する、集まる、礼拝する、癒す、訪れる、祝う、眠る。これらの行動はダウンタウンを離れなくても達成できる。アメリカの大・中都市のダウンタウンでは、20世紀に郊外への住宅の転出によって失われた「眠る場所」以外のあらゆる要素を十分に備えている。言い換えれば、住宅の少なさゆえに、他のカテゴリーは繁栄できない。専門店は残っているかもしれないが、フードマーケットはほとんど残っていない。レストランはランチタイムのサービスだけで生き延びるのが精一杯であり、歴史的な教会は、かつて近くに住んでいたが、現在は郊外に住む教区民を引き止めるのに苦労している。

これまで述べてきたように、ダウンタウンの住宅需要は顕在化しており、これからも需要の拡大が予想される。しかし、政治的にコミットし、手を差し伸べない限り、需要を満たす供給は困難を伴うだろう。ダウンタウンでの新たな住宅建設は、コストがかかり、手のかかる仕事である。デベロッパーが慣れ親しんできた郊外の緑地とは異なり、都市部では、公益事業・土地利用権・交通・厄介な隣人などさまざまな問題を抱えている。近年まで、郊外のマンションに積極的に融資していた地元の銀行も、ダウンタウンの新築マンションへの投資を敬遠していた。

アイオワ州のダベンポートでは、過去10年間にダウンタウンで開発された3つの住宅地はいずれもすぐに借り手がつくか完売したにもかかわらず、地域の大手金融機関は、オフィス周辺の住宅建設を長い間、支持していなかったのだ。『It's a Wonderful Life［映画「素晴らしき哉、人生！」］』ではないが、投資家がミネアポリス、マディソン、セントルイスからやってこなければならなかったのだ。このような現代版の赤線引き［金融機関が黒人が居住する地域を融資対象から除外するなどの差別をするために赤線で囲むこと］が、自治体の支援なしにはダウンタウンの住宅を建設できない大きな理由になっている。

それでは自治体によるサポートとはどのようなものであろうか？例えば、マサチューセッツ州ローウェルでは、新たな住宅建設に焦点を定めて、ダウンタウンを急速に変容させている。私はローウェルからそれほど遠くない場所で育ったが、ダウンタウンは避けるべき場所として知られていた。かつて産業のメッカであり、小説家ジャック・ケルアックの故郷でもあるローウェルは、1960年代までに活気を失い、ダウンタウンの住宅の市場価格はほとんどゼロになっていた。2000年時点で、中心部には約1700戸の住宅が存在したものの、その住宅の79％は補助を受けているか、あるいは所得制限をかけられていた。11年経過した現在では、住宅戸数はほぼ倍増し、さらに、新しい住宅の約85％は市場価格で提供されている。つまり、所得制限のない住宅戸数は4倍以上になっているのだ。

ローウェルで都市計画と開発を担当するアダム・バークによれば、

この変革を実現するためには、政治、許可、誘導の３つの段階が重要であった。
政治とは、市議会での態度（と人）の変化を指し示している。市議会では、議員らが「商業的な開発だけが望まれると考えていた」ため、ダウンタウンでの住宅建設を敬遠していた。結果的には、市行政の新しい考え方により、ダウンタウンにアーティストのための住宅を供給するという明確な目的のために、遊休地を売却することになった。
許可とは、市の従来のゾーニングコードを回避することである。例えば、新しいアーティスト向けの住宅を建設するためには、本来14項目で認可を得なければならなかったが、その代わりに、市は住宅提案を「特別許可」として取り扱い、その許可を資格のある申請者に対して「キャンディーのように配る」ことにしたのだ。さらに、市は既存の厳しい駐車場要件を改定し、デベロッパーは住民に貸すことのできる駐車場を１戸につき１台、近隣のどこかに確保すれば良いという規則を定めた。確保された駐車場の大部分は、9時から17時までは混雑しているが、夜になると空いている市営駐車場だった。
最後に、誘導とは、歴史保存のための税控除やコミュニティ再生補助金など、連邦や州の補助を獲得するための困難な過程について、市行政職員が手取り足取り教えてくれることである。競争率の高い補助金もあるが、市行政はコミュニティに必要な指南書をパッケージ化したのだ。また、この支援には現金給付も含まれており、市行政はいくつかのプロジェクトに資金投入した[2]。
正確には、担当者であるバークは、ダウンタウンに住む人々を惹きつけるために必要なもう１つのステップとして、「人々が住みたいと思うような環境を創り出すための市全体の取り組み」を挙げている。ウォーカビリティが向上すれば、ダウンタウンに住宅が供給され、その結果、さらにウォーカビリティが向上するという好循環が生まれる。この「ニワトリと卵」の関係については、どちらに先に投資すべきかという疑問が湧いてくるが、答えは無論両方である。

アフォーダビリティを高める2つの策

ローウェルから興味深い学びを得ることができる。アメリカの都市では、ダウンタウンにアフォーダブル住宅を増やす必要はない。むしろ、ダウンタウンのアフォーダブル住宅は多すぎる。より正確に言えば、貧困層以外の人々が郊外に移住したため、ダウンタウンのアフォーダブル住宅が増えすぎたのである。アメリカの典型的な中規模都市の中心部には、市場価格のアパートが数軒、黒人が住むロフトが数軒、ドゥエル誌で紹介されるようなコーテンシャル壁の長屋が1、2軒あり、貧困層が大量に住んでいる。このようなダウンタウンでは、より多くの住宅が必要だが、ダウンタウンの所得分布をより正常に戻すものでなければならない。これがローウェルで取り組まれたことである。

しかし、すべての都市がローウェルのようにはならない。幸いなことに、本書の中でヒーローとして取り上げられるいくつかの大都市では、ダウンタウンや近隣に多くの裕福な人々が集まっているが、これらの場所は社会的単一文化をもたらす危険性に直面している。裕福ではあるが、これらの都市はストリートライフに悪影響を及ぼす可能性がある。なぜなら、ヤッピー［知的専門職に就いている若いエリートサラリーマン］は公共の場で過ごす時間が少なくなる傾向にあり、また、歩道はコミュニティと同様に多様性により発展するからだ。さまざまな種類の人々が1日の異なる時間帯にストリートを利用することで、1日中アクティブな状態を保つことができるのだ[注2]。

このような高級化されたあるいは高級化しつつあるコミュニティには、アフォーダビリティを高め、維持するための2つの強力な救済策がある。1つはよく知られているインクルージョナリー・ゾーニング、もう1つはほとんど知られていないがグラニー・フラットである。

すべての新築住宅開発に対して一定の割合でアフォーダビリティの基準を満たすことを義務付けるインクルージョナリー・ゾーニングについては、その効果とそれが常に正しいということは言うまでもなく、それ以外に言及することはないだろう。すべての都市でインクルージョナリー・ゾーニング条例を導入すべきだが、現在はほとんど導入されていない。なぜなら、インクルージョナリー・ゾーニングは、デベロッパーへの隠れた税金であり、自由市場の妨げになると評価を受けているからだ。これらの批判は技術的には正しいが、実際に行われているインクルージョナリー・ゾーニング・プログラムでの経験を無視している。つまり、開発の妨げになったことはないということだ。むしろ、開発を加速させたケースもある[3]。

自由主義者はインクルージョナリー・ゾーニングを嫌うかもしれないが、洗練されたデベロッパーは良しとしているようだ[注3]。アフォーダブルな住宅を提供することで、連邦や州政府の補助金を受けることができ、プロジェクトの収益性が高まるからだろう。最大のインクルージョナリー・ゾーニング・プログラムは、デンバー、

注2　ちなみに、単一文化は社会にとってもあまり良いことではない。ジェイン・ジェイコブズは以下のように述べている。「現実の社会で、私たちを悩ませている大きな問題の答えが、均質な集落から出てくると思う人がいるだろうか？」（ジェイコブズ『アメリカ大都市の死と生』p.448）

注3　この「洗練された」という言葉は、全米住宅建設業協会を除外するために使った。スプロール現象が会員を破産させたにもかかわらず、絶え間なくスプロールの提唱を続けている。

サンフランシスコ、サンディエゴ、ボストンで取り入れられている。メリーランド州の裕福なモンゴメリー郡では、1974年からこのプログラムが実施され、1万戸以上のアフォーダブル住宅が建設された。今日の住宅建設不況の中で、経済活動重視の圧力団体は間違いなくインクルージョナリー・ゾーニングに反対するだろう。しかし、その根拠には乏しく、最終的には自らの利益に反するだろう。

他方、グラニー・フラットは、アメリカの都市ではあまり普及していない。プランナーから「付属住宅ユニット（ADU）」と呼ばれ、マーケティング担当者から「バックヤードコテージ」と呼ばれているアパートは、賢明であると同時に違法である。アメリカで成立している数少ないADU条例は、一戸建ての家に小さなアパートを置くことを認めており、多くの場合、裏道沿いのガレージの上に設置され、自由市場で賃貸できる。このような条例には、資産価値の下落を心配する近隣住民がしばしば反対する。私のロサンゼルス出身の大学時代のルームメイトは、「不法入国者が引っ越してくるのを恐れている」と言っていた。

幸いなことに、グラニー・フラットが資産価値を下げるという証拠はなく、その理由は容易に理解できる。第一に、ほとんど目立たない。第二に、家の所有者に収入源を提供することで、より快適な生活を送ることができる。第三に、私のロサンゼルス出身の友人が考えていたような借家的な使用を避けるために、当然ながら慎重に規制される（実際、借主は住宅所有者の親や大学生の子どもであることが多い）。第四に、アフォーダビリティを集中的にではなく分散して導入することにより、集中することで発生する可能性のある問題を回避できる。第五に、必然的にすぐ近くに住んでいる家主の監督を受けることになる。

近隣密度を高め、歩行の機会を増やし、交通機関の利用や地域での買物をしやすくすることは、ウォーカビリティにもつながる。ダウンタウンの端によく見られ、バンガローや大きな家がウォーカブルなストリートに並んでいる、古い一戸建てのある近隣にも最適である。実際、チャールストンやウエストハリウッドなどでは、今でもそのような光景が見られている。グラニー・フラットは、一般的にNIMBY［総論賛成各論反対派］らがローカルな計画の問題にあまり影響を及ぼさないカナダでも人気がある。バンクーバーでは、2008年にエコ・デンシティ・イニシアチブの一環としてグラニー・フラットを合法化し、すでに何百もの建物が建設され、貸し出されている[注4]。

このような状況にもかかわらず、アメリカの最も革新的な市議会でさえ、グラニー・フラットを合法化することに苦労している。シアトルでは、長い論争の末にようやく成功したが、批判的な人たちはグラニー・フラットによって都市密度が2倍になると主張していた。また、地域の人々が「バーベキューをしたり、客をもてなしたり、裸で歩き回ったり」するための必要なプライバシーが失われるという意見も見られた[4]。現在、シアトルでは年間100棟のグラニー・フラットが建築許可を得ている[5]。本書執筆中に、ポートランド、マイアミ、バークレー、デンバー、バーモント州バーリントンでも、グラニー・フラットが合法化されたばかりだ[6]。もし、これらの都市のいずれかに住んでいるなら、7万5千ドル程度でグラニー・フラットを建てることができる。他の都市に住んでいる場合は、少なくとも6つの実用的なADU条例ができているわけだから、市議会に条例案を提出することができる。

注4　ちなみに、アメリカで最も密集したグラニー・フラットの集中は、1990年代後半に私がDPZで設計に携わったフロリダ州ローズマリービーチである。この新しい市街地では、現在214戸の「キャリッジ・ハウス」住宅がある。

住宅以外の要素

用途混在に関する本章は、結局は「住宅」に関する章である。なぜなら、住宅はアメリカのダウンタウンの中で最も過小評価されているが、一方で多くのダウンタウンが住宅に惹きつけられているからだ。ますます多くのアメリカの産業が海外にアウトソースされたり、ラップトッパー［ノートパソコンを使って仕事をする人々］が好きな場所に住むようになると、都市の中心市街地は、現在のようなオフィス機能を維持するのに苦労するだろう。もちろん例外はあるだろうが、1960年代に人々が郊外に移っていったように、人々が都心に戻って、オフィス機能が人々を追いかけて都心に戻るまで、この状況はしばらく続くだろう。

だからこそ、企業を都市に誘致するための最良の戦略は、税制優遇措置や土地取引、その他のアメで企業を他の場所から引き離すような従来のゼロサムゲームではなくなっているのだ。ゴルフと景品で経済が発展できると思われているが、そのような成功はますます稀であり、常に続くことはないという事実を無視している。結局のところ、5%の減税により、フィラデルフィアを捨ててインディアナポリスに移った企業は、7.5%の減税でシンシナティに喜んで移るだろうし、その後すぐにティファナに移るかもしれないのだ。

経済開発戦略が企業誘致戦略になっている都市では、経済開発担当者と都市計画担当者があまり話をしていない。ローウェルのような賢い都市では、都市計画と経済開発の担当者を雇い、人々が望む都市をつくることを第一に考えている。縮小するオフィス市場に新しいテナントを誘致するのではなく、将来の経済成長はクリエイティブな人がいる場所で起こることを理解し、より多くの住宅をダウンタウンに誘致することに努める。

アダム・バークが提案したように、この戦略は市場性のある住宅をより多く建設すると同時に、住民が必要としているものを充実させる。公園や遊び場、スーパーマーケット、ファーマーズマーケット、カフェ、レストラン、そして最終的には良い学校など、すべての要素がウォーカブルな範囲の中に包含されているのだ。これらの項目は、それぞれ書籍としてまとめられているので、ここでは説明しきれない。しかし、このような項目は必要であり、誘致するための最初のステップは、すべてを兼ね備えたダウンタウンを創り出すことを中心とした経済発展の方向性へと舵を切ることであろう。

STEP 3 駐車場を正しく確保しよう

この章はある人物のおかげで存在している。彼は緑の目に白髪交じり、ひげを生やしている70代半ばの老人で、しばしば自転車に乗っている姿を撮られている。イエール大学で工学と経済学などの4学位を取得し、現在はUCLAで教鞭を執っている。都市計画学部長を務め、交通学科の運営にも従事してきた彼の名前はドナルド・シャウプである。彼は特定の界隈では有名なロックスターであり、「駐車場政策のジェイン・ジェイコブズ」あるいは「駐車場の先駆者」と呼ばれている。フェイスブックには「シャウピスタ」というグループも存在している[1]。

シャウプは、都市における駐車場の仕組みを真剣に考えたおそらく最初の人物であり、そのことによって高い地位を獲得した。この努力の結果、彼は何十年にもわたるエビデンスに裏付けられた結論を導き出し、その価値が注目され始めたところである。カリフォルニア州ベンチュラの前市長ビル・フルトンの言葉を借りれば、「ドナルドは40年間全く同じことを言い続け、ついに世界は彼の言うことに耳を傾けるようになった」ということである[2]。彼の言っていることをまだ世界がやっていない、ということでもあり、ほんの幸運があるとすれば、今まさに変わろうとしているということである。

アメリカの都市における駐車場は、ウエストバージニア州の面積よりも広大な面積を占めている[3]。ヒューストンのダウンタウンの航空写真を見てほしい。プランナーではない誰かが喜んで全国的に時代遅れの駐車場要件を制定し強制していることを把握するための努力を、シャウプが言及するまでは誰もしていなかったようである。シャウプ自身は、都市計画の「バイブル」であるF. スチュワート・チャピンの著作『都市の土地利用計画』が、駐車場について触れていないことに言及している[注1]。拙著の『サバーバン・ネーション』の中では「なぜ」よりも「何を」を重視していくつかは触れたが、これについてシャウプは科学のレベルにまで磨きをかけている。

経済学者としての冷徹な論理をもって、現実を注意深く継続的に観察した結果、シャウプが発見したことは、アメリカのすべての都市が駐車場の扱い方を誤っているということである。駐車場が都市サービスとして機能しているのではなく、都市が駐車場サービスのために機能しており、そのほとんどすべてが都市の不利益となっているのである。彼はまた、この問題はかなり簡単に解決でき、関係者全員に大きな利益をもたらすことができると判断し、それを実証してきた。そして後述するように、彼のアイデアがサンフランシスコで実を結び始めたところである。

駐車場にかかる費用、私たちにかかる費用

駐車場の仕組みを理解するための第一歩は、駐車場にいくら費用がかかっているのか、誰がお金を払っているのかを把握することである。駐車場は非常に豊富で、多くの場合、無料で利用できるため、費用はほとんどかからないと想像しがちである。しかしこれは事実ではない。アメリカで最も安い都市型駐車場は、比較的価値のない

注1　ドナルド・シャウプ『高額な無料駐車場』p. 25。シャウプのこの本は751ページで重さは3.25ポンド［約1.5kg］もあるが、この本を読みたくなるだろう。この章のすべてがこの本からの知見ではないが、ほとんどすべてを占めている。この章すべてについてシャウプの功績であると認められるなら私は嬉しい。

土地に8×18フィート［2.4×5.5m］のアスファルトが敷き詰められたもので、その建設には1台あたり約4000ドルの費用がかかる。それよりも価値のない土地はほとんど存在しない。最も高価な地下駐車場は建設に1台あたり4万ドル以上かかることもある。シアトルのパシフィック・プレイス・ショッピングセンターの地下にある駐車場は、市が建設したもので、6万ドル以上の費用がかかっている[注2]。これら両極端の間にあるのが、標準的な地上の都市型駐車場で、通常は1台あたり2万から3万ドルで建設できる。

駐車場の規模を考えれば、これらの総額はすぐに計算できる。1200台収容のパシフィック・プレイスの駐車場の建設費用は7300万ドルであった。シャウプは、「アメリカのすべての駐車場の建設コストは、すべての車の価値を超え、すべての道路の価値さえ超える可能性がある」[4]と計算している。加えて継続的にかかる税金、管理費、維持費もある。パーキング・プロフェッショナル誌を信用するとすれば、100万人以上のアメリカ人が「駐車場専門職」としての何らかの側面で生計を立てていることになる[5]。これらの人たちにはお金を払わなければならない。何百もの駐車場研究に基づけば、シャウプは立体駐車場の毎月のコストが、やや控えめに言っても、少なくとも125ドル[6]、または1日あたり約4ドルであると推計している。

この金額は安価なように見え、実際には非常に簡単に支払うことができると思える。9時から17時まで、稼働率を控えめに50%と想定しても、1時間あたりわずか1ドルである。では、多くの駐車場はそのコストをカバーしているだろうか？いや、そんなことはな

注2　世界記録は日本にあり、川崎市の地下駐車場は1台あたり41万4千ドルになる。駐車場全体の建設コストは1億5700万ドル以上である（ドナルド・シャウプ『高額な無料駐車場』p.190）。

い。大西洋岸中部地域の駐車場を対象としたある調査によると、収容台数１台あたりの年間営業収入は年間コストの 26 〜 36％であった[7]。

マサチューセッツ州ローウェルでも似たような状況があった。そこでは、市の６つの公共駐車場からの収入が、それらの駐車場の債務返済にすべて充てられていた。もう少し掘り下げてみると、1980 年代に建てられた５つの駐車場は、納税者の助けを借りてすでに完済していたことがわかった。つまり、実際には、市の６つの駐車場からの収入は、新しい１つの駐車場の債務返済だけをカバーしていたのである。

このような状況はアメリカ全土に存在しているが、それは一般的に市や他のスポンサーが駐車場の価格を人為的に低く抑えていることが理由である。駐車場の数が非常に多いことから、10 年前に計算された補助金の総額は国防予算に匹敵する年間 1270 億ドルから 3740 億ドルとされている[8]。アメリカの典型的な駐車場は有料駐車場ではなく、コンドミニアムの隣にあったり、オフィスパークの中にあったり、ウォルマートの前にある無料駐車場であることを考えれば、この数字は途方もないものに思える。

アメリカの多くで駐車場が「無料」であったり、価格が低かったりするとしたら、実際には誰が駐車場代を支払っているのだろうか？答えは、利用するかしないかにかかわらず、私たち全員が支払っている。シャウプはこう言っている。

> 最初は必要な駐車場の費用をデベロッパーが負担するが、すぐにテナントが負担するようになり、次に顧客が負担するようになり、経済の至るところに駐車場の価格が浸透している。私たちが店で買物をしたり、レストランで食事をしたり、映画を見たりす

るとき、私たちは間接的に駐車場代を支払っている。なぜなら、そのコストは、商品、食事、劇場チケットの価格に含まれているからである。小さな支払いにも駐車場代が反映されていることから、私たちは無意識のうちに、ほとんどすべての商取引において車を支えているということになる[9]。

この状況の連鎖は不安を投げかけている。誰も駐車場代の支払いを拒否することはできない。歩いたり、自転車に乗ったり、公共交通機関を利用したりする人は、車で移動する人を支援しているのである。そうすることで、車の運転を安価なものにし、より普及させている。その結果、歩行、自転車、公共交通機関の質が損なわれるのである。

誘発需要、再び

「誘発需要」という言葉に聞き覚えがあるだろうか？一般的な道路と同様に、無料や低価格のすべての駐車場は、国家経済の大部分が自由市場から切り離され、個人が合理的に行動できなくなっている状況を助長している。もっと正確に言えば、合理的に行動することで、個人は自分の利益に反して行動することになるのである。

シャウプは雇用主が支払う駐車場への補助金は、通勤距離1マイルあたり22セントに相当し、自動車通勤の価格を71%も下げていると推計している。この補助金を廃止すれば、1ガロン1.27ドルから3.74ドルのガソリン税が追加されるのと同じ効果があるだろう[10]。これは、多くの人の運転習慣を変えるような値上げである。

この補助金は、社会にとってより大きな利益をもたらすのであれば正当化されるかもしれないが、もたらされるのは駐車場が安価になるという1つの利益だけである。他の重要な課題の面ではどういう役割を果たしているだろうか？大気や水質を悪化させ、地球温暖化を加速させ、エネルギー消費を増加させ、住宅コストを引き上げ、公共収入を減少させ、公共交通機関を弱体化させ、交通渋滞を増加させ、公共空間の質を低下させ、郊外のスプロールをエスカレートさせ、歴史的建造物を脅かし、社会資本を弱体化させ、公衆衛生を悪化させる[注3]。それでも無料駐車場が必要なのだろうか？

駐車場依存でできた法律

抗議する読者がいるかもしれないが、企業は顧客を誘致するために駐車場を提供することを許可されるべきである。それには賛成できる。しかしアメリカでは、そのような駐車場は許可されているだけでなく、義務付けられている。カリフォルニア州モントレーパークのように、敷地内駐車場を義務付けるだけでなく、来訪者に無料で提供するよう要求する都市もある[11]。

このような要求は、都市機能のあり方を強力に破壊するものである。長文比喩の達人であるシャウプは、このように状況を説明している。

> もし市が毎回の夕食に無料のデザートを提供することをレストランに要求した場合、すべての夕食の価格はすぐにデザートのコストを含むように値上がりするだろう。要求されるデザートのサイズにレストランが手を抜かないようにするために、都市は正確な「最低カロリー要件」を設定しなければならない。一部の客は、食べなかったデザートのためにお金を払うことになり、ある客は別料金の場合には注文しなかったであろう砂糖の入ったデザート

注3　これらの問題は、最後の３つを除いてすべてシャウプによってリストアップされている（シャウプ、p.585）。

を食べることになるだろう。その結果、間違いなく肥満、糖尿病、心臓病の流行を招くことになる。ニューヨークやサンフランシスコのような少食に敏感な都市は無料のデザートを禁止するかもしれないが、ほとんどの都市はそれらを要求し続けるだろう。多くの人々は、長い間無料で食べていたデザートの代金を払おうと考えただけでも腹が立つだろう[12]。

都市、郊外、農村部のゾーニングコードをみると、駐車場に関する規則が何ページにもわたって記載されている。私たちプランナーが管理してきた600ほどの土地利用には、それぞれに最低駐車場要件がある[13]。シャウプは、これらの要件は、中身のないほんのわずかなデータから作られたものであり、現実とはかけ離れていると指摘している[14]。ガソリンスタンドでは、1ノズルにつき1.5台分が必要である。ボウリング場では従業員1人につき1台分、加えて1レーンにつき5台分が必要である。スイミングプールには、2500ガロン［約9.5m^3］の水量につき、1台分が必要である[注4]。これらの要件はその後、市から市へ、町から町へと受け継がれ[15]、ほとんどの場合「過剰駐車場」という結果を生み出している。

「過剰駐車場」とはどのくらいなのだろうか？ 2010年に全国規模で初めて実施された調査では、アメリカでは常に5億台の空き駐車場があることが判明した[16]。さらにシアトルのCBD（中心業務地区）を対象とした2002年の調査によると、需要のピーク時でも、10台の駐車スペースのうちほぼ4台が空車であることが判明している[17]。この供給過剰の状態は、中心市街地で最も頻繁に発生している。こ

注4　私はこの要件に特に注目している。2層に積み上げられたデラックスなチョコレート詰め合わせのように、明らかに10フィート［約3m］の深さのプールの方が5フィート［約1.5m］の深さのプールよりも2倍の利用者がいることを想定している（シャウプ、p.80）。

れは通常、車しか選択肢のない郊外のゾーニング基準を都心部に取り込んだ結果である。

ワシントンD. C. でさえ、この現象に悩まされている。妻と私がワシントンD. C. に家を建てたとき、敷地内に駐車場を用意することを要求された。車を所有していなかったにも関わらず、地下鉄の駅から3ブロックの距離だったにも関わらず、近隣住民は路上駐車場が充実していて敷地内に駐車場を所有していなかったにも関わらず、である。皮肉なことに、私たちの土地に駐車場を設置することは、路上の駐車スペースを撤去し、公共のものを私有のものに置き換え、花崗岩の縁石を壊し、公共の歩道を私道により侵害しなければならなかった。車を所有していない私は、駐車場のない家を設計し、私たちの運命をゾーニング委員会に投げかけた。最終的には私たちの論理が勝ったが、それには9か月を要し、USAトゥデイにも記事にされた公の戦いであった[18]。他のデザイナーは気にすることはほとんどなかったと言っても間違いないと思う。それから4年経った今でもこの駐車場要件は修正されていない。

ワシントンの駐車場問題に文句を言いたくなるたびに、大型複合商業施設であるDC USAの話を思い出す。2000年代半ばに、1億4500万ドル、50万平方フィート［約4.5ha］、Target［アメリカのディスカウント百貨店チェーン］、Best Buy［世界最大の家電量販店］、Bed Bath & Beyond［アメリカの地域雑貨小売店チェーン］による地区最大の施設の建設が始まった。この開発は、徒歩10分圏内[19]に3万6000人の住民が住むコロンビアハイツの中心部にある地下鉄駅に隣接していたため、市は寛大に駐車場の要件を修正した。千平方フィート［約93m²］あたり4台分という郊外の基準にこだわるのではなく、市はその数を半分に減らすことを許可したのである[20]。しかし、これではまだ駐車場が多すぎるという設計者の予測にもかかわらず、4000万ドルの税金を投入して1000台の車を収容する地下駐車場の建設プロジェクトは進行した。

2008年に早送りすると、DC USAは、その歩行者重視のデザインのおかげもあって、苦戦していた地域に新たな息吹を吹き込み、大成功を収め、店舗は予想以上のビジネスを展開している。駐車場は空っぽで、管理者が2階のうちの1階を完全にシャットダウンしており、2000万ドルかけた誰も来ないただの空気の博物館と化している。2月から7月までの平均ピーク使用量が300台を超えることはなく、占有率が47%を超えることはない[21]。

これは高くつく教訓であり、市と納税者にとっては月10万ドルの負担となっている。5年目を迎えた今、駐車場収入が駐車場の負債を賄えずにいる。それは市にとってただのひどい仕打ちであった。50年前の規制を最終的に書き換え、地下鉄駅近くの新しい店、オフィス、およびアパートのための最低駐車場要件を排除することが必要とされた[22]。彼らは、ドナルド・シャウプが推奨するように、商業用駐車場の提供を自由市場に任せることにした。

小規模な郊外の都市でさえ、駐車場の要件が常に多すぎることに気付き始めている。カリフォルニア州パロアルトでは、ある有益な実験が行われている。必要が生じた場合に駐車場に転用できる「景観保護区」として土地を保全することで、不動産開発業者は駐車場の必要条件を最大50%逃れることが許されたのだ。この保護区では未だ駐車場への転換は行われていない[23]。

必要な駐車場のコスト

住宅密度が高く、交通機関が充実している都市でさえ、広々とした駐車場は車の運転を促している。そのような広々とした駐車場がなければ車の運転は減るだろう。まさにシャウプが好んで言うように、「路外駐車場設置義務は車にとっての不妊治療薬である」[24]。地球温暖化から肥満まで、運転に付随するほとんどの問題についてはすでに論じてきたが、ここでは特に敷地内駐車場（路外駐車場）設置義務がもたらす社会的そして個人的なコストについて簡潔にフォーカスする。

『サバーバン・ネーション』では、「ペンサコーラ駐車場症候群［ペンサコーラはフロリダ州北西端に位置する人口約50万人の都市で歴史的建築物が多く残る］」という造語を用いて、駐車場需要を満たすことに成功した多くの歴史的都市の運命を表現している。これらの都市は美しく古い建造物を醜い駐車場に置き換えてきた。それによって誰もがダウンタウンに行きたがらない状態がもたらされている[25]。

確かに、傑作的な建築物を破壊することは、現代の駐車場設置圧力による最も明白で不穏な現れの1つである。デトロイトでは、皮肉にもヘンリー・フォードが自動車を発明した場所に1926年に建てられたロココ調のアーチ形屋根を持つミシガン劇場の地下に駐車場があるほどである。バッファローでは、歴史的な中心市街地の50%が駐車場になっているが、あるコメントでは皮肉を込めて「私たちのマスタープランがダウンタウンのすべてを取り壊すならば、私たちはまだ半分しか進んでいない」と言及された[26]。

しかし最近では歴史的建築物の保存賛成派がより大きな力を発揮しているため、駐車場需要がもたらす害は、破壊ではなく妨害という形で、より見えづらいものになっていることが多い。歴史的なものであれ、そうでないものであれ、空き建物は、その財産の規模が限定的であるのと同時に、駐車場の供給を増やす余地も限定的である。しかし、多くの場合、用途変化に伴い、整備すべき駐車場台数も増加する。シャウプは、老朽化した家具店を新しい自転車店に置き換えるには、駐車場の台数を3倍にする必要があることを指摘している[注5]。しかし、そんなスペースはどこから来るのだろうか。

当然のことながら、その答えはなく、古いビルは空っぽのままである。同様に、繁盛しているレストランが、歩道に面した場所で食事ができるようにしたいと考えていても、すべての都市がそれを望んでいるにもかかわらず、駐車場の台数を増やさずにそうすることはほぼ不可能である[27]。都市部で駐車場を増やすための唯一の道は、莫大なコストをかけて地上駐車場を複層の立体駐車場に置き換えることであるが、そのお金を手に入れることはさらに難しいことである。

このような駐車場による商業の停滞は、話の半分に過ぎない。残り半分の話は、特に住宅を最も必要としているコミュニティで、駐車場の最低要件があることによって手頃な価格の住宅に大きな負担をかけていることである。サンフランシスコのデベロッパーは、市の1戸あたりの駐車スペースの要件が、手頃な価格の住宅のコストに20%を追加していると見積もっている。シャウプはこの要件を撤廃することで、サンフランシスコ市民のさらに24%が住宅を購入できると試算している。市のチーフ総合プランナーであるアミット・ゴッシュでさえ、「人々が買えない駐車場を建設することを人々に強制している」[28]と認めている。

同様に、カリフォルニア州オークランドでの調査では、1戸あたり1台の駐車スペースを必要とすることが「住宅コストを18%増加させ、密度を30%減少させる」[29]ことが明らかとなった。パロアルトに話を戻そう。非営利団体が運営する、シングル107室のアルマプレイスホテルは、駐車場要件として1室あたり0.67台への軽

注5　シャウプはまた、失敗したギターショップをレストランに置き換えたいと考えていたサウスバークレーの起業家について、駐車場の必要台数が12台に増えたことで頓挫したと言及している（シャウプ、p.153）。

減が認められた。後になって判明したことだが、このわずかな要件でさえ、まだ建設費を38%も増加させているのである[30]。

もっと大きな疑問は、アルマプレイスホテルのあるパロアルトの将来の住民が、なぜ駐車場を必要としなければならないのか、ということである。アメリカで最も歩きたくなる、雇用の多い地域の1つであり、駅から3ブロックの場所にある世帯が車を所有する必要があるのだろうか？駅にある300台以上の通勤用駐車場が一晩中空っぽになっているにも関わらず[31]。

その答えは、将来の住民が車を持ってくるということではなく、現在の住民が道路に駐車が溢れることを心配していたということである。さらに問題なのは、市がデベロッパーに対し、駐車場料金を住民に課すことを認めなかったことだ。デベロッパーは非運転者の家賃を10%減らしていた月100ドルの駐車料金を請求することを禁止されていた[注6]。つまり、市の最も貧しい市民の間でさえ、歩行者はドライバーに補助金を出しているのだ。「革新的な」パロアルトの話はここまでにしよう。

しかし、その都市をひどく叩く前に、私たちの非難の視線をグリーン・メトロポリスに戻してみよう。ニューヨーク市住宅局は、現在も公営住宅の駐車場の最低要件を維持している。これらの最低限の条件が原因で、1960年代の「Towers in the park」プロジェクトのいくつかに、必要とされていた街路端の建物を追加する計画を断念させているのである。現在、ブルックリンのブラウンズビルにあるそのようなプロジェクトの1つは傾きかけている。このプロジェクトは地上駐車場を住宅、店舗、学校、庭園に置き換えるものであるが、マンハッタンに直行する地下鉄2、3、4、5号線の2駅に直接隣接

注6　減額されるはずだった家賃は50ドルと予測され、当初の平均賃料は5000ドル台であった（ドナルド・シャウプ『高額な無料駐車場』p.150）。

しているにもかかわらず、駐車場の最低要件に阻まれている。住宅局の局長は、「このようなゾーニング規制は再考する必要があるかもしれない」[32]と認めている。

より賢い場所

かつて芸術家のコロニーだったカリフォルニア州カーメル・バイ・ザ・シーを訪れたことがある人ならば、絵のように美しいメインストリート、オーシャン・アベニューの散策を楽しんだことがあるだろう。この美しさの理由は、舗装の滑らかさにあるのではなく、目に見える駐車場がないことを含むすべてにおいて疑いようのない質の高い歩行性にあるだろう。1920年代に起きたハイヒール着用による転倒事故訴訟の影響で[33]、ハイヒールでの歩行には市の許可が必要となったためだという。

オーシャン・アベニューに路外駐車場はない。なぜならそれは違法だからである。客や従業員のために駐車場を提供する代わりに、企業は数ブロック先にある公営駐車場を使用するための「代替手数料」を支払っている。市の駐車場を共有することで財政を助けているのである。この戦略により人々は目的地に裏からアクセスすることがなくなるため、歩道のアクティビティが活発になるだけでなく、街区内の中庭や通路も独特な活動を生み出す。カーメルは現在、オーランド、チャペルヒル、イリノイ州レイクフォレストなど、ダウンタウンの駐車場をこの方法で管理しているアメリカの数十の都市のうちの1つである。これらの都市の代替手数料は通常、本来提供していた駐車スペース1台あたり約7千〜1万ドルで、これはアスファルト面に駐車場を建設する費用とほぼ同額である。土地の価値が高く、ほとんどの駐車場が立体化されているビバリーヒルズでは、デベロッパーは1台あたり2万ドル以上を支払っている。より革新的なカーメルでは、2 万 7520 ドルである[34]。

この解決策の中で最も興味深く、ただ少し残念なのは、駐車場の供給に直接呼応していないことである。これらの都市のいずれも、今でもダウンタウンの駐車場が必要とされており、中には非常にその需要が高いケースもある[35]。しかし、駐車場を提供する代わりに、企業は駐車場の料金を支払うだけである。駐車場が個々の企業の独占的な所有物でなくなれば、はるかに効率的になる。日中にオフィスに提供している駐車場は、夕方にはレストランに提供し、夜には居住者に提供することができる。つまり、駐車場の最低要件を設定すると同時に、民間の駐車場を禁止することで、市は間接的に提供しなければならない駐車場の量を減らせるはずである。最終的に、実際に必要とされる共有駐車場の台数が現実の生活で決まると、市は代替手数料を下方に調整することができる。あるいは、代替手数料を安定的に維持し、その差額をポケットに入れることもできる。

カリフォルニア州では、大規模な雇用主のために、「パーキングキャッシュアウト」と呼ばれる第二の強力な駐車場管理戦略を策定した。カリフォルニア州保健安全法では、従業員用駐車場を無料で提供している多くの企業に、その駐車場を現金と交換するオプションを従業員に提供することを義務づけている。これは巧妙な法律であり、すべて飴と鞭なのだ。都市は、駐車場を現金化する従業員の数だけ各企業の駐車場要件の必要台数を減らすことを求められており、雇用主の負担を増やすことなく、代替交通手段を選んでもらう大きなインセンティブとなっている。平均して、キャッシュアウトオプションを提供した企業では、車で通勤する人の数が 11%減少した。ロサンゼルスのダウンタウンでは、ある雇用主は駐車場需要を 24%減少させた[36]。

これらの 2 つの戦略、すなわち代替手数料とパーキングキャッシュアウトは、駐車場のコストが他のすべての活動から切り離され、駐車場の需要が再び自由市場の原則に従って振る舞えるようになるためのすばらしい出発点である。この分離の概念は、それが当たり前だと思ってしまうほど理にかなっている。しかしながらこれは非常にレアなケースである。なぜならばパロアルトのような地区の住民は、高額な路外駐車がバーゲン品を求めて来た人たちの貴重な路上駐車を圧倒してしまうのではないかと危惧しているからである。この危惧は当たり前である。ほとんどの都市には、路上駐車と路外駐車を同時に扱う包括的な駐車政策がないからだ。このような政策が果たされるまでは、路外駐車場の設置義務を完全に撤廃するという、より野心的な目標に向けた過渡的な戦略として、「代替手数料」と「パーキングキャッシュアウト」は有効である。

路外駐車場の設置要件を撤廃することは、シャウプの３つの理念の１つである。なぜなら、駐車場がどれだけ必要かを市場が判断できるようになるからである。彼は、「路外駐車場の設置要件を撤廃することは、路外駐車場をなくすことにはならないが、代わりに活発な商業市場をより活性化させるだろう」[37]と指摘している。これはアメリカの政策がヨーロッパのものにより近づくことを意味する。シャウプはこの状況を次のように説明している。

アメリカの都市は、無料駐車場のピーク時の需要を満たすために駐車場供給量の下限を設け、その後、自動車の移動を抑制するために開発密度の上限を設ける。対照的にヨーロッパの都市では、道路の混雑を避けるために駐車場の数に上限を設定する戦略と、歩行者・自転車・公共交通機関を奨励するために開発の許容密度に下限を設けることとを結びつけることが多い。つまり、アメリカでは駐車場を必要とした上で密度を制限するのに対し、ヨーロッパでは密度を必要とした上で、駐車場を制限するのである[38]。

このようなコンセプトはアメリカでは多くの支持を得られそうにないが、アメリカの最も歩きたくなるコミュニティではまさに自由市場がそれを自動的に創り出しているのである。マンハッタンでは、デベロッパーはアパートや店舗、オフィスに駐車場を提供する必要性を感じていない。結果はダラスというよりもデュッセルドルフのようになっている。このような結果は駐車場の設置義務がある中では想像できないものである。駐車場の最低要件をなくすことで、デベロッパーは顧客が望むものを与えることができる。しかし、これから述べるように、現在の住民の現状そのままを守ることのできるセーフティネットと組み合わせて初めて政治的に実行可能なものとなる。

安い路上駐車場の問題

路外駐車場が安価で豊富にあることは、問題の半分に過ぎない。残りの半分は路上で何が起こるかであり、ニューヨーク市でさえそれを完全に誤解している。なぜなら、路上駐車場の価格が適切に設定されていないと、包括的な駐車場政策から逸脱してしまい、ドライバーやドライバー以外の人にとっても同様にコストのかかる、とてつもない非効率性を生み出してしまうからである。

マンハッタンを見てみよう。路外駐車場はほとんどの場所で最初の1時間で約15ドルであるのに対し、路上駐車場はわずか3ドルである。マンハッタンのストリートが二重駐車の車と駐車場を探すドライバーで混雑しているのは不思議ではないだろう？低価格の路上駐車場は、誰が一番長くブロックを一周したかに基づいて、水道や電気などの他の公共サービスに無作為に割引を与えるのと同じくらい公平ではないし、逆効果である。6つの異なる都市部の調査によると、交通渋滞の約3分の1は駐車場を探す人たちによるものだった。ロサンゼルス郊外のウエストウッド・ビレッジではその2倍の量で、午後1時から2時の間に、道路上の車の96%が駐車場を探していたという驚くべき結果が出ている[39]。

似たような状況は、アメリカのほとんどの都市に存在している。シカゴのダウンタウンでは、路上駐車のコストは路外駐車の13分の1である[40]。この市場の非効率性の結果は、道路渋滞とそれに付随するすべての問題（大気汚染、時間の浪費、緊急時の対応の遅れ）だけでなく、地域の商業者の収益をも減少させている。この不可解な事実は、路上駐車料金を値上げしようとする声に対して、猛烈に反対している商業者自身にとっても驚くべきものである。商業者たちは事業収益向上のためのツールとしてオクラホマシティで最初に導入されたパーキングメーターの起源を忘れている。シャウプは1937年のアメリカン・シティ紙の記者の言葉を引用している。

> 商業者も買物客もパーキングメーターに賛成している。通りの片側にパーキングメーターがあると、反対側の商業者もそれを要求する。一方の町にパーキングメーターがあれば、近くの町の商業者もパーキングメーターを要求する。これは町外の買物客を追い出すよりも、町外の買物客を引き寄せることを示している[41]。

なぜ初期の頃のパーキングメーターは人気があったのだろうか？パーキングメーターは混雑や手間を軽減しただけでなく、回転率を高め、1時間あたりの客数を確保したからである。その結果、売り上げが増加し、ダウンタウンの不動産価値が劇的に上昇した[42]。低価格の路上駐車場は、近くの駐車場が半分近く空いているにもかかわらず、駐車する場所がないと利用者に思い込ませている。シャウプは「車で5分しかかからない場所に行くのに、なぜ15分もかけて駐車場を探し回るのか？」[43]とも指摘している。

私はローウェルでちょうどこのような状況に遭遇した。そこでは路上駐車場は夕方6時に無料になるが、駐車場ビルでは料金を請求される。その結果、仕事から帰ってきた住民がレストランの前の路上駐車場に殺到し、夕食を取る人たちの駐車スペースがなくなってしまったのである。

適正な価格

これは、シャウプによる第二の重要な推奨事項である。路上駐車の価格は、常に85%の稼働率をもたらすレベルに設定される[44]。この数字は少し低いように見えるかもしれないが、ブロックごとだと約1台分の空きスペースに相当する。この空き状況は、ミュージカル「アニー」に登場する大富豪ダディ・ウォーバックスが毛皮店の近くの駐車場所を確保するのにちょうど良い程度である。メインストリートの商業者に最も貢献できるのは、お金を惜しまない買物客だからである。

このアプローチの最も洗練された形は、これから議論する、混雑によって変動する価格を意味する。しかし、多くの都市では、メーター料金が現在ゼロに設定されている場合は、メーター料金を少し上げるだけで、適切な結果を得ることができる。これは90年代のアスペンでも、最近ではカリフォルニア州ベンチュラでもそうであった。

シャウプは1990年までに、アスペンのダウンタウンの商業者たちが過密な路上駐車に悩まされていたことを報告している。市は高価な駐車場を建設することで対応したが、駐車場不足が続く一方、その構造物は半分空っぽのままだった。最終的に、市は路上駐車に1時間あたり1ドルの課金を提案し、大混乱に陥った[45]。

反対派のほとんどは地元の従業員で、「有料駐車場が嫌ならクラクションを」という騒々しいキャンペーンを展開した。これはすぐに、駐車場を探す車の流れや二重駐車が当たり前になっていたことに関連して展開された「大気汚染が好きならクラクションを」というキャンペーンにより対抗された。結局、有料駐車場賛成派が優勢となり、新しい料金体系が1995年に施行された。ほとんどすぐに、反対派は彼らが間違っていたことに気づいた。今では、市の駐車場はよく利用され、路上駐車と車の流れはコントロールされており、ビジネスは繁栄しており、市は新しい駐車場収入で年間50万ドル以上を受け取っている。そのほとんどは観光客からのものである[46]。

ベンチュラでは、シャウピスタのビル・フルトン市長が、85%の稼働率を目指して、1時間1ドルの路上駐車料金を導入した[47]。市長であり都市デザイナーでもあるフルトンは2010年9月14日の朝、「駐車場管理プログラムを導入してからわずか30分で、効果が出てきた」と自分のブログに投稿している。以前は路上で混雑していた従業員の車は、近くの駐車場にきちんと駐車された[48]。フルトンは加えてこのように述べている。

> 一部の買物客は、過去数か月にわたって文句を言っている。「モールの駐車場は無料なのに、なぜダウンタウンでの駐車にお金を支払う必要があるのか？」答えは、ダウンタウンでは、数百のプレミアムスペースへのアクセスのために支払っているということである。結局のところ、モールの駐車場はすべて店舗から遠く離れており、ダウンタウンの店から一番遠い無料の駐車場までよりもはるかに遠い。もし、モールの中を運転でき、お気に入りの店の

目の前に駐車することができるなら、モールはそのスペースのためにお金を請求するだろう。そして、それに価値があると思う一部の人が駐車場にお金を払うだろう。そうは思わないか？[49]

市は必要に応じて料金を調整する計画で、駐車場稼働率が80％を下回った場合は、稼働率が85％に達するまで料金を引き下げる[50]。料金を上げることと下げることの両方の方法で機能するということを強調するのが重要なのである。アイオワ州ダベンポートでは、無料の路外駐車場と路上に設置されたパーキングメーターの組み合わせが、ゴーストタウン効果を引き起こした。パーキングメーターには誰も駐車しておらず、その場所は死んだように感じられ、ドライバーは誰もいない道を無謀にも高速で走っていた。私たちの計画チームは、駐車場不足が始まるまでの間、路上駐車場の料金をゼロに再設定する施策を市に説得した。その変更はすぐにダウンタウンの活動を改善した。それはまた、おそらく間違った理由のためではあるが、市民との友好関係を築いたかもしれない。残念ながら、市長がパーキングメーターを撤去するのを阻止できなかったと思われて、永遠に無料の駐車場が続くという誤解のメッセージを送ってしまったのかもしれない。

アスペン、ベンチュラ、ダベンポートのいずれも、完全には研究されていないが、適切な価格の路上駐車場に関する大規模な調査が1965年にロンドンの中心部で行われていた。駐車場料金を4倍に値上げすると、平均駐車場利用時間が66％短縮され、回転率が大幅に向上することがわかった。駐車場を探すのに費やした平均時間は、1回あたり6分6秒から、わずか62秒に短縮された[51]。

サンフランシスコは21世紀バージョンの取り組みを行っている。ここではシャウプの協力により最近、混雑に応じた料金制度を導入した。8つの主要な地域にある7千台の駐車場（市全体のパーキングメーターの4分の1に相当する）が、最大稼働率80％という目標を達成するために、料金をブロックごと、時間ごとに調整している[注7]。料金は1時間あたり25セントから6ドルの間で調整されるということだ。ドライバーが賢明な選択をするためには、市営駐車場の料金設定も調整する必要があるため、このシステムにはパイロットエリアにある14の市営駐車場も含まれている。サンフランシスコでは、このプロジェクトはオンラインのリアルタイムデータによって完全にサポートされており、スマートフォンのアプリでは、どの通りにどれだけの空き駐車場があるか、どれだけの料金がかかるかを知ることができる[52]。sfpark.orgのウェブサイトは本当に驚異的である。

このような駐車システムには、何千もの新しいカーセンサーが組み込まれており、決して安くはない。ある人は国の補助金なしでどれくらいのコストがかかるか心配しているが、このシステムは米国運輸省の2000万ドルの補助金[53]によって大きく支えられている。それがいかにうまく機能しているかはすぐにわかるだろう。期待通りの性能を発揮すれば、すぐにメーター収入の増加により、その莫大な投資を取り戻すことができる。収入はこの実験の目標ではないが、その存在を知ることができるのは良いことだ。確かにシステム自体にお金をかけるからこそ、私たちはこれらのシステムの流行に期待することができる。

サンフランシスコが何事もなく成功すれば、混雑に応じた本格的な変動料金制駐車場は、多くの都市が試してみたいと思うものであ

注7　2011年4月11日現在のサンフランシスコにおける路上駐車場の価格政策は、稼働率が80％を超えたり、60％を下回ったりすると、価格が上昇したり下落する。なぜこれらの数字がシャウプが示す85％を下回っているのかはわからない。

る。しかし、その新規性と多額の初期費用を考えると、小規模な都市は、完璧さを追求するために数百万ドルを費やすことを避けるだろう——例え成功がすぐそこにあったとしても。ダウンタウンの駐車場の単純な価格の再設定で、ほとんどの都市の駐車場問題の90%を解決できるかもしれない。とはいえ、初期費用は簡単に保証され、潜在的な収入も大きいため、混雑に応じた変動料金制駐車場に取り組まないことは愚かな選択となる可能性がある。

2つの商店街を分けたもの

まるで、まだ私たちが納得していないと言うかのように、シャウプは最後の道徳的教訓を語っている。それは、南カリフォルニアの2つのショッピング街、オールド・パサデナとウエストウッド・ビレッジの話である。80年代後半、この2つのダウンタウンはかなり似ていた。大きさはほぼ同じで、どちらも大都市（パサデナとロサンゼルス）の歴史的な地区にあり、審査委員会とBIDという標準的な組織を持っていた。どちらも路上駐車場は限られているが、路外駐車場は十分に確保されていた。どちらも経済的には厳しい状況にあったが、決して問題を抱えていたわけではない。どちらかと言えば、ウエストウッド・ビレッジの方が、より高密度の住宅とより裕福な顧客基盤の両方に囲まれていたため、状態が良かった。実際、シャウプは、パサデナの住民がウエストウッド・ビレッジで買物をするために、車で20分かけて通っていたことを説明している[54]。

その後、1990年代初頭に、2つの地区は劇的に異なる方向に進んだ。両地区とも路上駐車の過密化に悩んでいたが、オールド・パサデナ地区だけが駐車料金を引き上げ、690台の新しいメーターを設置した。両地区とも従来の路外駐車場の要件を維持していたが、オールド・パサデナだけは代替手数料を認めていた。これにより、開発者は自分たちで駐車場を増設するのではなく、市の駐車場を支援するために現金を支払うことができるようになった[55]。

それからの10年間に起こったことは、理論的に予測できたことだが、現実には衝撃的なことであった。オールド・パサデナは見事な復活を遂げたが、ウエストウッド・ビレッジは今日まで続いている着実な経済衰退に陥った。今や、ウエストウッドの住民は買物をするためにオールド・パサデナまで車を走らせている。ウエストウッドの縁石が崩れている一方で、オールド・パサデナの歩道には新しい木の格子、派手な照明、ストリートファニチャーが設置されている。パサデナのパーキングメーター1台につき平均1712ドルの年間収入があるだけでなく、消費税の収入も大幅に増加している。実際、市の消費税収入は、メーターが設置された後の最初の6年間で3倍になった[56]。

オールド・パサデナに駐車するのは簡単だが、ウエストウッド・ビレッジの平均的な買物客は8分18秒かけて一周してから駐車スペースを見つけるか、諦めるかしている。シャウプは、ウエストウッドの運転手が駐車スペースを見つけるために1日に延べ426時間を費やし、アメリカ横断の旅よりも長い距離を走行していることを述べている。1年間では世界一周38回分の旅にもなる[57]。

全体の話をする上で、ウエストウッド・ビレッジがどれほど無茶苦茶だったかについてもう少し説明してみよう。駐車場不足が自分たちの経済的苦境の原因だという認識に直面したコミュニティのリーダーたちは、路上駐車場の価格を半額にすることで対応した。一方で、市は極めて厳しい路外駐車場の代替要件を強制し続け、再開発を事実上不可能にしていた。ウエストウッド・ビレッジの膨大な供給量を誇るアスファルト駐車場には、ピーク時には通常1250台の未使用スペースがあったにもかかわらず、これらの駐車場の土地に建設を希望するデベロッパーは、駐車場要件を満たすとともに、撤去された駐車場の半分を代替地に設置することを求められた[58]。この規則は、依然として有効であり、路外駐車場がすでに供給過多であるにも関わらず、事実上、高価な立体駐車場を要求するに至っている。

駐車場の決定が決して独立して行われることはなく、無知な市民からの政治的圧力が結果をしばしば左右しているという事実がウエストウッドの無能さを示している。実際、オールド・パサデナでは、ほとんど逆の結果になった。市が最初にメーターの設置を提案した時、ダウンタウンの商業者たちはすべてのビジネスを失うと確信していたため、猛烈に争った。この戦いは、妥協点に達するまで2年間も続いた[59]。興味深いことに、次に示すこの妥協案が、新しい駐車場制度の最も強力な特徴かもしれない。

メーター収入を何に使うべきか？

気の進まない商業者たちへの最後の支援はこれだった。パーキングメーターからの純収入はすべて、オールド・パサデナの物理的な改善と新しい公共サービスのために使われる。それはなぜか？これは年間100万ドル以上もある自由なお金であり、どこから出ているのか簡単に特定できたからだ。商業者以外にそれを受け取るに値する者はいなかったのだ。

この創造的な飛躍は、シャウプの第三の理念である「駐車場利益地区（parking benefit district）」の創設につながっている。これは、メーターからの収入を地元で使えるようにするための地区である[60]。歩道、街路樹、街灯、ストリートファニチャーなどの改善に加えて、これらの地区では電線の地中化、店先の改装、公共サービス担当者の雇用が可能となり、もちろんすべてのものを綺麗な状態に保つことができる。また1ブロック離れた場所に公共駐車場を建設して、従業員や買物客があふれるようにすることもできる。パサデナでは、メーター収入は、寂れた路地を転換した歩行空間のネットワーク構築のために使われた[61]。

駐車場利用者のほとんどは市外から来ており、価格設定は彼らが支払いたいと思う金額に基づいているため、従業員が合理的な徒歩圏内で駐車場を見つけることができる限り、メーターを利用しない人はほとんどいない。シャウプが言うように、「非居住者が路上駐車場の料金を支払い、市がそのお金を居住者の利益のために使うならば、路上駐車場の料金を請求することは、今日しばしば見られる危険な政策ではなく、むしろ人気のある政策になる可能性がある」[62]。

商業地区には十分に当てはまることだが、過密状態になっている住宅地の通りではどうだろうか？路上駐車場の競争を恐れて、路外駐車場の削減に反対して戦ったパロアルトの住民はどうだろうか？シャウプの二大提案を脅かすのは、お金がどこに行くのかの問題ではなく、人の自由を奪うことがあまりにも難しいという事実である。これが、ニューヨークのほぼすべての地域の路上駐車が無料のままとなっている理由である。

シャウプはこの事実を知らないわけではなく、ジョージ・コスタンザの有名な暴言を引用している。「父は駐車場代を払わなかったし、母も弟も誰も払わなかった。自分次第で、無料で停められるかもしれないのになぜ料金を払わなければならないのか」[63]。店の前にパーキングメーターを設置することと、家の前に設置することとは全く別のものである。だからこそ、理論と現実が一致するところでは、住宅用の駐車許可証を使うことによって少しルールを変える必要があるかもしれない。駐車許可証の価格は、最大の効率のために市場価値で設定することができる。一方でアフォーダブル住宅をより低価格に維持するかのごとく、より大きな公共の利益を邪魔する住民を説得するために、低コストにする必要もある。そして、住民が、駐車許可証にお金を払うという考えに一度でも慣れてしまえば､彼らは年間20ドルの「処理料」どころかそれ以上のお金でさえ、厭わずに支払うだろう。

パロアルトの騒動に関わったことがないので、簡単な解決策があったとは言い難いが、適切に管理された駐車許可証の提案があれば形勢逆転となったのかもしれない。すべての駐車場政策の中で確かに欠けていたのは、駐車場の制度計画であり、そのような包括的な計画は、最終的にはアメリカのすべての駐車場過剰地区において必要となるものである。この計画には、路上駐車場の料金設定、路外駐車場の料金設定、集団供給をサポートする代替手数料、駐車場利益地区、そして必要に応じた居住者用駐車許可証が含まれていなければならない。何よりも、単なるメーター収入としてではなく、地域コミュニティの成功に向けて包括的に管理されなければならない。駐車場は公共の利益であり、公共の利益のために管理されなければならない。そのような管理は自由市場の利点を最大限活かすことであるが、一方で重要なのは自由市場そのものでもないことである[64]。全米の都市において最も単純でかつ最も使われている土地利用である駐車場は、都市のビジネスの最たるものである。

12億ドルのバーゲン品

では、駐車場が公共の利益であるならば、なぜシカゴのリチャード・M・デイリー市長は駐車場を売却したのだろうか？逆の意味で英雄的なデイリー市長がシカゴの3万6000個のパーキングメーターを今後75年間モルガン・スタンレーに賃貸することを決定した時に、私たちの多くが疑問に思ったことである。その答えはおそらく、

2008年12月という日付、シカゴの金融危機の深刻さ、そして12億ドル[65]という値札にある。

この12億ドルは多くのことを物語っている。そのうちの1つは、サンフランシスコの混雑に応じた駐車料金制度に払われた2000万ドルの補助金は小銭に過ぎないということである。もう1つは、シカゴでも、また国内の他都市でもそうであるように、民間管理の駐車場は明らかに資金力があるということである。この記事を書いている時点で、コネチカット州ニューヘブンは、民間との取引に向けて取り組んでいるいくつかの財政難の都市の1つである。すでに公共駐車場を民営化している都市も多い。

当然のことながら、シカゴでは民間売却に伴い、路上駐車料金は大幅に値上げされた。以前は1時間25セントで利用可能だった近隣住区では、2ドルまで上昇している。シカゴのCBDであるループ［高架鉄道の環状線］内の価格は、すでに2倍以上高くなり、1時間あたり6.5ドルにもなる[66]。

短期的には、この戦略はおそらく、正しい結果を得るための間違った道と表現されるかもしれない。貪欲な投資家たちは、市ができなかったこと、つまり、路上駐車の価格をその価値に見合ったものにすることを成し遂げようとしているのである。需要が供給に近づくにつれて、シャウプが言う稼働率85％の理想は達成されるかもしれない。しかし、誰が稼働率をそこで止めると言っているのだろうか？民間の駐車場を提供している人なら誰でも言うだろうが、1回10ドルで85％の駐車場は、20ドルで半分空車の駐車場よりも収益性が低い。そして市全体で独占している駐車場オーナーはほとんどいない。路上での収益を最大化しているモルガン・スタンレーは、ドライバーのスピード、小売店の収益性、資産価値など、駐車場が影響を及ぼす他のすべての点で、駐車場を最大限に活用する都市行政とは必ずしも関係がない。

それが怖いところである。シカゴの売却によってもたらされたより現実的なフラストレーションは、包括的なシステムとしての近隣駐車場についてのより大きな議論に関係している。路上駐車、路外駐車、駐車許可証、駐車規制などがまとめて管理されてこそ、コミュニティは最高の状態になる。過去には、このようなことはほとんどなかったが、状況は変わり始めている。オールド・パサデナのような場所は、管理の行き届いた駐車場が可能であり、利益を生むことを私たちに示している。シャウピスタたちは準備ができている。駐車場革命に突入した中で、この強力なツールを利用する能力を、最高入札者に売り払ってしまったことは、残念なことである。

STEP 4 公共交通を機能させよう

優れた公共交通機関が歩きたくなる都市に活力を与えている理由を示す最も良い言葉を一言で表すとすれば、それは「デート」だろう。私が30代の時、マイアミに住んでいた頃は、住む、働く、遊ぶ、これらすべてが同じ居住地域で可能だった。それらは、サウスビーチ、ココナッツグローブ、ダウンタウンのコーラルゲーブルズ、または他のいくつかの歩きたくなる近隣住区で可能だった。しかし私は独身で、誰かに会うことを求めていたし、理論的に都市全体が自由に使える時に、小さな近隣住区に出会いの場を限定したくなかった。マイアミの公共交通機関の惨状を考えれば、それはつまり、車を買うことを意味していた。

それは私だけではなかった。もっと普遍的な言葉で言えば、都市に住む人は、都市が提供するすべてのものにアクセスしたいと思っているのだ。その大部分に公共交通機関を利用して便利にアクセスできなければ、富裕層は車を購入し、車社会の都市になってしまう。都市が成長するにつれ、車中心の都市になっていく。近隣住区の構造は崩れ、道路幅員は広くなる。歩くことの有用性や快適性が低くなり、やがて、歩かなくなるし、歩くことを想像すらできなくなる。

このような公共交通機関と歩行者の関係はデータによって裏付けられており、鉄道やバスの通勤者数が多いアメリカの都市では、歩行者の通勤者も多いことが明らかとなっている。4分の1以上の労働者が公共交通機関を利用している場合、10%以上が徒歩で移動している。5%未満の労働者しか公共交通機関を利用していない都市の場合、徒歩で移動するのは3%未満である[1]。公共交通機関を利用する人の徒歩率が高いだけでなく、公共交通機関を利用しない人の徒歩率も、公共交通機関を中心とした都市では高くなっている。ほとんどの場合、都市は車を使うか、それ以外の交通手段を使うかのどちらかを推奨している。

アメリカのほとんどの都市は車で移動する都市であり、今後何年にもわたってそうだろう。これらの都市では、数少ない歩きたくなる場所のウォーカビリティを向上させ、それらの場所をつなぐことで、公共交通が重要な役割を果たすことができる（詳細は後述する）。対照的に、ボストン、シカゴ、サンフランシスコのように、アメリカの多くの都市では、断固として車の利用を推奨しており、他のいくつかの都市ではそうなる寸前まで来ているかもしれない。ボルチモア、ミネアポリス、デンバー、シアトル、その他の都市のように、計画的に公共交通機関に投資し、若年層が意識的に車の運転を減らす努力をするようになれば、より包括的な公共交通機関に根ざした未来のウォーカビリティを想像できる。

これらの都市のタイプは大きく異なっているが、共通していることが1つある。それは、おそらく誰かが公共交通のシステムを劇的に変えようと必死に努力しているということである。ペンシルバニア州ベツレヘムの公共交通機関連合から、シンシナティへ路面電車を一手に導入しているプロトランジット［シンシナティにあった公共交通促進を目的とした団体。現在は存在していない］のジョン・シュナイダーまで、誰かが連邦政府や州からの財源を探し出し、先進地視察をしながら、大量輸送を求めて戦っている。しかし彼らのうち半数は時間を無駄にしている。なぜならば、彼らの努力は公共交通と歩行の関係を十分に満たしていないからである。

まれな例外を除いて、すべての公共交通機関による移動は徒歩で始まり、徒歩で終わる。その結果、ウォーカビリティは優れた公共交通機関から恩恵を受ける一方で、優れた公共交通機関は絶対的にウォーカビリティに依存している。

アメリカの公共交通の現状

現在、アメリカ国内のすべてのパーソントリップのうち公共交通機関を利用しているものはわずか1.5%しかない[2]。ワシントン、シカゴ、サンフランシスコなどの大都市圏では5%近く、ニューヨーク地域は9%でトップとなっているのは意外と知られていない。しかし国境を越えるとどうなるだろうか？ニューヨークの約3分の1の居住密度しかないトロントでは交通機関の利用率は14%もある。大西洋を挟んで、バルセロナとローマは35%に達している。東京は60%を上回り、世界的なリーダーである香港は73%に達している[3]。

しかし、アメリカの数字は大都市圏全体を対象にしているため、誤解を招く恐れがある。世界中の誰もがアメリカのスプロールは受け入れがたいと思っている。中心都市にズームインしてみると、もっと心強い絵が見えてくる。ワシントンとサンフランシスコの住民の約3分の1が通勤に公共交通機関を利用しており、ニューヨーカーの大多数もそうである。一方、ジャクソンビルやナッシュビルのようなスプロールのスター都市は、どう測っても2%以下にとどまっている[4]。

これらの数字は主に、各都市が自動車を中心に成長するか否かを選択した結果である。アメリカが持つ富や石油埋蔵量に恵まれていないヨーロッパや東アジアの国々は、20世紀を通じて既存の鉄道インフラを維持・拡大することを選択したが、アメリカはほとんどの鉄道を捨ててしまった。1902年には、人口1万人以上のアメリカのすべての都市に独自の路面電車システムが導入された[5]。20世紀半ばには、ロサンゼルスには1日に千台以上の電気式路面電車が走っていた[6]。これらは必然であったかのように、非常にうまく文書化された巨大な陰謀の中で引き裂かれたのである[注1]。ゼネラルモーターズに怒りを向けることも、当時はほとんどの都市や市民が旧式の路面電車から合理化されたバスへの移行を喜んでいたことを忘れることも簡単である。もちろん、本当の意味での移行は、公共交通システムへの依存から自家用車による解放への移行であり、公金で大幅に補助されていたとはいえ、それが実現したのだ。私たちが電車を捨てたのは私たちが望んだからであり、誰も捨てられないと言わなかったからである。デイビッド・オーウェンはこのようにコメントしている。「当時のアメリカには、路面電車の死を阻止できるような公的な力はなかった。たとえ誰かがやろうとする意志を持っていたとしても」[7]。

今、私たちはその選択がもたらす真のコストを理解し始めている。渋滞によって「自動車による解放」が消滅するのを目の当たりにし、ほとんどのアメリカ人は何か違うものを求める準備ができている。アメリカで最高の風刺報道機関であるオニオン紙によると、「アメリカの通勤者の98%が公共交通機関を利用することを好んでい

注1　この陰謀は、テリー・タミネンの『1ガロンあたりの生活』に最もよくまとめられている。タミネンによれば、ゼネラルモーターズのアルフェド・スローン・ジュニアは、1922年に記録的な損失に直面し、スタンダード・オイル、フィリップス石油、ファイアストーン・タイヤ・ゴム、そしてマック・トラックと手を組み、「国の大量輸送機関を静かに買い占め、彼らが運営していた電気鉄道を廃止するために」ナショナル・シティ・ラインズというペーパー会社を設立した。その後、ナショナル・シティ・ラインズは、共謀者によって燃料を供給されたバスに鉄道を置き換えることができた。その過程で大量輸送サービスを減らし、何百万人もの消費者にとってより便利な選択肢として自動車の販売を促進することができた。また、陰謀は法廷で証明されたが、関与した企業には5000ドルの罰金が科せられた一方、経営陣に科せられた罰金は1人につき1ドルだった。

る」という。この架空の記事は、アメリカ公共交通機関協会のスローガンである「Take the Bus...... I'll Be Glad You Did（バスに乗ろう。そうしてくれたら嬉しい）」というキャンペーンを説明したものである。「乗数効果」として知られる、ある人の交通移動が他の人の移動に与える影響を認識しているという点で、非常に洞察力に富んでいる。例えば、サンフランシスコでは、市民が鉄道で1マイル［約1.6km］移動すれば、車での移動9マイル［約14.4km］分が削減されるに等しい[8]。オニオン紙のビデオレポートもお勧めである。「交通渋滞に疲れたでしょう？米国運輸省の新しい報告書はドライバーに『警笛』を鳴らしていますよ」。

冗談はさておき、アメリカ公共交通機関協会が資金を提供した全国世論調査で、平均的な回答者は財源の41％を公共交通機関に、37％を道路整備に配分すると答えている。信頼できる理想主義的ではない別の消費者選好調査で、回答者は渋滞の解決策として道路建設よりも公共交通の充実をほぼ3対1で支持していた[注2]。実際の資金配分は現在、道路の4に対し公共交通機関が1であることから[9]、大幅な修正が必要なようである。

西オーストラリア州のように政府が世論に敏感であればいいのだが。世論調査により、道路のための資金を自動車以外の交通機関に移すことに強い支持が示されたため、西オーストラリア州政府は道路と公共交通機関への支出比率を5対1から1対5に逆転させた。この変更により、新しい鉄道システムの費用が賄われた。この鉄道システムは、鉄道利用者数を90年代初頭の年間700万人から、年間5000万人という驚異的な数へと増加させた[10]。この変化以来、

注2　ちなみに、同研究で回答者は、現在自転車と徒歩に割り当てられている資金配分率1％を22％にしたほうがいいと考えている（トーマス・ゴッチ、ケビン・マイルズ『アメリカのためのアクティブな交通機関』p.18）。

鉄道推進派は4つの州選挙で勝利を収めている。

アメリカ政府が国民に選択肢を与えると、公共交通機関に投資する傾向がある。2000年以降、公共交通機関への投資法案の70％以上が可決され、1000億ドル以上の公共交通機関への資金提供が行われている[11]。全米不動産協会によると、「ライトレールがある地域ではライトレールの人気があり、有権者はその費用を支払うためなら税金を上げてもいいという意欲が顕著に表れている」[12]という。

おそらく有権者は、データが私たちに伝えていることを直感的に理解しているのだろう。それは、典型的な家庭が公共交通サービスから得られる貯蓄が、そのサービスのコストを明らかに上回るということだ。ビクトリア交通政策研究所のトッド・リットマンは、彼の研究「私の税金を上げて！」において、アメリカの50の大都市を比較し、そのうち7都市は「質の高い」公共交通機関を利用できると評価し、43都市は利用できないため住民は公共交通機関を求めているとした。リットマンは、質の高い7都市の住民は他の43都市の住民よりも公共交通機関に年間約370ドル多く支払っているが、車両、駐車場、有料道路代が浮くため、1040ドルの節約になっていると試算した。これらのコストは、商品、サービス、税金に使われた実際の支出で計算され、渋滞、安全、公害、健康を取り巻く追加の間接的な節約効果は含まれていない[13]。

これらのデータから得られる教訓は明らかである。総合的な都市全体の公共交通システムへの大規模な投資はそれなりに効果がある。しかし、この研究では、公共交通機関以外の多くの点でも異なる都市を比較しているため、そう単純ではない。その結論は、新しい交通システムを構築することでその他のすべての要素も同様に変化させることが期待できるということを示唆している。しかし、マイアミに電車を追加したからといって、ミネアポリスになるわけではない。

「愚かな近隣」の住人

それでは、その他の要素とは何だろうか？それは主に地域密度と近隣構造である。私が「地域密度」と言っているのは、都市全体の密度だと、郊外や広大な公園を含む場合、誤解を招く恐れがあるからだ。大事なことは公共交通機関沿線に何人の人が住んでいるかだ。公共交通機関の議論は、それが始まって以来、密度の議論も含めて行われてきたが、最近まで近隣構造についてはほとんど言及されていなかった。しかし、それは大きな間違いだ。

近隣構造とは、技術的にはコンパクトで多様性があり、「歩きたくなる」と定義される近隣地域の有無を指している。真の近隣住区とは、中心部と境界を持ち、歩行者に優しい通りや公共スペースを中心に、多種多様な活動が近接して行われていることを意味する。伝統的な都市は主にこのような近隣住区で構成されており、大学や空港のような地区や河川や鉄道のような回廊が周期的に点在している。古い都市に住んでいる人は、おそらくニューヨークのウエストビレッジ、トライベッカ、ソーホーのような近隣住区をイメージすることができるだろう[注3]。

1万年以上前に最初の非遊牧民の集落が誕生してから自動車の時代が到来するまでの間、コンパクトで多様性に富み、歩きたくなる近隣住区が都市の基本的な構成要素となっていた。人間の歩幅の尺度で形作られたものが鉄道輸送の出現によって繁栄したのは、鉄道駅間の距離が近隣住区の結びつきを強化したからである。景観全体を均一化するという前例のない能力を持つ自動車の主導権だけが、広大で、均質で、「歩きたくならない」と定義されるスプロールを

注3　この段落と次の段落では、アンドレス・デュアニー、エリザベス・プラター＝ザイバーク、ジェフ・スペックの『サバーバン・ネーション』で見られる、より深い議論の1つを再掲している。

支持して、近隣住区を放棄することを可能にしたのである。そしてそれは自動車を中心に組織化されているため、スプロール地域では公共交通機関を利用するという選択肢がない。郊外で運行する公共交通事業者はこう言うであろう。「スプロール地域でバスを走らせることは負け犬のシナリオである。そこでは大量の補助金が不適当なサービスを生んでいるだけだ」と。

高密度地域であっても、近隣住区の構造がなければ公共交通機関は繁栄できない。なぜならば結節点であり歩行者に優しい性質の近隣住区は、公共交通の停留所まで歩くことを許容しているからだ。このような理由から、新しい公共交通システムをうまく活用するには、元々鉄道を中心に発達した都市が最適である。

これは地下鉄オレンジラインの西側延伸として、元々路面電車沿線に開発された地域に新しい地下鉄を導入したという、バージニア州北部で起こった実際の事例のことである。この投資は実を結んだ。実際、過去10年間でアーリントン郡の人口増加の70%は、郡の土地面積の6%未満、つまり地下鉄オレンジラインの5つの駅の周辺地区で発生していた。現在ではこれらの駅周辺地区の住民の40%が通勤に公共交通機関を利用している[14]。

ダラスを馬鹿にするな

上記の論理に基づけば、リットマンの報告書で調査された低品質の公共交通機関しかない都市の多くは、公共交通機関にかける費用を無駄にしてしまうだろう。ダラスは模範的な事例を示している。1983年、ダラス都市圏の15都市の住民は、全米最大のライトレールシステムを構築するために1%の消費税を課すことに投票した。数十億ドルを投じて建設されたこのシステムは、現在72マイルの路線を有し、2013年までに91マイル、63駅に拡大される予定である[15]。1996年にダウンタウンとその近隣住区を結ぶ11マイルの路線でサービスが開始されたが、その後4年以内に、以前はすべてバスに乗っていた公共交通機関の利用者数は、驚くべきことに1990年の水準から8%も減少してしまった[16]。

2000年代を通してダラス高速運輸公社（DART）のライトレールシステムは成長を続けているが、公共交通機関の利用者数は減少し続けている[17]。公共交通機関に数十億ドルが投資され、ガソリン代が高騰しているにもかかわらず、ダラスの住民のうち車で通勤している人の割合は過去四半世紀のどの時期よりも高くなっている。

DARTが利益を生み出していないということではない。ノーステキサス大学から2007年に出された報告書によると、40億ドル以上の新規開発がDARTの駅周辺で誘発されている。現在は経済的に停滞しているが、この成長は今後も続くと予想される。さらに、ノーステキサス大学の調査によると、鉄道駅周辺の住宅地は都市圏の他の地域の住宅地よりも40%近く高く評価されていることがわかった[18]。これらの数値は印象的だが、高速道路の渋滞を緩和するという鉄道システムの本来の目的に対処し始めてもいないし、ましてや経済成長が最終的に鉄道システムのコストを負担してくれることを示唆しているわけでもない。

他にもメリットはあっただろうか？ DARTの駅周辺の新しい成長の多くは、それがなければ他の場所で起こっていた可能性が高く、ライトレールシステムの経済的影響に疑問を投げかけている。しかし駅がなかった場合の開発は、より低い密度で、おそらくダウンタウンからより離れた場所で起こったであろうと考えられる。テキサス州の低木林の保全やガソリンの節約にもなったであろう。しかし、このような公共交通志向型開発（TOD）によって、公共交通機関を利用する人の割合が増えていないという事実を回避することはできない。最大の交通マニアである私でさえDARTのシステムは失敗以外の何であるのかを考えるのに苦労するだろう。

ダラスは何を間違ったのだろうか？その答えを得るために、私たちは、交通政策に知見のあるブロガーであり、おそらく今日の交通機関に関する最も詳しい情報源であるヨナ・フリーマルクに尋ねた。彼の答えを言い換えれば「ほぼすべて」ということになる。その中には、十分な住宅密度がないこと、ダウンタウンにおいて駐車場を奨励していること、最も混雑しているエリアではなく最もコストのかからない場所に鉄道を配置していること、高速道路の隣に巨大な駐車場を有する駅を配置していること、より遠くまで運行できるようにするために運行回数を減らしていること、そして最後に、近隣住区のことを忘れていること、などが含まれている。彼はこう提案している。「人々がアパートに住もうとしているのであれば、とにかくライトレールの駅から簡単に行ける距離にある、複合的な用途を持った歩きたくなる地域に住まわせるべきである」[19]。

これらの間違いはすべて重要であり、そのいくつかについては後述するが、彼の言った最後のポイントが問題の最大で端的な部分である。単純な事実として、ダラスの都市部とその郊外には近隣住区の構造がほぼ完全に欠如しているということだ。その結果、電車を降りるとどうなるか？歩いて行ける目的地は笑えるくらいわずかしかないのである。パークアンドライドでの通勤が一般的なより郊外の場所では期待できるかもしれない。しかし、パークアンドライドが機能するのは出発地と目的地でいずれも車を必要としない場合に限る[注4]。ダラスのダウンタウンでは、質の高い歩行体験を提供し

注4　車での通勤者は、罰のない限り、公共交通への乗り換えを嫌がる。そのため、パークアンドライドが盛んなのは、ダウンタウンでの運転がお金や時間の面で法外に高コストな都市だけである（デュアニー、プラターニザイバーク、スペック『サバーバン・ネーション』pp.138-139）。

ていると言えるのはこのシステムのいくつかの駅だけであり、その体験は長くは続かない。ダラスのダウンタウンの多くは、何もない壁や駐車場に挟まれた街路樹のない歩道に沿って、高速で自動車が行き交う広幅員道路で構成されている。多くのアメリカのダウンタウンのように、ダラスのダウンタウンは自動車時代以前に設計された試験でリットマンにより評価されているが、自動車を中心にした都市に変貌を遂げてしまったため、歩行者は、都市に生息する支配的な生き物（自動車）の寄生虫のような付属物となっている。

路線の両端に十分なウォーカビリティがなければ、DARTが人々の運転習慣を変えることは到底期待できない。しかし、ステップ1を読んだ鋭い読者はおそらくすでにわかっているように、ダラスの自動車交通量を減らすことはできなかった。原因は交通システムでもなく、ウォーカビリティでもなく、近所付き合いでもない。テキサスのドライバーは今ある道路を埋め尽くし続けるだろうし、アメリカ最大のライトレールシステムが現在の総計6万人のドライバーを高速道路から追い出したとしても、別の6万人のドライバーが代わりに運転することになるだろう。なぜなら安価な駐車場が至るところにあるダラスでは、運転する上での唯一の大きな制約は、DARTがどうにか解決したがっている渋滞だけだからである[注5]。

これは鉄道推進派が聞きたくない話の一部である。公共交通機関への投資は、モビリティへの投資であり、不動産への投資であるかもしれないが、交通量を減らすための投資ではない[注6]。交通量を減

注5　理解の早いシャウピスタでさえもここでは料金を固定できないほど、ダラスの駐車場はフリーマーケットのような極端に安価な駐車場として提供されている。

注6　この結論はトロント大学のジル・デュラントンとマシュー・ターナーの論文『道路渋滞の基本法則：全米都市での実証から』によって支持されている。この論文では「公共交通機関の延伸は交通渋滞と戦うための適切な政策ではない」と結論付けている。

らす唯一の方法は、道路を減らすか、道路を利用するためのコストを増やすことであり、それは公共交通機関を推進する都市のほとんどが飲み込む準備ができていない苦い薬なのである。都市の指導者たちは、運転はこれまでと同様に安くて便利なままであるように求めながら、DARTのような新しいシステムもよく利用されるように求めるのである。いざとなったらすぐ運転できて1時間に1ドルで駐車できるのに、なぜ電車に乗るのだろうか？

公共交通機関に数十億ドルの投資をしたダラスはどうすればうまくやっていけるのだろうか？短い答えと長い答えがある。短い答えは、現在の道路投資を最大限に活用して、効率を最大化するような高速道路の渋滞価格を設定するとともに、公共交通の待ち時間を短縮し、運賃をゼロにするためにその潤沢な収入を利用することである。それは決して実現できないので、長い答えを見てみよう。

公共交通の存在から恩恵を受けるためには大都市がその公共交通を中心に形作られなければならないということはすでに議論してきた。ダラスでこれを実現するには、今からでも遅くはない。ダラス市とその周辺の自治体は、すべての駅の周辺で歩きたくなる近隣住区の計画を立案することを含め、DARTの駅周辺の開発にもっと力を入れることを約束しなければならない[注7]。彼らは特にダウンタウンの駅に焦点を当て、その周辺に高い居住密度を持つ真に歩行者に優しい地区を作らなければならない。彼らは、すべての駅の近くの敷地内駐車場の設置要件を撤廃し、ダウンタウンの駅の近くでは新しい駐車場の設置を禁止しなければならない。それからガソリン

注7　新しい駅周辺の開発の中には高密度のものもあるが、そのうちの1つも歩きたくなる近隣住区にはなっていない。そのほとんどは、タワーマンションや駐車場のある従来のエッジ・シティの集合体であり、親しみやすい通りはほとんど見当たらない。（ヨナ・フリーマルク『新しい延伸により全米で最長の路線網を持ったダラスのライトレール』）

が1ガロン10ドルになるのを待たなければならない。

ニューヨークですでに見てきたように、石油価格が上がれば、混雑料金のスキームはすぐに達成することができる。遅かれ早かれアメリカのすべての都市、特にダラスのような都市では、運転コストがはるかに高くなるだろう。そうなったとき、競争力を維持できるのは、高密度な地域に囲まれた総合的な公共交通網を持つ都市である。案外、1%の消費税はそれほど高い金額ではないように思える。しかしダラスのように、良い近隣住区がなければ、都市の公共交通機関への投資が未来のシナリオにとって意味のあるものにはならない。

小規模な交通システムの価値

大規模で高速な公共交通システムだけが、都市を根本的に変革する可能性を秘めている。しかし、だからといって、小規模なシステムも価値がないわけではない。効果的なシステムには以下の2つの形態がある。1つは、いくつかの歩きたくなる地区をつなぎ合わせる「結節点型」、もう1つは、歩きたくなる回廊を強化・拡張する「線形型」である。

コロラド州テルユライドの町とテルユライド・マウンテン・ビレッジを結ぶゴンドラは前者の結節点型であり、車での移動を減らし、ウォーカビリティを向上させる効果がある。「ゴンドラだって？」と思うだろう。このゴンドラは年間200万人以上の利用者があり[20]、これはダラスのシステム全体の利用者数の約10%に相当し、地元のバスサービスの5分の1のコストで運行されている。乗客の多くは、おしゃれなスノーブーツを履いた観光客だが、低賃金労働者の乗客が多いのも重要である。このような小規模な結節点システムは、おそらく最も簡単に機能させることができる。必要なのは、各停留所における都市との接点と、頻繁な運行間隔、そして迅速に移動できる経路である。また、ピッツバーグの有名なドゥケインやマノンガヒラの斜面地など、地理的な障害を克服するのにも有用であり、マノンガヒラでは都市と都市をつなぐのに実に良い仕事をしている。これらのシステムは珍しい機械である必要はなく、大学とダウンタウンを結ぶシャトルバスであることもある。

もっと一般的なのは、ストリートカー、トロリーバス、路面電車としても知られる線形型の交通システムである。これらのシステムは、速度が遅く、頻繁に停車するという点で、ライトレールシステムとは一線を画している。ポートランドでモダンなストリートカーを導入した元市長チャーリー・ヘイルズの言葉を借りれば、ストリートカーは高速交通ではなく「歩行を促す促進剤」なのである。適切に運行されれば「場所を創造するもの」となり、それは別の言い方をすれば「土地を評価する装置」でもある。ヘイルズの言葉は、歴史的なアメリカの路面電車路線のほとんどは、不動産開発業者による短期的な価値創造戦略であったことを思い出させてくれる[21]。同じ経済学は今でも影響力を持っており、新しいストリートカー路線を検討している都市ではそのことをよく考える必要がある。

私はここ数年、ストリートカーの計画をしていない都市で働いたことはないと思う。最近では誰もがそうであろう。一般的に道路建設業者による道路拡張計画が積極的に出されるのと同じ理由で、ストリートカーの計画も積極的に出される。この理由を単純な質問で補うか、置き換える必要がある。「なぜストリートカーを導入したいのか？」

まれにこの質問をされることがあるが、典型的な答えとしては、「歩行者を増やしたい」「メインストリートを活性化したい」「人々を車から遠ざけたい」、そして私のお気に入りの「ポートランドのようになりたい」などが挙げられる。これらはすべて間違った答えであり、その理由はここにある。ヘイルズは、ストリートカーを歩行者促進装置と呼ぶ際には慎重に言葉を選んでいる。ストリートカーは歩行者を創造するものではない。なぜならストリートカーの導入により、空っぽだった歩道が歩行者で満たされたというデータはどこにもないのである。どちらかといえばその逆で、歩行者で溢れたアクティビティの存在がストリートカーの成功の可能性につながるのである。メンフィス、タンパ、リトルロックのように1993年から2004年の間に導入されたストリートカーは、眠っているメインストリートに歩行者を加えることはほとんどできず、利用者はせいぜいわずかである。その中でも特に注目されているメンフィスの利用者は1マイルあたりわずか343人に過ぎず、これはポートランドの8分の1、ボストン・グリーンラインの20分の1である[22]。

アートプレイス［2010年に設立。様々な機関と連携し芸術と文化をテーマとした創造的な都市空間創出を演出してきた］のCEOであるキャロル・コレッタは「おもちゃの交通」と呼んでいるが、これらの小規模なシステムはいずれもより大きな鉄道ネットワークに接続していないため、人々が車を家に置いて使わなくて済むような地域モビリティは提供していない。ポートランドのストリートカーの路線延長はメンフィスの7マイルのシステムの約半分であるが、53マイルのMAXライトレールに接続している。そして重要なことに、「ポートランドのシステムは高密度化、近隣住区を基本とした都市設計、最低駐車場要件の撤廃など、基本的にはウォーカビリティを向上させるために必要なあらゆるものを含め、他の戦略や政策の公約と手を携えて導入されたのだ」とヘイルズは言う。「ストリートカーだけではダメなのだ」[注8]。

注8　2011年10月18日にRail-Volutionで行われたチャーリー・ヘイルズのプレゼンテーション「都市戦略の主役」による。この中で、ヘイルズは動産需要の掘り起こしに貢献したポートランドの有名な都市成長の最前線について触れている。

ストリートカーの存在意義

では、なぜ都市はストリートカーを必要とするのだろうか？ポートランドのような成功例を見ると、歩きたくなる繁華街から歩いて行ける距離を少し超えたところに、未利用の広大な土地が広がっている時に、ストリートカーが最も理にかなっていることがわかる。このような場合にストリートカーは、これまでにない方法でその地域とダウンタウンを結びつけ、開発に拍車をかける最高の機会となるかもしれない。ポートランドでは、市と地権者の両方が、ダウンタウンの北にあるホイト鉄道ヤードをまさにそのようなエリアとして指定した。彼らはストリートカー計画と近隣住区計画の両方を兼ねた設計を準備し、公園、手頃な価格の住宅、高速道路のランプ撤去と引き換えに、8倍の容積率上乗せを盛り込んだ。新しいストリートカーは、総費用5450万ドルで2001年に開業した[23]。

それ以来、35億ドル以上の新規投資がストリートカー沿線周辺で発生しており、これは初期投資の64倍という驚異的な金額となっている。ブルッキングス研究所の報告書によると、隣接する不動産の価値は、市の基準値の上昇率が34%であるのに対し、44%から、多いところでは400%をはるかに超えている。数千人の人々が引っ越してきて、ストリートライフに革命を起こした。沿線にある大手書店であるパウエルズブックス前の歩行者数は、1時間に3人だったのが、今では933人以上になったという[24]。

ポートランドのストリートカーが都市の活力を高めるツールとして成功したのは、まず近隣開発のためのツールだったからである。この事実は2つの理由から重要である。第一に、主要な不動産開発の機会がないのにストリートカーを推進するのは間違いであること、第二に、そのような機会は、投資から多大な利益を得る民間団体の存在を示唆しているためである。そして、これらの民間団体はストリートカーへの投資を助けるべきである。

これはまさにシアトルのケースで、マイクロソフトの共同創業者であるポール・アレンを中心とした同市のサウスレイク・ユニオン地区の地権者が、自分たちの土地とダウンタウンを結ぶ5200万ドルの新しいトロリーラインの費用の半分を寄付したのである。連邦政府と州からの資金はその3分の1の850万ドルしかなく、市は沿線の余剰資産を売却することで予算を確保した[25]。わずか5年前のアマゾン社とビル&メリンダ・ゲイツ財団の移転のおかげもあって、このトロリーは現在ではタンパの4倍の乗客を乗せている[26]。計画と建設の期間中、沿線の不動産価値は市の平均の2倍以上で評価され[27]、個人投資家に十分に報いている。

ポートランドとシアトルの経験は、他の都市にとっては少し難しいように見えるかもしれないし、当然のことながらどの都市もが巨大な住宅需要やアマゾン社のような大企業を持っているわけではない。しかし、メンフィス、タンパ、リトルロックの失敗例でさえ、平均して鉄道システムへの投資の17倍の新規開発というポジティブな結果を生み出した[28]。この建設による税収は、将来のストリートカー建設[29]の資金調達という意味では有望なニュースであるが、ほとんどの都市がトロリーを追い求める目的、つまりダウンタウンを活性化させることにはまだ対応していない。ストリートカーは主に、ダウンタウンを活性化させるのではなく、開発のために開放された新しいエリアを活性化させるのである。ダウンタウンは、何千人もの人々が新しく開発された地域に移動した場合、副次的な影響としてだけ利益を得ることができる。

実際、タンパにおけるより注意深い調査は、逆の効果を示しているかもしれない。トロリーがかつての工業地域を走る場所では資産価値が高騰しているが、市内のすでに確立された地域ではあまり良い変化が見られなかった。タンパで最も歩きたくなる地区であるイーバー・シティでは、実際の資産価値は周辺の郡よりも24〜36%低く評価されている[30]。ここでの教訓は、都市全体の強力な交通ネットワークに統合されていない限り、トロリーは新しい都市地区を作るためのツールでしかなく、モビリティを向上させ、通りを活性化させるウォーカビリティの起爆剤ではないということだ。誰かにお金を払ってもらうことができるのであれば、ぜひとも建設してみてはいかがだろうか。

ドライバーのための公共交通機関

ほとんどのアメリカ人は、大きな公共交通機関がある大都市ではなく、小規模な都市に住んでおり、公共交通機関に関して大都市と異なる状況にある。アメリカのほとんどの都市では、まだ誰もが車を運転しており、交通量は比較的少なく、駐車場も安い。このような場所での公共交通の役割とは何だろうか？もっと言えば、車の運転がとても容易な場所で、どのようにして「公共交通＋ウォーキング」の文化を作れるだろうか？

それは不可能かもしれない。このような場所では、バスは「負け組」のままであり、高齢者、低所得者、病弱者といった選択の余地のない人々のための交通手段であり続ける運命にある。このような場所のバスは常に資金不足に陥っており、他の社会サービスと同様に生き残るために苦労しているだろう。

公共交通機関が広く利用されるようになるためには、公共交通機関を単なる救援車両ではなく、利便性の高いものとして再認識する必要がある。あるいは、より正確に言えば、（例えば老人ホームから病院までなど）特定の緊急ルートは確保すべきではあるが、車よりも優れた体験を提供できる機会に焦点を当てる必要がある。このような機会を提供できる数少ない路線では、より高いレベルのサービスを提供するために資金を使うべきであり、一定の条件を満たすことができた場合のみサービスが提供されるべきである。これらの条件とは、今日の多くの公共交通機関に欠けているもの、すなわち「都市性」「明快さ」「頻度」「楽しさ」である。

「都市性」とは、すべての重要な停留所を人々の行動の中心部に配置すること、そこから1ブロック離れて配置したり、ましてや駐車場の向こうに配置しないことを意味している。これは、多くのバス停や鉄道駅が悩まされる最後の100ヤード［約91m］の問題である。乗客がコーヒーショップの椅子からバスに飛び乗れるようにすべきである[31]。バスの寸法要件がこれを許さないなら、別の車両が必要になる。路線の両端に真のウォーカビリティがなければ、そのシステムは無意味になってしまうだろう。

「明快さ」とは、ルートが単純な線や循環で、できるだけ迂回路が少ないことを意味する。そうすることで移動時間が短縮され、イライラを抑えることができるのみならず、乗客が経路のイメージを形成することを可能にする。これらは乗客の快適性に大きく影響する。見知らぬ都市で初めてバスに乗る時、イタリアのフィレンツェで遭遇した終日ストライキを時々思い出すことがある。そこでは運転手たちはバスに乗務していたが、いったん乗客が乗ると、彼らはなんと自分たちが行きたいところへ自由気ままに運行した。それによって私たちは彼らのメッセージを受け取ったのだ。

ほとんどの公共交通サービスが間違っているのは「頻度」である。人々は待つのを嫌うのと同じくらいスケジュールを見るのが嫌いである。したがって多くの人を惹きつけることを期待できる運行間隔の標準ラインは10分である。その間隔ですらバスを運行できない場合はより小さなバンを選択する。駅に設置されている GPS 対応の到着時刻計（およびスマートフォンアプリ）も不可欠であり、短い運行間隔が終わった時間帯は特に便利だ。「営業時間外」が何を意味するかは状況によるが、人気を維持するためには夜間も短い運行間隔が必要になるかもしれない。ここでのキャッチフレーズは、サービスを頻繁に提供するか、全く提供しないかということである。乗客数が少ないからといってサービスを低下させれば死のスパイラルに陥り、生き残れる路線はほとんどなくなってしまう。

「楽しさ」とは、交通事業者が最もよく見落としている任務でもあり、その達成を求めることは、非常に多くの人々の選択の核心をつくものである。ダリン・ノーダールが著書『私の好きな公共交通』の中で説得力を持って主張しているように、公共交通機関は「移動可能な公共空間の形態」[32]であり、私たちが外で過ごす時間に求める利益の多くを提供することができる。ノーダールの本を最初に読んだとき、私はこの概念を感傷的な戯言だと思って却下しようと思ったが、私自身も電車に乗ることによって幸せな結婚生活を送っていることを思い出した。公共交通のデザインにとって社会的で楽しく、喜びのある体験とは何を意味するのだろうか？誰かの頭の後ろを見るのではない内側を向く座席であり、サンディエゴにあるような、大きく開く窓、あるいはガラスすらない大きな開口部を持つもの。無線LANもついている。2階建てバスのような斬新な乗り物でさえも、小型化しつつ定員と魅力を増している[33]。

要するに、競争が求められる公共交通にはハード面とソフト面があるということである。ハード面は人々の時間を無駄にしないことであり、ソフト面は人々を幸せにすることである。もしあなたが両方を行うことにすべてを捧げることができれば、人々を自家用車から追い出すことができる。

電車 vs バス

効率性と楽しさが目的なら、鉄道はバスよりも断然便利である。高速軌道があれば、電車はほとんどの場合、より速く走ることができ、平均的なディーゼルバスよりもはるかに魅力的である。最新のゼロエミッションバスでさえ、上品な路面電車と比べると、街並みの中では威圧的な存在感を放っている。それが鉄道のコストが高い理由である。

バスの場合はどうか？コネチカット州ハートフォードは現在、バス高速輸送システム（BRT）を建設中で、これには1マイルあたり6000万ドル以上の費用がかかっている[34]。これはアメリカの平均的なライトレールプロジェクトのほぼ2倍のコストである[注9]。しかし、このハートフォードの事例は例外的であり、BRTを電車と同じように専用路線を走らせて適切に運営するためには、時としてコストがかかることがあるという指摘である。典型的なBRTは1マイルあたり約1500万ドルと、ライトレールの約半分の費用で済むため、ハートフォードで何が間違っていたのかはわからない[35]。

このように一般的に低コストであることから、多くの都市がBRTに注目している。適切に運営されればBRTはライトレールに置き換わる実に合理的な代替手段である。真のBRTシステムには、分離された走行路だけでなく、交差点での優先信号、事前支払いで入場するバス停、歩道から1段上がったバス停からの水平乗車、10分間隔の運行、GPS対応の待ち時間表示などが含まれる。これらのほとんどができないのであれば、「高速」と呼ぶべきではない。オレゴン州の有名なユージーンからスプリングフィールドまでの

注9　このようなプロジェクトの平均コストは、シアトルの異常なシステムを除くと、1マイルあたり約3500万ドルである（Light Rail Now『北米のライトレールプロジェクトの現状』2002）。

BRTでは、駅だけでなく路線全体に独自のアートワークや景観プログラムが施されている。

「鉄道にある永続性がバスにはない」というバスシステムへの最大の批判に応えるために、BRTの支持者はこのような地上部への投資をよく引き合いに出す。公共交通がなくなったら、いかにして公共交通周辺の不動産投資を駆り立てるのかと。アメリカでは路面電車も廃止される可能性があることはすでに学んだことだが、BRTのインフラは鉄道が提供する永続性の感覚と一致するまでにはまだ長い道のりがある。これは話の半分である。もう半分はあまり議論されていないが、BRTのインフラが永続的であればあるほど、見た目が醜いということだ。BRTのバスとそれを支える構造物は、虚弱な人間の体に快適さを呼び起こさせないのである。確かにBRTはボゴタの歩行者のためにすばらしいことをしてきたが、ボゴタで歩行者になりたいと思うアメリカ人はどれくらいいるのだろうか。

ダリン・ノーダールを除いて、この議論に参加している人たちは皆、トロリーがどれほど魅力的なものかを忘れてしまったようだ。トロリーは歴史の浅いバスの2倍の歴史を持っており、バスとは異なり古いトロリーはしばしば新しいものよりも良く見える。バスは20年使えるかもしれないが、10年も経つと老朽化しているように感じられる。バスは「公共空間の一形態」であるだけでなく、公共空間の一部であることが多いため、多くの都市で行われている「電車対バス」の比較において、この事実はより重要な意味を持っている。

とはいえ、すべてのバスシステムが不良品というわけではない。全国的に最も注目されているのは、様々な重要な手法で、世間一般の公共交通についての通念を困惑させているボルダー市の安価なネットワークかもしれない。ホップ、スキップ、ジャンプなどのルート名が巧みにブランド化され、各ルートに独自の色がつけられたバスシステムのおかげで、この街の人々は「呼吸は必要、運転は任意」というモットーに従って行動している。1994年以来、1万人の新規居住者と1万2000人の新規雇用を得たにもかかわらず、車の総走行距離の増加はゼロである。このシステムの成功の多くは、その販売方法に起因している。一般家庭で120ドルのエコパスを購入すると、すべての家族が1年中無料でバスに乗車できるだけでなく、地元の小売店、レストラン、バーなどで特別な優待を受けることができる。その結果、エコパス文化全体が発達し、車の運転はそれほどクールではないということになっている。

最後に、このような理由からトロリーを検討している多くの都市は、代わりにチャタヌーガやサンディエゴで生活の向上をもたらしたような小さな電動シャトルバスの導入を検討するかもしれない。これらはレールを必要としないが、すでに人口の多い一帯で歩行を促す乗り物として機能しており、1台のコストは最も安いフェラーリよりも安い[注10]。技術的にはバスと同じであるが、魅力的なこの電動シャトルバスは、将来のより強固な鉄道輸送に向けての効果的な入門ツールとして機能できる。

カーシェアを試してみよう

すべての都市はジップカー［アメリカのカーシェアリングサービス］を望んでいる。ではジップカーはそう思っているだろうか？きっとそうではない。ぜひともジップカーをディナーに招待し、あなたの街の鍵を渡し、最高の場所にある専用の駐車スペースなど、ジップカー

注10 チャタヌーガの電気シャトルのコストは1台あたり16万ドルから18万ドルである。

が通常求めている特権をすべて提供してあげてみてはどうか。しかしあなたが自動車推進派のパラダイムを超えない限り、表面的には自動車推進派であるジップカーという企業はその街で成功できないことを理解すべきだ。なぜなら､誰もが車を持っていれば､カーシェアリングを必要としないからである。あなたの街が、まだ毎日の運転を必要条件にしているのであれば、まだ都市型のカーシェアリングへの備えができていないのである。

カーシェアリングは公共交通機関、タクシー、徒歩、自転車を弱体化させるのではないかと心配する人もいるが､その逆である。カーシェアリングが盛んになるのは、公共交通機関、タクシー、徒歩、自転車が充実していて、車での移動が選択肢となる都市だけである。そのような都市では、私がそうだったように、カーシェアリングは誰かに車を捨てようという転機を与えるかもしれない。1つの良いテストがある。ダウンタウンに行き、手を突き出してみよう。タクシーは止まるだろうか？もしそうなら、あなたはおそらくカーシェアリングを利用する準備ができている。

そして、その恩恵はとてつもなく大きい。サービス開始1年後、ジップカー・ボルチモアが会員を対象に調査を行ったところ、入会前よりも徒歩での移動が21%、自転車での移動が14%、公共交通での移動が11%増えていることがわかった。前月に自家用車の運転を5回以上したことがある会員はわずか12%だったが、ジップカーに加入する前は38%であった。会員の約5分の1は車を売却しており、ほぼ半数がジップカーのおかげで車を買う必要がなくなった[36]。ジップカーの課題は1つだけある。それはジップカーが歩きたくならない都市には配置できないということを自ら理解しているということである。

安全な歩行

STEP 5 歩行者を守ろう

STEP 6 自転車を歓迎しよう

STEP 5 歩行者を守ろう

まちなかを歩くという行為は、今後も存続するだろうか？他の言い方をすれば、歩行者は車に轢かれるリスクから守られていると感じられれば、歩くことを選択するのだろうか？

これは、ウォーカブルシティを議論する上で核心的な問いである。他のステップでも明らかなように、歩行者にとって安全だけでは十分ではない。しかし、安全性はとても重要である。それにもかかわらず、都市プランナーたちの計画には失敗が多い。これらの失敗には2つの大きな原因がある。歩行者への配慮が欠けていることと、何がストリートの安全につながるのかについて専門家が根本的に誤解していることだ。1つ目の原因は政治的なものであり、市民活動によって克服できる。2つ目の原因は技術的なものであり、正確なデータを用いることで克服できる。

街区や道路幅員の大きさの問題

都市プランナーであるアラン・ジェイコブスの著書『グレート・ストリート』には、世界中の40都市以上の1マイル［約1.6km］四方の地図が描かれている。これらの地図では、道路は白、街区は黒で塗られており、歩きたくなる場所、歩きたくない場所の基礎となるパターンを理解したり、比較したりできる。特に、自分が訪れたことのある都市を比べてみると、様々な教訓を得られる。これらの教訓の中で最もわかりやすいのは、街区の大きさに関するものである。

一般的に、小さい街区で構成された都市は歩きたくなり、大きな街区で構成された都市はストリートライフがない場所として知られている。例えば、ボストンやロウアー・マンハッタンにある工業化以前につくられた地区は、ヨーロッパの都市のように平均200フィート［約61m］以下の長さの街区で構成されており（それに合わせて中世の不気味な街並みも存在する）、フィラデルフィアやサンフランシスコのような歩きたくなる街は、平均400フィート［約122m］以下の街区で構成されている。一方、カリフォルニア州アーバインのように、多くの街区が1000フィート［約305m］以上の長さの都市では、歩行者のいない場所もある。

ラスベガスを初めて訪れたとき、ラスベガス大通りのラスベガス・ストリップや旧メインストリートのフリーモント通りを除けば、誰も歩いていなかったことを覚えている。レンタカーで街に入り、レンタカー会社の地図でホテルまでの道のりを確認すると、当時の地図では主要な道路だけが表示され、その間の細かな道路網は省略されていたので、ラスベガスもそうかと思っていたら、実際のラスベガスの街は大きな街区だけで構成され、細かな道路網がそもそも存在せず愕然としたものだ。

ただし例外もある。ベルリンの市街地は大きな街区で構成されているものの、多くの街区の内部には中庭があり、道路から中庭につながる通路（パッサージュ）があるため、歩行者の隠れたネットワークが機能している。一方、ロサンゼルスの街区は、バルセロナの街区と比べてそれほど大きくないが、ロサンゼルスの道路は高速交通用に設計されているため、歩行者がほとんどいない。これらのことからわかるように、小さな街区で構成された街を歩行者のいない街にするのは簡単だが、大きな街区で構成された街を歩きたくなる街にするのはかなり難しい。

小さな街区で構成された都市が歩行者にとってより良くなる理由は、主に2つある。1つ目は、安全性というよりも利便性に関係するが、1平方マイル［約1.6km四方］あたりの街区数が多ければ多いほど、歩行者の選択の幅が広がり、コーヒーショップやクリーニング店などに行くためのルートも増えるからだ。歩行者の選択肢が増えると、目的地までの距離が短くなったり、歩くこと自体を楽しめるようになる。

2つ目の理由は、街区が大きくなると道路の数が減り、道路幅員が広がることに起因する。同程度の交通量を想定した場合、街区の大きさが2倍の都市では、各道路に2倍の車線を確保しなければならない。例えば、ポートランドのダウンタウンは1辺が200フィート［約61m］の街区で構成されるため、典型的な道路は2車線だが[注1]、ソルトレイクシティのダウンタウンは1辺が600フィート［約183m］以上の街区で構成されるため、典型的な道路は6車線ある[注2]。6車線の道路は2車線の道路に比べてはるかに危険であることは明白である。

このテーマに関する研究で、コネチカット大学のウェズリー・マーシャルとノーマン・ギャリックは、カリフォルニア州の24の中規模都市のデータを比較している。9年間に発生した13万件以上の

注1　ポートランドの道路網には、1平方マイルあたり600もの交差点がある。ソルトレイクシティの典型的な大きさの街区には、ポートランドの典型的な大きさの街区が9つ収まる。ただ、街区の大きさと道路幅員の関係だけで説明するのは、正確ではない。つまり、都市がコンパクトに集約されたポートランドに比べ、ソルトレイクシティは都市が拡がってしまっているため、潜在的な歩行者の多くが自動車で移動してしまうという悪循環に陥っているといえる。

注2　ソルトレイクシティの道路幅員は132フィート［約40m］で有名だが、これは、ブリガム・ヤングが「馬車隊を回せるだけの道幅が必要だ」と指示したためといわれている（マーク・ハドックは「ソルトレイクの道路は150年の間に様々な変化を遂げてきた」と言っているが)。現在、この132フィートには歩道も含まれているが、それでもまだ十分ゆとりがある。

交通事故を調べた結果、「12の安全な都市」と「12の安全でない都市」に分けられた。そして、この2つのグループの間で、街区の大きさが死傷事故を予測する最も重要な変数であることが示されたのだ。「12の安全な都市」の街区の大きさの平均は18エーカー［約7万3千m^2］で、「12の安全でない都市」の街区の大きさの平均は34エーカー［約13万8千m^2］であり、街区の大きさが約2倍になると、死亡率は約3倍になった[1]。

大きな街区で車線が多い道路の場合、歩行者は道路を横断するのが難しい一方で、車はスピードを出しやすい。なぜなら、隣の車線を使って追い越せるようになるため、ドライバーはレーサーのような心境になってしまうからだ。どの車線にいても、他の車線の進みが速く見えてしまう[2]。パリのように車線数の多い大通りを歩きたくなるように作ることもできるはずだが、あれほど多くの街路樹を購入する予算も意欲もないだろう。ただ、シャンゼリゼ通りでさえ、横断するのは悪夢のようだが。

車線の多い道路は、「親切心で殺される」と言われることもある。実はドライバーにも危険があるのだ。例えば、ある車が左折しようとした時、対向車線を走っている車が減速して左折するのを促してくれることがあるが、その親切な車に隠れていた奥の対向車線からスピードを出した車が飛び出してきて事故になることがある。

また、追い越し車線は左折車線でもあるため、速度を維持するにはしばしば車線変更をしなければならない。つまり、4車線道路は、とても危険なのだ。この非効率な交通システムを解消するため、アメリカの多くの都市では「ロードダイエット」と呼ばれる手法を政策的に導入している。ロードダイエットとは、通常の4車線道路を、片側1車線と、中央に左折専用レーンを設けた3車線の道路に変更するというものである。

ロードダイエットで注目すべき点は、安全性が高まるということだけではない。典型的なロードダイエットの例であるフロリダ州オーランドのエッジウォーター・ドライブでは、事故の発生件数が34％減少し、負傷者数も68％減少するという驚異的な値を記録したが（9日に1人から1か月に1人の割合に減少）、むしろ驚くべきことは、交通量の収容力が低下していないということだ。つまり、左折専用レーンを確保することで交通の効率性が高まるため、交通量は減少しないのだ。総合エンジニアリング会社であるAECOM社が17路線のロードダイエットの効果を比較したところ、交通量が減少したのは2路線だけで、5路線は変わらず、10路線はむしろ交通量が増加したことがわかった。

ロードダイエットに反対する人の多くは、渋滞の増加を懸念するため、この結果は重要である。1980年代にペンシルバニア州ルイスタウンでは、交通局がロードダイエットを提案したところ、走行時間の増加の懸念から住民の95％が反対した。その後なんとか再編工事を行ったところ、走行時間は変わらず、事故はほぼゼロになったのだ[3]。

この事実は、アメリカの大多数の都市に大きなインパクトを与えた。なぜなら4車線道路のない都市などほぼ存在せず、すぐにでもロードダイエットの恩恵を受けられるからだ。さらに、嬉しい副産物として、車線を減らすことで10〜12フィート［約3.0〜3.7m］の道路空間が開放されるのだ。このスペースを利用して、歩道を拡幅したり、街路樹を植えたり、足りない駐車帯を作ったり、縦列駐車を斜め駐車に変えたりできる。ほとんどの都市の4車線道路には、すでに歩道や街路樹、駐車帯があるので、自転車専用レーンとして再利用し道路をさらに人間中心の空間にすることもできる。自転車専用レーンとして再利用すれば、縁石を作り直す必要もない[注3]。

意味のない車線再編

前節で車線再編の好例を紹介してきたが、ここでは車線再編の失敗例も紹介しておきたい。ロードダイエットでは上手くいったが、実は左折専用レーンの導入はアメリカの多くのダウンタウンを破壊してきた。なぜなら、必要ないところに左折専用レーンを導入したり、必要以上にレーンを長くしたりして、多くのメインストリートを拡幅しすぎてしまったのだ。

広すぎるというだけであれば、それほど問題にならなかったのだが、元々駐車帯だった車線を潰して左折専用レーンを導入したことで大きな問題になってしまった。その一例であるペンシルバニア州ベツレヘムのワイアンドット通りは、かつて活気に満ち溢れていたが、交通局のエンジニアが左折専用レーンを導入するために縦列駐車帯をすべて潰してしまったことで、来街者のための便利な駐車場がなくなり、沿道の店舗の多くは大打撃を受けた。さらに滑稽なことに、整備された左折専用レーンは、車20数台分もの長さだが、左折した先はわずか11軒の家々が並ぶ小さな脇道なのだ。

これは交通工学の失敗であり、最も無駄なことである。アメリカのダウンタウンの多くは、不必要で長すぎる左折専用レーンに悩まされ続けている。これらの左折専用レーンは、必要な駐車スペースをなくしたり、車道を広げたりして、走行速度を加速させることに加担し、歩行者の環境を損ねているのだ。整備された左折専用レーンを、交通流に悪影響を与えずに取り除くことはできないが、ほと

注3　この種のロードダイエットの好例に、サンフランシスコのバレンシア通りがある。1999年に4車線道路を3車線の車道と自転車専用レーンに再編した結果、通勤時間帯の自動車交通量はほとんど変わらず、自転車利用者数は1時間あたり88人から215人に増加し、交通への悪影響は何ら発生しなかったのだ（マイケル・ランキン、「スマートグロースの新たなパートナー」でのプレゼンテーション、2007年2月10日）。

んどの場合、車３台分程度に短くしても問題ない。これで左折専用レーン問題は大幅に改善されるだろう。

車道の過剰な拡幅

歩行者の安全を脅かす最大の要因は、犯罪ではなく、自動車の高速走行による危険である。それにもかかわらず、多くの交通エンジニアは、しばしば安全性の名の下に、より高速で走行できるように道路を再設計している。というのも、速度オーバーしても安全が守られるように、制限速度をはるかに上回る速度を想定して道路を設計した方が良いと考えているのである。

ウォーカビリティが高いことで知られるサウスビーチ界隈でさえ、この考え方に浸食されつつある。「ラ・カージュ・オ・フォール〔別題は「Mr. レディ Mr. マダム」〕」のリメイク版を見たことのある人なら、ロビン・ウィリアムズがパートナーのために誕生日ケーキを買うエスパノーラ通りの賑やかな街並みを覚えているかもしれない。映画のようにエスパノーラ通りは元々良い環境だったにもかかわらず、一部で車道の拡幅工事が行われ、狭かった歩道がさらに狭められてしまった。歩きたい街から歩きたくない街に変わってしまったのだ。

アメリカの道路幅員の規格が徐々に拡大していることについて、納得できる説明を聞いたことがない。私が知っているのは、それが現実であり、都市プランナーの日々の仕事に大きな影響を与えているということだけだ。1990年代後半、私たちが携わっていたアラバマ州バーミンガム郊外のニュータウン、マウント・ローレルの道路設計で、ホームウッドやマウンテン・ブルックなど、この街で最も成功している地区の道路と同じ寸法を採用したにもかかわらず、私たちの計画した道路は基準を満たしていないとエンジニアリング会社に指摘されてしまった。

そのため、私たちは郡のエンジニアを説得し、これらのすばらしい地区を一緒に巡ることにした。だが、マウンテン・ブルックの緑豊かな小道を穏やかに走っていた時に、そのエンジニアはドアハンドルを握り、大げさに「死んでしまうぞ！」と叫んだのだ。冗談のように言っていたが、それが彼の最終宣告だった。私たちは、より速い設計速度で道路を再設計しなければならなくなった。

設計速度が速ければ安全な道路になるという論理と、交通を妨げないようにしたいという典型的な交通エンジニアの願望が相まって、アメリカの多くの都市では車線幅を12フィート［約3.7m］、13フィート［約4.0m］、時には14フィート［約4.3m］として道路空間を再編している。現在では、車の幅はわずか6フィート［約1.8m］しかなく——フォード・エクスカージョンの幅は6フィート6インチだが——、ほとんどのメインストリートは歴史的に10フィート［約3.0m］幅の車線で作られてきたにもかかわらずだ。フロリダ州パームビーチのワース通りのように、高級住宅地ではこの寸法が維持されているところが多いが、多くの都市では12フィート幅の車線もかなりの割合で存在しており、そこでは多くのスピード違反が発生している。

車線幅が広がれば、ドライバーがスピードを出すのは自明である。12フィート幅の車線の高速道路を時速70マイル［時速約113km］で快適に運転しているのだから、まちなかに同じ幅員の道路があれば同じように運転してしまうだろう。しかし、交通エンジニアはそのような関係性を考慮していない。ドライバーは、どんな道路であろうと、制限速度かそれより少し上の速度で運転すると信じているのだ。

これまでのステップでも紹介した誘発需要と同様に、道路の設計方法が人々の利用方法に影響を与えることを、エンジニアたちは理解していない。彼らの論理では、車線が増えても交通量が増えないのと同じように、高速車線があっても高速にはならないと考えているのだ。これが今日の都市衰退の根底にあるもうひとつの大きな誤解である。安全の名の下に道路を拡幅することは、犯罪を抑止するために拳銃を配布するのと同じことだ。

私がこの話をでっち上げていると思われるかもしれないので、念のため、メリーランド大学のリード・ユーイング教授とテキサスA＆M大学のエリック・ダンボーによる研究も紹介しておく。2009年に発表された研究「整備環境と交通安全：経験則からの考察」の中で、彼らは道路設計と人間の行動の関係について以下のように評している。

> 従来の交通安全理論の根本的な欠点は、人間の行動が事故発生率に及ぼす影響を説明できなかったことである。特定の道路をより安全にするために拡幅するという決定は、人間の行動は変わらないという前提に基づいて行われるが、まさにこの前提、つまり人間の行動は設計に関係なく一定であるということこそが、従来の安全対策の失敗の原因となっている[4]。

この失敗の代償はとても大きい。運輸研究委員会の第80回年次総会で発表された別の研究では、ラトガーズ大学のロバート・ノーランド教授が、車線幅の拡大が年間約900件の交通事故死を増やす原因になると算定している[5]。

これらの研究成果が、アメリカで実施されている道路整備に反映されることを期待している。現在もなお、エンジニアたちは、“適切な”設計速度で計画されていない道路の設計には、承認を与えていない。事故が発生した時に訴えられるのを恐れてのことだろうが、狭い道路の方が安全であるということが公に発表されたら、過剰に拡幅した道路を整備し続けてきたことで追及されるかもしれないのだが。

一方、朗報もある。住みやすい都市づくりを目指す非営利団体・ニューアーバニズム委員会の努力のおかげで[注4]、道路構造の規格の改訂が始まっている。ニューアーバニズム委員会と交通エンジニア協会とが協力して新しいマニュアル「ウォーカブルな道路デザイン」を作成し、10フィートや11フィート［約3.4m］の道路幅員を推奨している[6]。交通エンジニア協会のお墨付きを得たことで、交通計画会議等でこの道路幅員をより合理的な基準として参考にすることができるようになった。ただ、私は11フィートは入れなくていいと思うが。

もう1つの希望の光は、イギリスで活発に活動が行われている「20's Plenty for Us（20マイル速度制限）」運動だ。アメリカでも支持者が増え始めている。これは、歩行者が交通事故で死亡する割合が、時速20マイル［約32km］ではわずか5%であるのに対し、時速40マイル［約64km］では85%に上ることに着目し[7]、時速20マイルの速度制限を導入しようという運動である。現在、イギリスでは80以上の「20's Plenty」運動が行われており、総人口600万人以上となる約25の管轄区域で、住宅地での時速20マイルの速度制限が約束されている。2011年6月には、EUの交通委員会がヨーロッパ大陸全体でこのような速度制限を導入することを推奨しており[8]、近い将来、ヨーロッパ全域で時速20マイルが標準となるのではないだろうか。

アメリカで「20's Plenty」運動を最初に実施したのは、ニュージャージー州ホーボーケンだろう。しかし残念ながら、20マイル

注4　私はこの組織の憲章メンバーである。この組織は、過去20年間にわたって、この本で紹介されている理想の実現を目指している。これらについてはcnu.orgで参照することができる。

という数字は単なるスローガンに過ぎず、制限速度は高いままである。私がこの原稿を書いている間にも、ニューヨーク市では時速20マイルゾーンが初めて導入されつつある。こうした動きは重要だが、それ自体が目的になってしまってはいけない。ロンドンでもそうだが、時速20マイルの標識があっても、時速20マイルで運転するドライバーはいない。ほとんどのドライバーは、自分が快適だと感じる速度で運転する。それはつまり道路の設計速度でもある。それゆえ、設計速度を抑えるための第一歩としても、「20's Plenty」は最も有効だと考える。時速20マイルゾーンがより一般的になれば、道路の設計速度を時速20マイルにするようエンジニアを説得できるようになるかもしれないからだ[注5]。

注意を喚起するデザイン

走行速度を抑制する方法は車道幅を狭くすることだけではない。道路空間にある多くの要素がドライバーに様々な合図を送っており、その多くが実は「速度を上げろ」と言っているのだ。残念ながら、それらの要素のほとんどは、法律で定められたものである。特に重要なのは、交差点の形状と角度である。

先日、妻とフィラデルフィアへドライブに出かけた。2人の子どもがいない初めての週末だったので、大切な時間にしたかった。最初に向かったのは、自由の鐘から南に1マイルほど行ったところにある、9番通りとパスユンク通りの交差点だった。ここには、フィリーチーズステーキの王座を巡って何十年も競い合っている有名な2つの大型屋台があり、ファストフード好きにはおなじみの場所だ。

注5　こんな理想は叶わないことはわかっている。ほとんどのエンジニアは、制限速度20マイルの道路は、速度オーバーしても「安全」なように、設計速度を時速25マイルや30マイルとして計画するよう主張するだろうから。

チーズステーキ対決の話は聞いたことがあったが、それらの屋台周辺の奇妙な敷地形状については知らなかった。2つの店は、鋭角30度で交差するX字交差点のケーキの1ピースのような鋭角の角地に対面して建っていたのだ。一方は北を向いており、もう一方は南を向いている。両店とも派手な看板を掲げているので、まるでカジノのヨット同士でチキンゲームをしているようだ。

この状況での私の疑問は、どちらのサンドイッチがおいしいかということではない。なぜアメリカのほとんどの地域では、30度の角度で2つの通りを交差させることが違法なのかということだ。

交差点として、これほど安全な光景はない。まず、客の車の列が蛇行しながら道路に入り込んでくる。これを都市プランナーは「人間による交通整理」と呼び、決して「人間による渋滞」ではない。商品を取りに来た車で交通はさらに滞っていたが、このような混雑がなくとも、ドライバーはこの交差点自体を危険だと感じるので、危険な運転をする人は誰一人いない。

このような状況は、リスクホメオスタシスの概念で説明できる。交通工学の専門家はリスクホメオスタシスなど全く考慮していないと思うが、非常に現実的な考え方だ。リスクホメオスタシスとは、人が行動する時、最適なリスクレベルを維持するために、自動的に行動を調整する性質のことである。例えば、薬の容器に子ども用の安全キャップが採用されると、親たちが「薬を隠さなくてもいい」と思って行動を変えてしまい、中毒死が増えてしまった事例や、携帯電話で通話しながら運転しても簡単に通過できる交差点ほどアメリカで最も交通事故死亡率の高い交差点となってしまっている事例などは、リスクホメオスタシスが悪い方に働いた結果と言える[9]。

ここで、リスクホメオスタシスが最も良い方向に働いたスウェーデンの好例を紹介する。スウェーデンは交通安全にとても力を入れている国であるが、1960年代以降の交通事故死者数の推移を見ても特に注目する点を見つけられないかもしれない。死亡者数は1960年代に増加し、シートベルトが導入されると減少に転じ、1980年代には横ばいになり、エアバッグが標準装備されるとさらに減少するという、世界的に見ても一般的な変化をたどってきたように見えるが、1967年に急激な変化があった。年間1300人以上だった死亡者数が1100人以下になり、17%も減少したのだ。その理由として考えられるのが、1967年3月9日に実行された自動車の走行方向の全面切り替えである。それまでの左側通行から右側通行に一斉に切り替えたのだ[10]。

当然のことながら、誰もがこの移行を心配していた。ハンドルは中央車線の反対側となり、大量の信号機や標識を一斉に移設しなければならず､政府は事故の多発を恐れていた。しかし､人々が怖がっていたからこそ、自動車事故は急激に減少し、1970年まで以前のレベルに戻ることはなかった。

この経験から得られる教訓は明快だ。もし国民の命を大切に思うなら、3年ごとに道路の走行方向を変えるべきだということだ。しかし、それでは国民の支持を得られそうにないので、より広義的な教訓に目を向けよう。最も安全な道路とは、最も安全でないと感じられる道路であり、ドライバーにより注意しようと思わせることこそ重要なのだ。

この教訓は、交通工学の専門家の硬直した考えを打ち破るにはまだ至っていない。ほとんどの都市で、交差点は直角かそれに近い角度で整備することが義務付けられている。速度を落とすのに最適な千鳥格子状の（交点のずれた）交差点や歴史的なまちでよく見られる五叉路は禁止されている。私の家はまさにそのような危険と見なされる交差点に面しているが、3年間でまだ1度も事故を目撃していない。一方、1ブロック先の完璧な直角の交差点では、1シーズンに1回程度、交通事故が起こっている。

交差点の形状は、安全を守る条件の半分ほどを占めている。残りの半分は、記憶に残る場所を作ろうとする都市プランナーを阻む、交差点での視認性の要件である。これは、建物や樹木など高さの高い物体が、ドライバーの視界を遮らないよう、これらを交差点から一定間隔離して設置するよう義務付けたものである。このような基準は、設計が人間の行動に影響を与えないという前提が成り立てば非常に理にかなっているが、交差点の視認性の良さは、スピード違反の原因にもなっている。

アメリカでは、緑の多い、形の整った公共スペースのある最高の場所の多くが、視認性要件に違反している[注6]。このような場所の多くでは、すべての新築物件に視認性要件が義務付けられているが、幸いなことに、各地域には独自の視認性要件を策定する権利がある。そのため、この要件をすべて廃止することは難しいが、多くの場合、害のない範囲で変更することができる。また、交差点におけるドライバーの視界の測定の仕方次第でも、上手く交差点を設計することができる。

安全の本質

注意を喚起することがより安全な運転につながるとしたら、どうすれば世界で最も安全な道路を作れるのだろうか。この疑問に最高の答えをくれたのは、オランダの交通エンジニアであるハンス・モンデルマン（1945～2008）である。彼は、「ネイキッド・ストリー

注6　アラン・ジェイコブス『大通りの設計の手引き』には、視認性要件がいかにすばらしい通りを台無しにしているか詳細な論述が掲載されている。ジェイコブスは、アメリカの基準を適用すると、バルセロナの美しいグラシア通りの街路樹の3分の1が消えてしまうと、痛烈な絵を用いて批判している（pp. 118-119）。

ト」と「シェアード・スペース」という2つのすばらしい、相互に関連したコンセプトを提唱した。どこにでも導入できるコンセプトではないが、これらの手法は、都市の改善に取り組む際に多くのことを教えてくれる。

「ネイキッド・ストリート」とは、端的に言うと、一時停止の標識や信号機、さらには路面の縞模様も含めすべての標識を取り除いた道路のことである。この方法は、交通の混乱を招くどころか、どこで試しても交通事故率を下げている。デンマークのクリスチャンスフェルドという町では、モンデルマンのアドバイスに従い、主要な交差点から標識や信号機などをすべて撤去したところ、年間の重大事故件数が3件から0件に減少した。ストーンヘンジで有名なイギリスのウィルトシャー州では、細い道路のセンターラインを消したところ、衝突事故の件数が35%減少した[11]。センターラインのある道路の方が道幅が広いにもかかわらず、ドライバーはセンターラインのない道路での方が対向車との距離を40%も広くとっていたのだ[12]。

モンデルマンは、自分の方法論を次のように説明している。「交通エンジニアの問題点は、道路に問題があると、いつも何かを追加して解決しようとすることだ。私は、何かを取り除く方がはるかに良いと思う」[13]。この考え方は、一時停止の標識をあまり見かけないオランダでは特に意味深いものであり[14]、オーストリア、フランス、ドイツ、スペイン、スウェーデンにも広がっている[15]。

「ネイキッド・ストリート」は、モンデルマンのもう1つのすばらしい提案である「シェアード・スペース」とともに、アメリカでも導入され始めている。「シェアード・スペース」は、「ネイキッド・ストリート」の考えを拡張したもので、縁石や道路の舗装などの構造物や境界も排除したものである。その目標は、車も自転車も歩行者も混在した、曖昧な環境をつくることである。

デイビッド・オーウェンは、「このような取り組みは、多くの人にとって災害のようなものだ」と指摘しているが、そうではない。この試みを実践したヨーロッパの都市では、道路空間の曖昧さが増すことで、実際に車は速度を抑え、交通事故率は下がり、歩行者の環境が改善されたのだ[16]。モンデルマンの言葉「カオスは協力関係が築かれた状態を意味する」が体現されている[17]。

モンデルマンは、自分の信念を貫き通す人であった。彼の得意技のひとつが、オランダのオーステルウォルデ村に整備したシェアード・スペースの交差点の前に立って、テレビレポーターに話しかけることだった。彼が交通流の中を後ろ向きに歩いていくと、モーゼの十戒のように交通流が割れ、道ができるのだ[18]。

アメリカにはモンデルマンが提案したような純粋なシェアード・スペースの例はないが、最初の試みの1つはマイアミビーチのエスパノーラ通り——前述の不必要に車道が拡幅された通りからわずか2ブロックのところ——にある。ヨーロッパから戻ってきたばかりの都市プランナーたちがこの界隈に関わっていることを知らずに、市は、この通りの近隣住民に重要な交差点の1つの再設計に参加するよう求めたところ、「縁石はやめよう」「縁石は使わず、路面全体にレンガを敷き詰めよう」といった声が挙がったのだ。そして、それらの声を反映したエスパノーラ広場が2000年頃に完成した。車の数がかなり少ないとはいえ、うまく機能しているので、交通エンジニアが正気に戻れば、アメリカでもシェアード・スペースが普及し始めるだろう。

一方通行病の蔓延

1918年、インフルエンザの大流行により、世界中で7500万人以上が死亡した。それからちょうど50年後、アメリカでは別の疫病が流行した。人体への影響は少なかったものの、都市が次々と破壊されていった。この疫病とは、ダウンタウンで双方向通行を一方通行に全面的に変更したことだ。このことによって生じた甚大な問題が今でも私たちを悩ませている。

当時、郊外への移住が増える中、都市が競争力を維持するためには、郊外の住人がダウンタウンに容易に往来できるよう都市構造を改造する必要があった。その１つが高速道路の建設だったが、これが自殺に近い結果を招いたことはよく知られている。

高速道路によって通勤時間を短縮できるようになったため、ダウンタウンに住む理由はもはやなくなってしまったのだ。また、かつては都市の貴重な財産であった公共空間は、高速道路の集積地になってしまった。さらに、かつては車や歩行者、路上販売、街路樹が共存していた大通りも、車以外にとっては有害なものになってしまい、自動車に占拠されるようになってしまった[19]。

もう１つは、ダウンタウンの道路網を、スムーズに通行できるよう一方通行システムに変更することだった。双方向の通行を一方通行に変えることで、同期信号を導入することができ、対向車を横切る左折に伴う減速をなくすことができた。

車線の多い道路が歩行者を危険に晒すことはすでに説明してきたが、それに加えて、一方通行になると、対向車を気にすることなく速度を上げられるので、これらの沿道がすぐ過疎化してしまうのは簡単に想像できるだろう。アメリカの中規模以上のほとんどの都市が、一方通行への変更によって甚大なダメージを受けた。セントルイスやサンディエゴのように道路網の大部分を一方通行にしたところであっても、バージニア州アレキサンドリアやオレゴン州コーネリアスのように一対の一方通行の道路網に変更したところであってもダメージを免れることはできなかった。実際、ポートランドからオレゴン州沿岸を西に向かって車を走らせると、交通局が州のメインストリートの多くを、この単純な一手で一方通行に置き換えてきたのを目の当たりにすることができる。

一方通行は、有害な運転以外にも、まちの活力の不均衡を招き、ダウンタウンを衰退に導く。例えば、夕方の帰宅時間帯に買物をする人が多いため、その時間帯によく利用される道路に面する店は繁盛するが、朝の通勤時間帯によく利用される道路の沿道の店は経営不振に陥ってしまう[注7]。また、交差点に面する店舗の半分は、通行するドライバーの視界の後方になるため、店舗の視認性が損なわれる。さらに一方通行の多い道路網の場合、道に迷ってしまうのではないかと土地勘のない来訪者を不安にさせたり、目的地にたどり着くまでに回り道や余計な信号を通過しなければならないと地元の人をイライラさせたりする。

実際、このように不満の積もる回り道をしなければならないことは、一方通行のシステムが効率的であると考えられていることに対し疑問を投げかける。確かに、走行速度は上がるが、回り道による移動距離の増加を速度の上昇で補えているのだろうか。さらに道に迷っては元も子もない。一方通行による渋滞解消効果を証明する研究は多数あるものの、回り道によって発生する問題を検討した研究は未だない。

回り道の不満を思い知ったのは、仕事で初めてマサチューセッツ州ローウェルを訪れたときのことだ。グーグルマップを頼りに20分も迷った挙句、副市長に電話をして道順を教えてもらったのだ。方向感覚に自信があった都市プランナーとして、これほど恥ずかしい

注7　このような愚かな行為により、1970年代にはマイアミのリトル・ハバナのメインストリートであるカジェ・オチョ（8番街）が壊滅的な打撃を受けた（アンドレス・デュアニー、エリザベス・プラター＝ザイバーク、ジェフ・スペック『サバーバン・ネーション』p.161n）。

ことはない。その後、このまちの構造を知るにつれ、少しは気が楽になった。というのも、工業化以前にできた格子状の道路網に一方通行システムが導入され、さらに運河や川によってところどころ中断されているので、アメリカで最も複雑な道路網となってしまっていたのだ。そのため、最終報告書の中で、記念講堂からわずか200ヤード［約183m］先の指定された駐車場に行くのに、5回の右左折と1マイル以上の走行が必要だったことを記すことに大きな喜びを感じたものだ。

この時点で、鋭い読者はポートランドについて疑問を抱くだろう。ポートランドは、格子状道路網で一方通行システムがうまくいっているのだから。ポートランドは、この疑問に重要な注意点を示してくれている。格子状道路網が単純で、街区規模が小さく、細い道路の密集したネットワークが形成されている場合、一方通行システムは非常にうまく機能するのだ。マンハッタンを思い浮かべてほしい。しかし一方で、ポートランドにも徒歩で移動するには幅員の広すぎる一方通行の道路がいくつもある。車道が2車線以上で快適な環境をつくるためには、沿道に建物の高密度な集積が必要になるが、アメリカのほとんどの都市にはそのような集積はない。

ジョージア州サバンナでは、1969年に、オグルソープの格子状道路網の南北の通りの多くに一方通行システムが適用された。今でもそのほとんどが残っているが、この一方通行システムが楽しく散策できる歩きたくなるまちの唯一の障害となっている。この問題を認識した市は、建築家クリスチャン・ソッチェルに依頼して、一方通行への転換前後のイースト・ブロード・ストリートの変化を調査した。転換前の1968年とその数年後の課税台帳を使って、この通り沿いに住む納税者の数を比較したところ、転換後に約3分の1に減少していたことがわかった[20]。

幸いにも、この話には後日談がある。新しい小学校の建設に伴い、速度超過を心配した市は、イースト・ブロード・ストリートを対面通行に戻したのだ。その結果、瞬く間に、この通り沿いに住む納税者の数は50%増加した[21]。

サバンナのように、対面通行に戻したいくつかの成功例を参考に、アメリカの数十の都市が、一方通行を対面通行に戻し始めている。オクラホマシティ、マイアミ、ダラス、ミネアポリス、チャールストン、バークレー[22]……そして、もうすぐローウェルでも戻す予定である。最近の好例として、ワシントン州バンクーバーがよく知られている。自治体向けの雑誌でアラン・エーレンハルトは、「バンクーバーはこれまでダウンタウンを活性化させるために何百万ドルも費やしてきたが、これらの投資はメインストリート自体には何の効果ももたらさなかった。この10年、メインストリートは寂しいままだった」[23]と語っている。

しかし、市議会は新たな戦略を試みることにした。メインストリートとその周辺のプロジェクトのために準備されていた、州や連邦政府からの1400万ドル以上の予算を待たずに、もっとシンプルな方法を選択した。それは、道路の中央に黄色い線を引き、標識を設置し直し、新しい信号機を設置し、一方通行の道路を対面通行に転換することだった。メインストリート沿道の商店主たちは、この変化に大きな期待を寄せた。そして、2008年11月16日の転換後に実際に起こったことは、予想をはるかに超えるものだった。厳しい不況下に、バンクーバーのメインストリートは一夜にして息を吹き返したのだ[24]。

この成功は継続しており、経営者たちもとても喜んでいる。対面通行にしたことで、1日に通過する車の数は2倍に増えたが、かつて懸念されたような交通渋滞は発生していない。バンクーバーのダウンタウン協会の代表であるレベッカ・オッケンは、「一等地のダウンタウンでは、一方通行は認めるべきではない。私たちはそれを証明したのだ」と、他の都市に向け助言している[25]。

バンクーバー（人口16万2000人）のような中小規模の都市では、その通りだと思う。一方、大都市の場合は、地域によるだろう。マンハッタンのコロンバス通りやアムステルダム通りを対面通行に戻そうとは思わないが、もしそのような変更がなされたら、ニューヨークはさらに歩きたいまちになるだろう。もしダウンタウンに活気がなく、一方通行が多いのであれば、変化すべき時期に来ている。

聖なる歩道

歩行者の安全についておおかた話してきたが、最後に歩行者が最も多くの時間を過ごす歩道について述べたい。実は、歩道のデザインは歩行者の安全とほとんど関係がないので、これまでこのテーマを避けてきた。歩行者擁護派はいつも歩道の幅を広げようとするが、それは安全とはほとんど関係ない。チャールストン、ケンブリッジ、ジョージタウンなど、アメリカで最もウォーカブルな都市の中には、歩道がとても狭いところもある。ニューオーリンズのフレンチ・クォーターの歩道幅は7フィート［約2.1m］程度だ。

歩道の安全性を決めるのは、歩道の幅ではなく、歩道と車道の間に鉄のバリアを築く路上駐車帯があるかどうかである。路上駐車帯のない歩道のオープンテラスで食事をしたことがある人はわかると思うが、長時間滞在したいとは思えない。車道と2フィート［約0.6m］離れていようが、10フィート離れていようが、秒速60フィート［時速約66km］で走る車の真横で座ったり、歩いたりしたいと思う人はいないだろう。一方、路上駐車帯があると、ドライバーは他の車が車道に出てくるかもしれないと警戒するため、走行速度を抑える[26]。

だから、路上駐車帯のない歩道は極力歩きたくないのだが、自治体は交通の円滑化や美観、そして最近では防犯のために、どんどん路上駐車帯をなくしている。オクラホマシティでは、爆弾テロリストが駐車違反切符を切られるのを恐れているという仮説に基づいて、多くの路上駐車帯が撤去された。この推論を連邦政府も採用しているが、明らかに馬鹿げている[注8]。幸いなことに、少なくとも地元のリーダーたちは改革しようとしており、オクラホマシティの中心地の新しい計画では、路上駐車帯を800台弱から1600台以上へと2倍以上に増やす計画となっている。ナショナル・トラストのメインストリート・センター・プログラムによれば、路上駐車帯を廃止すると、隣接する企業は年間1万ドルの売上を失うと試算されている。これに基づくと、オクラホマシティの商業地は、800万ドルも年間の売上が伸びることになる。

そして、路上駐車帯の新たな敵は、かつては同類として扱われていた自転車専用レーンやトロリーなどの路線である。歩道を確保しながら自転車専用レーンを設置するためには、車道以外の空間を犠牲にしなければならないからだ。また、交通機関が成功するかどうかにはウォーカビリティが関係するため、歩行者の快適性を損なうトロリーは不利である。そもそも、自動車に代わる交通手段として自転車やトロリーを提供するのであれば、路上駐車帯ではなく、車道の再編が必要である。

また一方で、路上駐車帯の代わりを街路樹や植樹帯で補えるだろ

注8　多くの都市でテロ対策のための駐車禁止が最も多く適用されているのは、連邦政府が所有する建物の前の路肩である。

うか。シカゴのステート通りにあるような立派なプランター・ボックスを設置しない限り無理だろうし、それでも車は速度を上げるだろう。しかし、ステップ8で説明するように、歩行者の快適性のために樹木は必要不可欠であり、車の速度を少しだけ抑える効果もある。また、縁石を乗り越えてきた車を止めることもできる。このような理由から、安全な歩道には、路上駐車帯と街路樹の両方が並んでいる[注9]。

歩道上の歩行者にとって、縁石を乗り越えてくる車以外の大きな脅威は、乗降やドライブスルーのために歩道に入ってくる車である。1970年代、アメリカのほとんどの都市は、ドライバーの利便性向上のために、銀行、レストラン、クリーニング店、ホテルなど、希望するところはどこでも、縁石を切り下げることを許可した。このことは、歩道は歩行者だけのものではないという明確なメッセージとなった。

しかし、今ではその問題の多くが解消されている。敷地の周囲に路地があれば、縁石からではなく路地からアクセスするようにしな

注9　最近盛り上がっている都市問題の1つに、角度付き駐車場の前進駐車と後退駐車の争いがある。多くの都市の中心部には、角度付き駐車場の設置された歩道がよく見られる。最近では、このような駐車場は後退駐車の向きで設置されているが、以前は逆向きに設置されていた。交通エンジニアが、後退駐車の方が前進駐車よりも安全であることを示したため、新たな動きになったのだ。現在では、シャーロット、ホノルル、インディアナポリス、ニューヨーク、シアトル、ツーソン、ワシントンなど、国内の何十ものメインストリートで後退駐車が導入され、事故が減少し、特に自転車との事故が減少している。例えばツーソンでは、後退駐車に変更する前は、自転車と車の衝突事故が週に1件程度発生していたが、導入から4年以上経った現在、そのような事故は報告されていない（brunswickme.org/backinparking.pdfを参照）。

前進駐車は走行車線にバックで戻るのに対し、後退駐車は前進して走行車線に戻ることができるので、安全性が高まるのは当然である。また、後退駐車は、荷物の積み降ろしにも便利である。ただ、後退駐車の大きな問題は、ほとんどの人が使い慣れていないため嫌がることだ。アイオワ州シーダー・ラピッズでの一般市民の典型的な反応は、ブレント・Bのネット上の以下のコメントに集約されている。「驚くべきことに、市議会の間抜けな連中が、馬鹿げたアイデアだと気づくのに3年もかかった」（リック・スミス「シーダー・ラピッズの後退駐車の段階的廃止」（ガゼット誌、2011年6月9日）へのコメント）。議員の1人であるジェ

ければならない。また、路地がなくても、他の解決策も進められている。ほとんどの銀行のドライブスルーは、3～4車線設置しているが、歩道で一旦車線数を減らし、その先で車線数を増やす対応をすれば、歩道への影響を最小限に留められる。さらには、ネットバンキングの台頭で、ドライブスルー自体をなくすことも可能だ。既存の縁石の切り下げをなくすことができるかどうかは別にして、現在の最良の戦略は、新しい切り下げを認めないことだ。ホテルであっても、余程規模が大きくない限り、路上駐車帯で簡単に乗降できるはずだ。フィラデルフィアで私たちが泊まった230室のホテル・パロマーは、すべての車をこの方法で迎え入れていた。縁石を切り下げないやり方として、ホテルのように降車の多い場所には小さな駐車禁止区域を設けて対応してもいいのではないだろうか。

無意味な信号

ステップ4では、まちのウォーカビリティの指標のひとつとして、

リー・マクレーンは、後退駐車に賛成したのは「他でもない、世間の目を惹くためだった」と述べている（同記事）

後退駐車は、十分な検討や準備もなく導入され、効果が発揮できていないところも少なくない。地域の駐車場のほとんどが前進駐車だった場合、後退駐車はあまりにも大げさなものに感じられてしまう。カリフォルニア州フリーモントでは、世論調査の結果、70%の人が後退駐車の近くの商店に「立ち寄る可能性が低くなる」と答えたため、1年後に後退駐車を廃止した（フリーモント市『市議会議事要旨』2011年5月3日）。しかし、フリーモントは完全なスプロール地帯であり、21万7000人の人口がいながら、ウォーカビリティの高い道路は1街区もないのだから、後退駐車の問題だけではないだろう。

私が聞いた後退駐車に対する一番の反対意見は、排気ガスが歩道のオープンカフェに悪影響を及ぼすというものであった。この指摘は理にかなっており、後退駐車を設置する際には考慮する必要がある。また、ツーソンで提案されたように、自転車専用レーンも考慮する必要がある。前進駐車の後ろに自転車専用レーンを設置するのは大変危険である。この2点に気をつければ、あとは市民の判断に任せていいと思う。「ワシントンでは後退駐車はうまく機能しているよ。あなた方は私たちよりも運転が下手なのか？」

タクシーの存在を紹介したが、もうひとつの信頼できる指標は、押しボタン式信号機がないことである。旅行をしていて、助けを必要とするのは、ほとんどの場合、押しボタン式信号機が設置されている都市である。子どもの頃、この信号機が導入されたのをよく覚えているが、その時はまるで贈り物のように感じた。わあ、信号機を操作できるんだ、すごい！と。だが、実際は全く逆だった。押しボタン式信号機のある道路は、ほとんどの場合、自動車が支配的であることを意味している。なぜなら、押しボタン式信号機は、歩行者の横断時間を短く、頻度を低くするために使われるのだから。押しボタン式信号機は歩行者に力を与えるどころか、歩行者を二級市民にしてしまっている。

視覚障害者の方に、押しボタン式信号機について話を聞くと、とても興味深い答えが返ってきた。ボタンを押して、走行する車の音が小さくなるのを待つが、静かになっても赤信号に変わったからなのか、走行する車が途切れただけなのか、わからないと言うのだ。一方で、マサチューセッツ州ノーサンプトンのような小さな町でよく見られる、音のなる信号は、視覚障害者が車の走行音を聞いて交通の状況を予測できる標準的な横断歩道では不要だが、押しボタン式信号機のところには適している。

最近、交通計画担当者の間で人気があるのは、デンバーのヘンリー・バーンズが広めた「バーンズ・ダンス」交差点だ。いわゆる歩車分離交差点で、どの方向に渡りたい歩行者も、すべての車が停止するのを1サイクル待ってから、斜め横断も含め自由に横断できるようにするものである。バーンズ・ダンス交差点は、一般的な「歩車分離交差点」をより柔軟にしたもので、斜め横断のペイントはないが、機能は同じである。このシステムは、横断歩道での車と歩行者の衝突を防ぐために導入されたものだが、「歩行者の安全」という大義の下、交通の流れを円滑にしながら歩行者の利便性を制限しているともいえる。同様の交差点は、日本には300以上ある。マンハッタンのユニオンスクエアのように歩行者が密集している場所では意味があるが、ペンシルバニア州ベツレヘムのような都市では、歩行者は混雑していないので、歩車分離交差点で信号無視をしている印象的な写真集もあるくらいだ。小規模な都市では、大都市の好例がそのままでは役に立たないことがあることも認識する必要がある。

歩車分離交差点が歩行者にとって不便なのは、横断する際に立ち止まらなければならない可能性が高いからだ。マンハッタンのように碁盤目状の道路網で標準的な信号が設置された都市であれば、歩き慣れた人なら一度も立ち止まらずに都市の大部分を歩くことができることをよく知っているだろう。ほとんどの歩行者の目的地は、南北一方向や東西一方向だけではたどり着くことができないため、どの交差点でも常にどちらかの方向に横断すれば先に進むことができるが、歩車分離交差点は歩き続けたいという歩行者の勢いを妨げてしまう。

デンバーは最近、路面電車の導入により、バーンズ・ダンス交差点を廃止したが、歩車分離交差点は残し、恐ろしいことに、各信号周期を、すでに長すぎる75秒から90秒に延長したのだ[注10]。この延長は、連邦政府が歩行者の速度を秒速4フィート［約1.2m］から秒速3.5フィート［約1.1m］に再調整したためだと市は説明している（アメリカ人が太って歩行速度が遅くなったため）。しかし、正確に計算してみると、3車線を横断するのにかかる時間は、以前の

注10　理想的な信号周期は、ほとんどの場合60秒以下である。信号の処理能力を計算している交通エンジニアの間では、長い信号周期が好まれてきた。彼らの計算では、信号の待ち時間が長くなることによって助長されるスピード違反や暴走、信号無視による事故などの悪影響は無視されている。

速いスピードでは9秒かかり、新しい遅いスピードでも10.3秒で、15秒も延長する必要があるのかと疑問が湧く。いつものように、明らかな勝者は自動車で、市は路面電車の導入で車の走行が不便になるのを恐れているのだ。標高の高さがデンバーの歩行者に超人的な忍耐力を授けてくれることに期待するしかない。

都市が歩行者を犠牲にして車の走行を円滑にしているもうひとつの例は、「赤信号での右折許可」ルールだ。ドライバーはこの方法を好むが、ヤン・ゲールに言わせれば、「アメリカで広く普及している、交差点で車に『赤信号での右折』を認めるやり方は、徒歩や自転車を推奨する都市としては考えられない」とのことだ[27]。オランダでは禁止されている[28]。

もちろん、無条件に進行する青信号での右折は歩行者にとってさらに危険であり、青信号での左折はそれ以上に危険である[29]。なぜなら、ドライバーは「進め」と言われているのだから、走行することに意識がいってしまう。一方、最近、ワシントンD. C.で導入された安全対策は、「歩行者先行スタート」としてよく知られている歩行者先行現示と呼ばれるものである。歩行者先行現示では、車の青信号の約3秒前に歩行者用の青信号が点灯し、車よりも先に歩行者が交差点を通行できるようにしている。これは、歩行者の安全性と利便性を共に向上させることができる、理想的な歩行環境改善策である。また、ロサンゼルスでは、歩行者の安全性を向上させるために、横断歩道を撤去するという優れたアイデアが出てきた[30]。

結局、信号も道路設計と同じように、最も安全な方法は、四方停止標識［交差点のすべての進入路に一時停止標識を設置］に象徴されるように「少ない方が良い」ということになるかもしれない[31]。例えば、ドライバーに単に「進め」と伝えるのではなく、「自分で考えなさい」と伝えたらどうなるだろうか。四方停止標識は、ドライバーに各交差点での折衝を促すもので、信号機よりもはるかに安全で便利になる。ドライバーは速度を落としても数秒以上待つ必要はなく、歩行者や自転車は通常、先に手を振って通過する[注11]。もちろん、この方法は交通量の多い道路では不可能だが、ほとんどの都市には信号機を廃止して四方停止標識を設置することで恩恵を受けられる交差点が数多く存在するのではないだろうか。

信号機よりも四方停止標識の方がはるかに優れているとしたら、なぜ交通量の少ない地方の道路で信号機がまだ普及しているのだろうか。実際、各方向の信号機だけでなく、車線ごとに矢印信号が設置されていることもあり、典型的な都市の4車線の交差点には、何十個もの信号機が設置されているのはなぜだろう。1960年代には、交差点の真ん中に信号機が1つあれば十分だったはずなのに。

その答えは、誰がルールを作っているかを考えればわかるだろう。アイオワ州ダベンポートのデザインセンターのディレクターであるダリン・ノーダールが少し調べてみたところ、市が信号機設置基準の設計を依頼した会社が、その後、市に信号機を販売していたのだ。

ほとんどの交差点で、12個の信号機よりも1個の信号機の方が安全なのだろうか？それに関して確かなデータはないが、多くの通りでは、四方停止標識の方が安全だろう。そして、その節約の恩恵を受けることができる。

注11　実際、四方停止標識は、サイクリストの夢であり、自信のあるサイクリストは減速することなく次々と交差点を通過できるだろう。

STEP 6 自転車を歓迎しよう

現在、アメリカの一部の都市では、自転車利用者が劇的に増加しているが、偶然増えているわけではない。ニューヨーク市では、自転車専用レーンの整備に力を入れたことが功を奏し、1年間で利用者数が35%も増加した。さらに、自転車を利用したいと思っている潜在的希望者は多く存在しているため、現在、自転車インフラ整備を進めている都市は、次世代の新しい住民を獲得できる可能性が高いともいえる。特に、ミレニアル世代は、居住地を選ぶ時に自転車環境を重視している。現在の17歳は、団塊世代が同年齢だったときに比べ、運転免許証の取得率が3分の2まで減っており、自転車の需要は高いと想像できる。

1980年代にニューヨークに住んでいた人にとって、歩行者の安全性を議論する中で自転車を擁護するのは、奇妙に感じられるかもしれない。当時、自転車に乗っていたのは、あらゆる交通法規を破り、頻繁に事故を起こしていた無謀なメッセンジャーだけだった。しかし、現在、まちなかにそのようなメッセンジャーの姿はほぼ見られず、ほとんどの人は新しく作られた自転車専用レーンを安全に走行している。

ただし、例外がないわけではない[注1]。ロン・ガブリエルが撮影した衝撃的な空撮動画「道路での3者（歩行者・自転車・自動車）の振る舞い」[1]では、マンハッタンで対向車線を縫って走行したり、横断歩道で歩行者と衝突しそうな冒険的な乗り方をしているサイクリストたちの様子を見ることができる。一部にはまだ自転車専用レーンを理解していない人もいる。この動画を数分見れば、一番危険に晒されているのは、サイクリスト自身であることは明白なので、危険な走行はそのうちなくなるだろう。進化には成長の痛みがつきものだが、この向こう見ずな人たちの行動には、サイクリストが多い街のほうが、自転車と歩行者の両方にとって安全になるという、より深い真実が隠されている。

一歩引いてみれば、その理由は簡単にわかる。自転車が走っている道路では、ドライバーが自転車を認知すると、より慎重に運転するようになり、そのおかげで歩行者との事故も減るからだ。ニューヨークの大通りに自転車専用レーンが設置されたことで、歩行者の怪我は約3分の1に減少した。実際、ブロードウェイや9番街では、すべての利用者の事故や怪我の報告が半減しており[2]、自転車支持者の予想をも上回る結果となった。そして、どこでも自転車が走行する都市には、また違った魅力もある。

自転車は最高の交通手段

安全性が高まることは、自転車を普及させた方が良い理由のひとつであるが、それ以外にも自転車の効果は多数ある。自転車環境の良い都市を訪れたことのある人なら誰もが言うように、自転車は最も効率的で、健康的で、便利で、持続可能な交通手段である。徒歩と同じエネルギー量で、自転車は3倍の距離を移動することができ[3]、自転車通勤者の1日の身体活動量は自動車通勤者の約2倍あり[4]、車

注1　アムステルダムやベルリンなど自転車交通先進都市でも、スピードを出した自転車とぶつかりそうになったことがある。しかし、どちらの都市においても、到着したばかりで、道路の区分けにまだ慣れておらず、しっかりとマーキングされた自転車専用レーンを無心に歩いていた私に非があった。この経験の後には、ちゃんと理解して行動することができた。

体は安く、燃料費は無料で、さらにサイクリングは楽しくもある。幸せそうなサイクリストは、「ゴルフをしながら通勤するようなもの」と言っている[5]。

ジムに通う代わりに自転車で通勤している友人がいるが、時間もお金も節約できて、とても楽しく過ごしている（もちろん、職場にはシャワーが完備されている）。ロバート・ハーストが『サイクリストのマニフェスト』で述べているように、「運動と移動が必要なら、両方を同時に行えばいい」のだ[6]。

また、自動車に比べ自転車が必要とする空間は小さい。車1台分のスペースに自転車であれば10台駐輪できる。一般的な自転車専用レーンの幅は車道の半分だが、自動車交通量の5〜10倍の交通量を処理できる[7]。すでに述べたように、自転車専用レーンの整備は、自動車専用レーンの整備にかかる2倍以上の仕事を生み出すこともできる。また、すべてのアメリカ人が1日1時間、車の代わりに自転車を利用すれば、ガソリン消費量は38%、温室効果ガスの排出量は12%削減でき、京都議定書を即座に達成することができる[8]。

ワシントンでは、自転車より早く、簡単で、便利に移動できる方法はないと感じる。市内のほとんどの場所は、約束の15分前にアラームをセットしておけば、時間通りに到着できる。交通機関を利用したり、車で移動して駐車したりしていたら、その倍の時間はかかるだろう。先日、2マイル［約3.2km］離れた病院まで自転車で移動し、診察を受けてから自転車で帰宅したが、全部で30分しかかからなかった（これには、時間通りに診察してくれる医師がいて、夏であれば帰宅後にシャワーを浴びる必要があるが）。

自転車がよく利用される場所と利用されにくい場所を比較すると、気候の影響が意外に小さいことがわかる。アラスカに隣接するカナダのユーコン準州では、自転車通勤者の割合がカリフォルニア州の2倍だという[9]。氷に覆われたミネアポリスは、2011年10月に自転車専門誌で「アメリカでNo.1の自転車都市」に選ばれ、全通勤者の4%が自転車で通勤している[10]。また、地形的な要因も小さく、サンフランシスコには比較的平坦なデンバーの3倍の自転車利用者がいる[11]。

自転車がよく利用される都市には、自然環境や文化というよりも、次の2つの物理的な要因があるようだ。まず1つは、都市環境である。ジョン・プーカーとラルフ・ビューラーによる交通物流研究所の報告書によると、カナダ人がアメリカ人の約3倍も自転車に乗っている主な理由として、カナダの都市密度の高さや用途混合の都市計画、移動距離の短さ、自動車の所有・運転・駐車にかかる費用の高さ[12]という、都市生活に付随する条件が挙げられた。2つ目の理由は、より安全なサイクリング環境とより充実した自転車インフラが整備されていること[注2]、つまり、自転車を歓迎するように道路が設計されていることである。

この2つの要因のうち、前者はウォーカビリティに通ずる。歩行者に優しい環境は、自転車も走行しやすいのだ。これらの条件が満たされた上に、便利な自転車ネットワークが整備されると、自転車文化が発展していく。作ってしまえば、あとは上手くいく。

サイクリング環境の好例

アメリカでも、他の多くの国と同じようにサイクリングを法律で禁じているわけではないので、自転車がよく利用されている都市を

注2　プーカー、ビューラー『なぜカナダ人はアメリカ人よりも自転車に乗るのか』p.265より。著者は、「これらの要因のほとんどは、カナダとアメリカの交通政策や土地利用政策の違いに起因するもので、歴史や文化、資源の利用可能性などの本質的な違いによるものではない」と結論づけている。

参考に、何ができるかを考えてみよう。まずは、サイクリストの割合が世界で最も高いオランダから見てみよう。オランダは、すべての移動のうち自転車が27%を占めるという驚異的な自転車大国である。高校生の大半が自転車で通学しており[13]、実際、10歳から12歳の子どもの95%は、少なくとも何度かは自転車で通学したことがあるという[14]。また、女性は男性よりも自転車で移動することが多く、高齢者の移動の約4分の1は自転車での移動である[15]。人口78万3000人のアムステルダムでは、1日に約40万人が自転車を使っており[16]、さらに詳しく言えば、自転車専用着を着ている人は非常に少なく、普段着のまま自転車に乗っている。

自転車の安全対策や乗車マナー、自転車に乗ることの効果は幼少期から教えられている。ドライバーは、自転車の存在を確認しないと車を降りられないように、ドアから遠い方の手でドアハンドルを握り、体をひねって周りを確認してからドアを開けることも学んでいる。また、食料品の買物は、自転車のカゴに収まるよう、週に1度ではなく毎日行く人が多い。このことについては、ラッセル・ショートがニューヨークタイムズ紙で、オランダ人は自転車を使うことで、より新鮮なパンを食べることができると指摘している[17]。

オランダは、世界で最も多く自転車道を整備しているため、自転車利用者が増え、それがさらなる自転車道の整備につながるという好循環を生み出している。しかし、最初から上手くいったわけではないと知ると、勇気づけられるのではないだろうか。アムステルダムのチーフプランナーであるゼフ・ヘメルは、「1960年代には、オランダもアメリカと同じように、車に優しい都市づくりをしていた」とショートに語っている。さらに、オランダの考え方を変えたのは、他でもないジェイン・ジェイコブズだとも言っている[18]。当時、彼女の主張に賛同する人がいたというのは嬉しいことだ。

オランダと同様にデンマークでも自転車利用が進んでいる。特に最近では、政府が先導してインフラを整備している。コペンハーゲンでは、市内の主要な4車線道路のほとんどが、2車線と2本の自転車専用レーンに再編されている。さらに、自転車専用レーンの優先度の高さを表すかのように、車道よりも先に除雪される。デンマークで推奨される自転車専用レーンの幅員は最低でも8フィート［約2.4m］以上で[19]、アメリカの5フィート［約1.5m］がかなり狭く感じられる。

この整備の効果は絶大である。40年前、コペンハーゲンでは、ピーク時の自動車交通量は自転車交通量を3対1で上回っていたが、2003年には2つの交通手段の交通量は同等になり、今では自転車がまちなかで最も人気のある交通手段となっている[20]。車で通勤する人よりも自転車で通勤する人の方が40％も多いのだ[21]。

アメリカの大都市の中で最も自転車に優しい都市はポートランドだろう。ヨーロッパには敵わないが、15年前には、ポートランド市民の1％しか自転車通勤をしていなかったものが、現在では8％を超えている[22]。1993年から2008年の間に、ウィラメット川を渡る自転車のピークシーズンの交通量は、約3600回／日から1万6700回／日以上に増加した[23]。

この変化は景色を一変させた。最近、市内の朝の通勤風景の写真をメールで送ってもらったが、その写真を見て「自転車通勤の奨励日なの？」と尋ねたくらいだ。「いや、ただの火曜日だ」と返ってきた。

ヨーロッパ同様、この変化は自転車インフラへの投資によってもたらされたが、その費用はごくわずかだ。当時、ポートランドの自転車コーディネーターだったミア・バークは、「ポートランドの交通予算の1％未満で、自転車を無視されるレベルから重要な交通手段のレベルに引き上げることができた。高速道路1マイル［約

1.6km］の整備費（約5000万ドル）で、275本の自転車専用レーンを整備することができた」と言う[24]。交通予算の1%を8%の自転車通勤者のために使うというのは、とても効率が良く、間接的な経済効果を考えればなおさらである。道路の拡幅や高速道路の改良とは対照的に、自転車専用レーンの整備は近隣の不動産価値を高める効果もあるのだ。

ポートランドには、自転車専用レーン沿いの高級な住宅を専門に取り扱う「自転車不動産屋」と呼ばれるカースティン・カウフマンという女性がいる。彼女のウェブサイトbikerealtor.comには、「車を運転する時間を減らして人生をもっと楽しみたいと思っている人をサポートします。家族が車に乗る時間が少ないほど、より幸せで健康的になれます」[25]と書かれている。

自転車専用レーンのおかげで住宅の価値が上がれば、固定資産税の上昇として市にも還元され、自転車専用レーンの整備にかかる費用を賄うこともできる。もちろんジョー・コートライト（p.31）が言うように、自転車専用レーンの整備にかかる金額は、渋滞で浪費されている時間とお金に比べれば、ほんのわずかである。

さらに、自転車に関連して再構築されたコミュニティには、経済的な利益以外のメリットもある。都市部の自転車利用に関する代表的な書籍『ペダルを踏む革命』の中で、著者のジェフ・メイプスは、地元で人気のある活動のひとつ「自転車で引っ越し」について紹介している。これは文字通り、自転車のペダルの力だけを使って、引っ越しの手助けをし合うというものだ。ポートランドで毎年開催されている北米最大のネイキッド・バイク・ライドほどの効果はないかもしれないが、人と交流するには最適な方法だ[26]。

コロラド州ボルダーも注目されている。自転車と公共交通機関へ集中的に投資を行ったおかげで、2000年から2003年までのわずか

3年間に、自転車で通勤する人の割合は7%から21%へと3倍に増加したのだ[27]。ボルダーの幹線道路の95%は、自転車にとって最も危険なタイプの道路だったが、今では自転車に優しい道路に再編され、期待通りの結果が表れている。同様の変化が、シアトル、シカゴ、マディソン、ミネアポリス、その他の地域でも起きている[注3]。そのため、自転車に配慮した道路整備への投資が必要だと、今ではある程度自信を持って言える。

ニューヨークでの自転車交通の拡大

ニューヨークでは、多様な交通手段が道路空間を奪い合ってきた。そのため、マイケル・ブルームバーグ市長政権下の交通部門の責任者であったジャネット・サディク＝カーンが、自動車から車線を奪い、自転車に再配分し始めたときには激しい騒動が起こった。マンハッタンもそうだが、ブルックリンも大変なことになった。

しかし、実際に再配分すると、その効果は絶大であった。プロスペクト・パーク・ウエストの1車線を自動車用から自転車用に変更すると、平日の自転車利用者数は3倍になり、スピード違反者の割合は全自動車の約75%から17%以下にまで減少した。負傷事故も前年比で63%減少した。自動車交通量や移動時間はほとんど変わらず、多くの人が利用する南方面行きの車の移動時間は5秒速くなったくらいだ。周辺の道路への悪影響も起こらなかった[28]。

なかなか良い結果だろう。しかし、この原稿を書いている時点では、この成功した実験的プロジェクトを恒久化しようとしていると

注3 「アメリカの自転車に優しい都市トップ50」(bicycling.com参照）より。例えば、シカゴ市長ラーム・エマニュエルは、1期目には毎年25マイル［約40km］の自転車専用レーンを増設することを約束した。シアトルでは、10年間で2億4000万ドルを投じて、450マイル［約724km］の自転車専用レーンを整備する計画を進めている。

して、サディク＝カーンは、「より良い自転車レーンのための団体(Neighbors for Better Bike Lanes)」（皮肉的に名付けられた団体で、「Better」を「No」に置き換えた意味である）から個人的に召喚されている。自転車普及の反対派には、ブルックリン区のマーティ・マーコウィッツ区長も含まれており、彼は「生活や利便性のために車を必要としている人々に対する差別」と主張している[29]。マーコウィッツ区長は、ユーモアを交えて、毎年恒例のクリスマスカードに、立派な自転車専用レーンとその脇の混雑したレーンで座ったり、歩いたり、休日のお祭りをしている人たちと、その中で最も狭い車線で車を運転している人たちの風刺画を載せた。これには、「私のお気に入り」の曲に合わせた次の替え歌が添えられていた。

ベビーカー、愚か者、スケーター、ジョギング愛好家
エッグノッガーのためのホリデー・レーン
でも、車も忘れないで、それは非常識になってきているけど
「多様な車線の町」ブルックリンへようこそ[30]

車道の一部を自転車専用レーンに変更することによるデメリットを裏付けるデータはないので、区長らによる反対運動が上手くいかなければ、プロスペクト・パーク・ウエストは、事故等のリスクを大幅に減らしながら、以前よりも10%近く多くの通勤者に利用され続けるだろう。区長が、自転車専用レーンの設置に賛同している多くの支持者の意見に耳を傾けてくれることを願うばかりだ[31]。

プロスペクト・パーク・ウエストの例は、2006年以降にニューヨークで大規模に整備されてきた225マイル［約362km］の自転車専用レーンにまつわる成功例の一部に過ぎない。自転車専用レーンは、今後もさらに整備される予定である。2006年には8650人だっ

た自転車通勤者数は、現在では1万8800人にまで増加している。この1年だけでも、自転車利用者は14%も増加した[32]。また、キニピアック大学の世論調査によると、市民の自転車専用レーンに対する支持率も年々高まっており、2011年には59%に達した[注4]——残りの市民は、まだ怒っているが。

自転車は安全か？

自転車が多く走っている都市は、より安全な都市であると、これまで述べてきた。しかし、自転車は本当に安全性を計る指標になるだろうか。データがそれを証明してくれている。安全に関する専門家であるケン・キファーは、「自転車は、同じ距離を自動車で走るのに比べ、怪我をする可能性が19〜33倍高い」と発表した。この研究結果を発表した直後、キファーは自転車で走行中に自動車に轢かれて死亡した[33]。

私はワシントンで自転車に乗るときには、キファーの事故を意識して走行するようにしている。というのも、スピードを落としたくないという誘惑が常にあるからだ。多くのサイクリストがそうであるように、私も赤信号や一時停止の標識は可能な限り無視してきた。このような乗り方をしていて、過去9年間で唯一の危険な場面は、同じような乗り方をしていた他のサイクリストと信号のない交差点で衝突しそうになったときだった。アクティブな交通手段として健康的な面が取り上げられるが、一時の転倒で相殺されてしまう程度の利点ではないかと考えさせられた。手首を骨折してまで、10ポンド［約4.5kg］痩せたいと思うだろうか？

注4　アンドレア・バーンスタイン『ニューヨークの自転車利用者は2010年から14%増加。自転車専用レーンの支持率も上昇』(transportationnation.org、2011年7月28日)。59%の支持率は、2010年の56%から上昇しており、自動車を所有していないニューヨーカーの割合と一致している（アメリカ合衆国国勢調査、2010)。

これに関連する研究として次のものがある。イギリスの研究者メイヤー・ヒルマンは、イギリスの工場労働者を対象とした調査で、自転車による健康上のメリットはリスクを20対1で上回ると結論づけた。自転車に乗る人は、10歳年下の自転車に乗らない人と同じくらいの健康状態で[34]、自転車による怪我も統計的にはほとんど気にならない程度であった。この結論に多くの人が安心するだろうが、自転車文化が発達しているイギリスでの結果であることを忘れてはいけない。

自転車文化が確立されていることは、自転車利用者の意識を高め、安全性を高める最大の要因となっているようだ。それは数値にも表れている。ニューヨークでは、2000年以降、自転車利用者が2.62倍増加し、負傷リスクは72％減少した[35]。ポートランドでは、自転車利用者が4倍に増えた一方で、衝突事故率が69％減少した[36]。自転車の首都と呼ばれるカリフォルニア州デイビスでは、市民は平均7回に1回は自転車で移動しているが、カリフォルニア州の同規模の16都市の中で、自転車による死亡率が最も低い[注5]。

もちろん、ヘルメットを着用していないにもかかわらず、自転車による死亡率がアメリカの3分の1以下であるオランダに追いつくには、まだまだ道のりは長い[37]。このことを論拠に、アメリカのサイクリストの中には、ヘルメットの着用をやめようとする人がいる。また、ヘルメットを被っていないサイクリストを追い越す車は広めの間隔をとり、金髪のウィッグをつけているサイクリストを追い越すにはさらに広い間隔をとることが最近判明したが、この結果を鵜呑みにするのは良くない[38]。この最新のリスクホメオスタシスのエ

注5　ジェフ・メイプス『ペダルを踏む革命』p.23,128より。「10平方マイル〔約25.9km^2〕の非現実世界」（p.135）と称されるデイビスは、調査対象となった16都市の中で、歩行者と自動車の衝突による死亡率が最も低い都市でもある。

ピソードは、自転車での死亡事故の63％が頭部損傷によるものであるという重大な事実を見失わせてしまう恐れがある[39]。

自転車の安全性に関する調査結果を見てきたが、矛盾する２つの結論が提示された。一方は、自転車は車に比べて19～33倍の危険があると述べ、もう一方は、自転車文化の発達した都市では、自転車の健康上のメリットがリスクの20倍あると示している。この議論で最も重要な観点は、自転車の安全性は自転車利用者数に大きく依存するという事実である。そのことが認識されれば、できるだけ自転車利用者を増やそうという義務的意志が働いて、自転車専用レーンの整備を後押しすることにもなるだろう。しかし、これから見ていくが、この義務的意志に反する結論がもたらされている。

自転車利用者増加の障壁、車道サイクリング

少し前まで、私はダウンタウンの自転車専用レーン整備に反対していた。なぜなら、自転車専用レーンはただでさえ広い道路を広げ、車のスピードを助長する恐れがあるからだ。しかし、最近になって考えを改めた。普段、考えを変えることはほとんどないが、自転車専用レーン整備に賛同することで自転車コミュニティに友人ができるかもしれないという期待もあった。ところが、アイオワ州ダベンポートで自転車専用レーン整備の提案を発表したところ、市民から次のようなメールが送られてきた。「これは、オクラホマシティのダウンタウンを衰退させた愚策と同じ提案だ……問題の本質を理解していない。自分の知識の中だけで考えているからだ……こんなの当てにならない計画だ！」（抜粋）——このメールを見て、意味がわからなかった。市民は自転車専用レーンの整備を願っているとばかり思っていたのだが、違ったようだ。混乱した私は、自転車交通の専門コンサルタントであるマイク・ライドンにこのやり取りを転

送した。そこで私は、車道サイクリング（自動車と同じ車線内を自転車が走行する乗り方）という走行方法と、その熱烈な実践者たちの衰退しつつも大きな影響力を知った。

実は、多くの都市の自転車安全講習では、車道サイクリストが講師をしている場合が多く、彼らから低速であっても車と同じように車道で自転車を運転するよう指導される。この走行方法には、「自分の車線を主張すること」「車線内の中央付近を走行すること」「十分なスペースがあるときだけ追い越し車を通すこと」なども含まれる。この走行方法の創始者であるジョン・フォレスターの言葉を借りれば、「車道サイクリストは、外見上ドライバーのように振る舞うだけでなく、心の中でもドライバーだと自覚している。自動車のための道路にお邪魔しているという振る舞いではなく、少し変わった乗り物に乗っているドライバーとして振る舞うのである」[40]。

フォレスターは、サイクリストの安全を第一に考えた最善の走行方法は、常に適切な走行車線を目に見える形で主張することだと説いた。それに加えて、自転車を自動車の２番手の地位にしてはならないという信念があった。そのため、ロバート・ハーストが言うように、「フォレスターの聖戦の相手は自転車専用レーンであり、自動車の通行のために自転車を『横に押しやる』という考えに対抗してきた」[41]のだ。自転車専用レーンは車道と分離しているが自動車と対等になっていないため、なくすべきだとフォレスターは訴えている。その結果、フォレスターは自由主義者のアメリカン・ドリーム連合の寵児となり、ロード・ギャングの他のメンバーとともに、交通予算が一銭たりとも高速道路から自転車専用レーンに流用されないよう見張っている。

車道サイクリングの最大の問題は、その政治性でも、相対的な安全性でもなく、誰のためになっているかということである。ジョン・

プーカーとラルフ・ビューラーは、「少数のための、あるいは全員のためのサイクリング」という重要な論文で、車道サイクリングの苦境を端的に指摘している。

> 車道サイクリングでは、サイクリストは常に交通状況を把握し、後方を気にしながら合図を送り、車線の中での位置や速度を調整し、時には車線を塞いだり譲ったりと、常に交通という「ダンス」に合わせて行動しなければならない。調査によると、多くの人が、たった1つのミスが命取りになりかねないこのようなダンスに参加することに非常に危険を感じているという。このような走行方法を求められると、子どもはもちろん、多くの女性やお年寄りは自転車に乗れなくなってしまう。一部の特に若い男性の中には、このダンスを刺激的に感じる人もいるかもしれないが、大多数の人にとってはストレスであり、やりたくない。アメリカで過去40年間、事実上踏襲されてきた車道サイクリングが、自転車利用率を極端に低くしていると言っても過言ではない[42]。

車道サイクリングの問題はここにある。確かに最も安全な自転車の乗り方かもしれないが、最も排他的な乗り方でもある。ダベンポートで出会った男性は、自転車のサドルを捨ててしまうほどのアグレッシブなサイクリストだったが、車道サイクリングの理想はこのような人物なのだ。

自転車の安全性が自転車利用者数に大きく左右されるのであれば、自転車利用者の増加に逆行するような走行技術は推奨できないのではないだろうか。ジェフ・メイプスは、フォレスターが「アメリカで自転車が一般的な交通手段になるとは考えていなかったし、それでいいと思っていた」と指摘している[43]。フォレスターが言った通り、車道サイクリングは一般的な走行技術にはならなかったのだから、車道サイクリストには都市から退場してもらおう。さらに重要なことは、一般のサイクリストを受け入れるだけでなく、積極的に自転車インフラを整備していくことだ。

多様な自転車道

自転車専用レーンに反対する有効な主張がある。狭い道路の方が安全であったり、衝突するかもしれないと思うとすべての道路利用者は慎重に行動したりすることから、道路に自転車専用レーンを追加すると安全性が低下する可能性が高まるというのだ。このことは、トム・ヴァンダービルトの著書『交通』で引用されている様々な国での研究結果によって裏付けられている。「自転車専用レーンがある道路よりもない道路の方が、ドライバーは自転車を追い越す時、自転車とより広い間隔をとる傾向にある。また、自転車専用レーンを示す白いマークは、あまり慎重に行動する必要はないというサブリミナル効果として機能してしまうので、レーンの示し方も重要である」[44]。

このような実態から、ほとんどの自転車専用レーンはマークをつけない方が良いと考えられている。しかし、無印の自転車専用レーンはサイクリストに魅力的に映らない。ほとんどの都市ではまだ自転車を安全に走らせるのに十分な数の自転車愛好家がいないため、まずは理にかなった場所には自転車専用レーンのマークをつけるのが賢明だろう。

それはどこか？この厄介な質問には、より簡単な一連の質問に答えることで解答を導き出すことができるだろう。まずは、自転車専用レーンは道路の余剰スペースに整備すべきかという問いである。ブルックリンで見られたように、車道を自転車専用レーンに転換しても、自動車交通の効率が悪くなったわけではなかった。ステップ5の「ロードダイエット」で、4車線を3車線＋左折専用レーンに再編しても自動車交通の処理容量が減らなかったように、自転車専用レーンに転換しても自動車交通の処理容量が減ることはほとんどない。従って、車線数を削ってでも十分な自転車専用レーンを整備することが望まれる。

場合によっては、車道を自転車専用レーンにすることで、自動車の速度が低下することもあるかもしれないが、特に、その道路が重要なサイクリングコースの一部であれば、自動車の走行速度が少々遅くなっても自転車専用レーンを整備する価値は十分にあるだろう。また、道路ネットワークが適切に整備されていれば、自動車交通は上手く再分配され、並行する道路がその不足分の容量を補うことができるため、自動車への影響は、対象となる道路だけでなく、より広い範囲で考えるべきである。もちろん、容量を減らせば交通量が減ることはわかっているが、ここでの真の課題は技術的なものではなく、政治的なものである。

自転車専用レーンを整備するもうひとつの良い方法は、広すぎる既存の幅員を適正化することで生まれたスペースに整備するやり方だ。ローウェルではこの方法を採用した。市街地の道路にもかかわらず、高速道路と同じ設定で設計された道路は、12フィート［約3.7m］幅の車線が4本と8フィート［約2.4m］幅の路上駐車帯で構成されていたが、それぞれ10フィート［約3.0m］と7フィート［約2.1m］の幅に変更することで、10フィート分のスペースが生まれた。標準的な自転車専用レーンの幅は5フィート［約1.5m］なので、各方向にレーンを追加することができた。この再編は、道路の自動車交通量には影響を与えず、より安全な速度を促すことにもつながった。

しかし、車道の真横に位置する5フィート幅の自転車専用レーンは誰も好まないので、次の問いは車道から離した自転車専用道を作るのに十分なスペースがあるかということだ。車道から離した自転車専用道をつくるには、少なくとも11フィート［約3.4m］の幅員が必要である。3フィート［約0.9m］の緩衝帯で保護された片側4フィート［約1.2m］の双方向の自転車専用道を作れると良い。ブルックリンで採用されているこのタイプの小道を見たことがない人は、慣れるまでに少し時間がかかるかもしれない。この小道は、縁石と縦列駐車帯の間に配置されるため、車道から一定間隔離れている。緩衝帯は路面にストライプ模様で示され、多くの場合、自転車専用道の標識が設置されている。この小道に慣れると、昔ながらの自転車専用レーンには戻れなくなる。私の妻は、近所に新しくできたこの種の小道を利用するため、わざわざ3ブロック遠回りするくらいだ。以前は、自転車は4車線の一方通行の道路の片端を走行していたが、今では11フィートの車線が1本減っただけで、車道も自転車道も完璧に機能している。ワシントンD. C.の計画担当者であるハリエット・トレゴニングは、このように舗装された道路を「特別な車線」がある道と紹介している。

最後の問いは、自転車専用レーンが通りの性質に合っているかどうかだ。小売店の建ち並ぶメインストリートに自転車専用レーンを設けることは、時には意味があるかもしれないが、路上駐車帯を潰して自転車専用レーンをつくったり、自転車専用レーンが車と店舗の間の障害物になったりしてはいけない。このような理由から、自転車専用レーンは商業地には適していないと考える。路上のストライプ模様や自転車専用道の標識は、環境に優しい自転車に友好的な街であるというメッセージを発信しているかもしれないが、それはあくまで「走行する」というメッセージであり、メインストリートにふさわしい「滞留する」というメッセージではない。この種のストリートで求められるのは、自転車と車が快適に混ざり合うようなゆっくりとした走行環境を作ることである。このような道路はステップ5で紹介したシェアード・スペースだが、自転車を許容する道路の大半は、このようにどんな交通手段でも利用できる無印の道路でなければならない。極端な例を挙げると、住宅街の袋小路には自転車専用レーンは必要ない。しかし、車の速度が時速30マイル［約48km］を超えるような場所には、自転車専用レーンが必要になる。

新たな自転車利用システム

最近導入されつつある自転車関連のテクニックについても紹介しよう。専門的な話になるので、自転車に興味のない方は、この部分は読み飛ばしてもらってもいい。

注目されているテクニックのひとつに、シャローがある。シャローとは、自動車と自転車が共存する広い車線のことで、路面にサイクリストを描いた目立つマークがつけられている。ロバート・ハーストは『サイクリストのマニフェスト』の中で、自転車専用レーンよりもシャローを強く推しており、「シャローは、サイクリストにもドライバーにも特別な何かを指示するわけではない。そこにこの方法の美しさがある。シャローは意識を喚起するアートであり、それこそが交通安全のすべてなのだ」と述べている[45]。

彼の意見は正しいが、問題は、すべてのものは色褪せてしまうことだ。シャローマークは他のどんな道路標識よりも早く消えてなくなってしまうだろう。北部の多くの都市では、毎年冬になると路面に砂を吹きかけて清掃をするため、シャローマークは2シーズンで消えてしまい、広大な車線だけが残ってしまう。そう考えると、シャローは、自転車専用レーンを確保するほどではないが、少し広すぎる道路がある場合、自転車との共存を奨励し、それを宣伝するのに最適な手法と言える。私の経験では、車線幅が15フィート［約4.6m］程あれば、シャローよりも自転車専用レーンの方がはるかに優れていると思う。

もうひとつ興味深いテクニックに、自転車用の大通りがある。ポートランドで一大ブームを巻き起こし、マディソン、ツーソン、ミネアポリス、アルバカーキ、そしてカリフォルニアのいくつかの都市で導入されている。自転車用の大通りとは、地域の中の重要なサイクリングルートを選定し、そのルート上にある交差点は車が入ってこられないように塞ぎ、自転車だけがブロックからブロックへと移動できるようにするというものである。なお、交差点に接続する道路には可動式ボラードを設置し、自転車用の大通りに面する住宅の車は出入りできるようにしている。本格的に導入している地域では、平均的な自転車の速度（時速12マイル［約19km］）に各交差点の信号のタイミングを合わせる[注6]、グリーンウェーブと呼ばれるシステムを使っているところもある。グリーンウェーブは、ポートランドの自転車通勤や自転車文化に大きく貢献している。自転車不動産屋が言うように、実際に自転車道は住宅の資産価値に良い影響を与えるので、自転車用の大通りは、住宅地に限定して導入するのが良いだろう。

ヨーロッパで先駆的に導入されてきたシェアサイクルが、遂にアメリカでも定着し始めている。過去に何度も小規模な試みが実施されてきたものの、そのほとんどが失敗に終わった。しかし、IT技術が以前の不便さを解消してくれたこともあり、シェアサイクルのコンセプトがようやく浸透しつつある。最もよく知られているシェ

注6　メイプス『ペダルを踏む革命』p.81より。このタイミングでは1方向の移動しかできないため、通勤ラッシュ時の混雑方向に合わせたタイミングになっている。

アサイクルに、フランスのヴェリブがある。ヴェリブの80%以上の自転車は破損したり、セーヌ川に捨てられたり、アフリカに密輸されたりしているにもかかわらず、大成功を収めたと認識されている[46]。フランスのシステムは、中国で最初にシェアサイクルを始めた杭州のシステムと比べても遜色ないと評されている。杭州では、自転車ステーションがわずか330フィート〔約100m〕間隔で設置され、6万600台の自転車が利用されているが、まだ1台も盗まれていないという、驚異的な成果が報告されている[47]。

近年、ワシントンD. C. がアメリカの大規模なシェアサイクルの先進地となり、真っ赤なキャピタル・バイクシェア〔ワシントンD. C. のシェアサイクルの名称〕が生活に定着しつつある。スマートフォンで近くの自転車ステーションの位置を探し、利用可能な自転車があるかを確認すれば、すぐに使えるのが良い。現在、114のステーションに1100台の自転車が設置されている。ステーションに着いたら、ロックを解除して自転車に乗り、出発だ。最初の30分は無料で、この時間内に地区内のほとんどの場所に行ける。その後は1分ごとに5セントかかる。終日借りっぱなしになるのを防ぐため段階的料金設定となっており、90分以降は1時間ごとに12ドルかかる。目的地の近くで、再びスマートフォンで空きステーションを確認し、返却して終了だ。

このシステムの使いやすさや、自転車環境の継続的な改善のおかげで、シェアサイクルへの賛同は非常に大きくなった[注7]。導入から1年で、1万4000人の年間利用者と、4万人以上のデイ・メンバーを獲得したのだ[48]。2010年8月は、ワシントンD. C. 史上最も

注7　当初は競合を恐れていた自転車販売店も、キャピタル・バイクシェアのユーザーが「自分の自転車を持ちたい」と思うようになったことで、売上が大幅に増加し喜んでいる。

暑かったにもかかわらず、キャピタル・バイクシェアは約15万回の利用を記録した[注8]。この成功を受け、事業者は数年以内に5000台以上の自転車を備えたシステムを構築したいと考えている[49]。ポトマック川を挟んで反対側のバージニア州アーリントンには、すでに14の自転車ステーションがあり、さらに16のステーションを建設中である[50]。

ワシントンD. C.で最初に導入されたシェアサイクルと同様のシステムが、ニューヨークやサンフランシスコなどの継続性の疑わしい都市や、サンアントニオやデモインなどの想定外の都市を含むアメリカ国内の十数都市で導入されている（あるいは間もなく導入される予定である[51]）。これらのシェアサイクル・システムの導入費用は決して安くはない。ワシントンD. C.では、初期費用として約500万ドルかかり、運営にも年間数百万ドルかかっている。従って、これまでにかかった費用は、自転車1台あたり6000ドル以上になり、非常に高額である。そのうちのいくらかは広告スペースを販売することで回収しているが、このシステムは決して収支が合うものではない。高速道路や公共交通機関と同様に、自転車交通も成功させるためには公共投資が必要である。ドライバーが自転車に乗るようになることで、環境や健康に良い影響があり、それに伴う公共サービスの節約にもなることを考えると、この6000ドルは掛けた費用以上のメリットをもたらすと考えられる。これらのシステムによるPR効果を考えれば、なおさらである。

欲張りすぎない整備

自転車支持者の多くは、このステップの処方箋に満足していない

注8　標高の低いところに自転車が溜まる傾向にあるので、シェアサイクルのスタッフがバンを使って自転車を再分配している。

だろう。自転車専用レーンの幅は本当に5フィートでいいのか？コペンハーゲンの8フィートのレーンを思い浮かべ、ボゴタのエンリケ・ペナロサの言葉を引用して、「8歳の子どもにとって安全でなければ、本当の自転車専用レーンではない」と言うだろう[52]。また、車道から一定間隔離れた自転車専用道の提案や自転車専用レーンを商業地に近づけない方が良いという私の意見に嘆く人もいるだろう。これらの不満はもっともであり、自転車支持者の立場からすれば正しい主張だ。

しかし、自転車支持者のような専門家の意見は、時に間違っていることもある。高速道路整備で都市を破壊した専門家のように、関心を持つ領域の一面に近視眼的に焦点を当ててしまったばかりに、他のすべてを犠牲にしてしまうこともある。一般的な視点も必要となる都市整備事業では、残念ながら専門家が敵になることもある。あらゆる専門家を満足させるように、メインストリートをデザインし直したら、どうなるだろうか。

まず、交通エンジニアを満足させるためには、少なくとも4車線と中央のUターンレーンが必要になる。この車線幅は11フィート、いや消防署長が速度を落とさずにバスを追い越したいと言うかもしれないので12フィートにしなければならないだろう。また、ビジネスオーナーを満足させるためには、道路の両側にそれぞれ20フィート［約6.1m］の斜め駐車の駐車帯を設け、それぞれの路肩には8フィート幅の自転車道も必要だ。さらに、都市環境保護団体を満足させるためには、10フィート幅の連続した街路樹帯、歩行者支持団体のためには、最低20フィート幅の歩道をそれぞれ両側に追加しなければならない。これらすべてを整備しようとすると、メインストリートの幅は175フィート［約53.3m］を超える。これは通常の幅員の2倍以上、大型ジェット機の滑走路と同じくらいになるが、本当に効率的な都市環境や楽しい買物に適した街路になるだろうか。

この例え話は、都市を本当の意味で良くするためには、誰もが妥当な判断をしなければならないということを教えてくれている。欲張るとコストがかかりすぎるし、却って機能が落ちてしまう。ニューヨークでは、ブルックリンのサンズストリートに見事な自転車専用レーン「サイクルトラック」が建設されたが、この巨大な中央分離帯施設の整備には、1マイルあたり1300万ドルの税金が投じられている。これは自転車用の大通りを整備するのにかかる費用の約10倍、標準的な自転車専用レーンの約100倍の金額である[53]。1マイルのサイクルトラックのために、100マイルの自転車専用レーンを断念する価値があるだろうか。

自転車交通計画の最大の目標は、都市のあらゆる場所に自転車で円滑にアクセスできるようにすることである。実現方法としては、車道から離した自転車専用道もあれば、自転車専用レーンもあり、ほとんどの場合は低速の速度規制の道路で他の交通と共存することになるだろう。しかし、現時点ではまだ歩道を自転車が走行することさえ合法なところが多くあるのが実態である。理想は、自転車利用者が行きたいところに安全でスムーズに行けるようにすることであり、道路の一部を自転車専用レーンに割り当てて単にルートを結びつけさえすればいいということではない。

とはいえ、特に自転車専用レーンのマークに関しては、少しやりすぎくらいでも良い。自転車専用レーン、特に車道から離した自転車専用道は、サイクリストのための空間があるという目印になる。それだけでなく、道路脇に太い緑のストライプマークがあることで、その都市が代替交通手段や健康的なライフスタイル、自転車文化をサポートしていること、そして自転車で移動するような人々を歓迎しているというメッセージを、住民や潜在的な住民に伝えることができる。そして、これら潜在的な住民は、ほとんどの場合、今の社会の発展を支えているミレニアル世代やクリエイティブな人々である。だからこそ、たとえ誰一人自転車を持っていなかったとしても、おしゃれな自転車専用レーンを整備するのは良いアイデアだと思うのだ。

快適な歩行

STEP 7　空間を形作ろう

STEP 8　樹木を植えよう

STEP 7 空間を形作ろう

たとえ蛇を苦手だとしても、それはあなたのせいではない。何千年もの間、祖先が蛇に噛まれてきたことで、人々は無意識のうちにその恐怖を植えつけられてきた。それがなければ、人類の血筋は長続きしなかっただろう。

これと同じようなプロセスが、人々が建物の壁によって囲まれた空間を好む理由を表している。一般的な認識では、私たちの多くは、オープンスペース、広大な眺め、大自然を楽しんでいる。しかし、私たちが快適に歩くためには、囲まれているという感覚も必要である。進化論が専門の心理学者によると、すべての動物は「見通し」と「避難」を求めている。「見通し」は、獲物や捕食者を見つけることができること、「避難」は、攻撃から守られていることを意味する。私がワシントンの新しいアパートに引っ越したばかりの頃に、飼い猫が台所の隅にある冷蔵庫の上に居続けたことが、「見通し」と「避難」の心理を表している。

人類にとって、「見通し」と「避難」の必要性には、さらに具体的なルーツがあるかもしれない。生態学者のE. P. オダムは、「人間にとって最初の理想的な生息地は草地や森林ではなく、その境界にある「森林の端」だった。そこには、遠景と物理的な囲いの両方が存在する」と主張している。ノースカロライナ大学のトーマス・カンパネラは、「『森林の端』をルーツとしていることが、この空間を連想させる建築や都市の要素（コロネード、ロッジア、アーケード、ベランダ、ポーチ）が魅力的で快適である理由かもしれない」と指摘している[1]。

囲まれた空間を求めて

生態学的な観点から見ると、アメリカのほとんどの都市では、草地が多く、森林が少ない。何千年にもわたって生き延びてきた人類のDNAに深く刻み込まれた「避難」の必要性から、私たちは囲まれた空間を最も快適に感じるが、端の空間が失われつつある。ゴツゴツしたタワーによって、通りが深い谷のようになっているマディソン・アベニューの象徴的なイメージは忘れてほしい。アメリカの典型的な都市には、囲まれた空間が極端に不足している。これは特定の駐車場のことだけを言っているのではない。都市の中心部では、かつての立派な建物が取り壊され、ほとんどが駐車場になっている状況である。

1998年のことを思い出す。私がアンドレス・デュアニーを手伝って、ルイジアナ州のバトンルージュ市街地の再設計をしていたとき、最も高い銀行タワーの最上階に連れて行かれ、全景を見せてもらったことがある。市街地の高さ制限が撤廃されたため、多くの開発が行われていた。しかし、どのブロックの建築物も、3つ以上の駐車場に囲まれていた。その結果、市松模様の都市が形成され、両サイドが建物に囲まれて快適に歩けるような道路はほとんどなくなってしまった。

高層建築物が建ち並ぶ様々な規模の都市では、プランナーが「歯抜け」と呼ぶような空き地によって、せっかくの歩行者環境が、魅力のないものになっている。快適な歩行者環境を壊すことは、簡単にできることではない。例えば、アクロンでは、本来であれば歩きたくなる街の中心部に、何百万ドルもかけてメインストリートを整備し、マイナーリーグの野球場や運河沿いの公園などを整備した。わざわざ余計なお金を使って、レンガ造りの歩道と歴史的な街灯に面する店舗を備えたカムデン・ヤーズ［ボルチモア・オリオールズのホーム球場］型のスタジアムを建設したのである。しかし、その通りの真向かいには空いている空間（駐車場）があった。その長さ300フィート［約90m］の駐車場によって、約1マイル［約1.6km］に渡って続いていた建物の連続性が分断されている。都市構造における比較的小さな分断は1つの建物で修復可能であるが、実際は日常的に市民が使いたいと思うメインストリートを犠牲にしてまで、試合当日に集まる約60人の運の良い野球ファンのための駐車場を提供している[注1]。

ほとんどの都市計画事務所は、このような「歯抜け」を認識し、それが問題であることはわかっている。しかし、その問題に対して何をしているのか？アクロンでは、たった0.5エーカー［約2026m²］の建設が、市街地を訪れる多くの人々の印象を変えることになるのに、市は「歯抜け」に何かを建設することを優先していない。これは典型的な例で、ほとんどの都市が都市の活力となる空間の役割を過小評価している。

実際、多くの都市では、都心の高層ビルの上部を削るために、日影制限がよく使われるが、これは良い外部空間をつくることに大きく反している。これらは、ボストンのような北部地域の都市で、光と風が必要な公共の緑地に対しては意味があるが、夏でも快適に歩くために影が必要なマイアミビーチではどうだろうか？日影調査を行う場合は、建物がどれだけ通りを良い空間に変えているかを示す

注1　アクロンのメインストリートは、歴史的建造物の活用、新しい美術館の建設、魅力的なレストランやカフェの建設などにより、ここまで発展してきた。誰も気づいていないいくつかの問題点の解決に力を注ぎさえすれば、簡単に次のレベルに引き上げることができる。

「形態調査」で補完する必要がある。「日影調査」と「形態調査」の2つをうまく組み合わせることによって、歩道に面した低層部の上に、エレガントなタワーが乗っているバンクーバーのような都市ができあがる。バンクーバーは移住するのに最適な都市の1つである。

形態至上主義者たち

「バンクーバー・アーバニズム」の成功は、都市計画においては、何十年にもわたって繰り広げられてきた「造形的な空間」対「造形的な形態」という大きな対立に対する1つの解決に向けた道筋である。従来のウォーカブル・アーバニズムは、造形的な空間に基づいている。建物と建物の間の空間こそが重要であり、そのような空間は、市民生活が繰り広げられる公共の場であると考えられている。そして、満足度の高い街路や広場、いわゆる「屋外のリビング」を囲うために、奇抜な形態で満足度の低い建物がつくられることが多くある。伝統的な都市において日常の歩行生活をサポートしているのは、造形的な空間によるものである。パリの航空写真を見ると、都市の中に楽しい空間を形成するために、いくつかの建物が、歪んで建っていることに驚くだろう。

対照的に、現代のアーバニズムは、造形的な形態主義によって成り立ってきた。有名な建築家の役割は、ブランクーシ［ルーマニア出身の彫刻家］やカルダー［アメリカの彫刻家］のように、空間に自由に浮かび上がる立体的な彫刻として建物を造ることだった。それによってできた外部空間の形状は、残骸のような無意味なものになり、歩行者を寄せつけないものになってしまった。今ではほとんどの都市デザイナーが、この展開は大きな間違いだったと考えている。ほとんどの建築家は、この評価に対して同様の考えをもっている一方で、有名な建築家のように雑誌の表紙を飾るような造形的な建物を設計する機会を夢見ている。また、有名な建築家と呼ばれる人たちは、造形的な空間にはまったく関心がない。

「造形的な空間」と「造形的な形態」の典型的な対立が見られたのは、デモイン市のフランク・カウニー市長が、バンクーバーをモデルにした市の計画を発表した都市デザイン市長協会の会合の場であった。表現力豊かな奇抜なタワーの数々が赤で示され、それらは青で示された区画で埋め尽くされた地上に建っており、街並みを美しく形作っている。その場にいた1人の有名な建築家が「実におもしろいプランだ。青い部分を取り除けば、すばらしいものができあがる」と言った。

さて、まず最初に、建築家が「おもしろい」と言っていることこそ油断大敵である。これは、名実ともに有識者の間では主観的なものとされている。レム・コールハースのような大御所の天才の手にかかれば、「おもしろい」という言葉が新たな賞賛の言葉となり、建築においてあらゆる方面で災いを引き起こすことになる。もう1つ、もっと重要なことがある。モダニズムの空間プログラム（例：プルーイット・アイゴー[注2]）の完全な失敗について学んだにもかかわらず、形態的アーバニズムの強い支持者が、まだ世の中にいたことに驚いた。

問題のある建築家コレクションをつくることが私の趣味であったのは2000年代のことである。しかし、10年が経つ今、少なくともアカデミックの世界では、「Towers in the park」の都市計画が復活している。最近は、ハーバード大学などで主流の理念である「ラン

注2　プルーイット・アイゴーとは、建築家ミノル・ヤマサキがセントルイスで手掛けた「Towers in the park」の住宅プロジェクトで、数々の賞を受賞したが、社会的に破綻したために放棄され、解体された。これは、管理の不備もあるが、入居者が当事者意識を持てるような空間を提供できなかった都市デザインの結果であるという見解もある。

ドスケープ・アーバニズム」の名目で、それぞれの土地の自然生態系を向上させるという表向きの目的のために、形の良い公共空間を整備することが軽視されるようになった。私たちは、またもや草原に追いやられてしまったが、今度の草原は少なくとも草でできている。有名な建築家は、もちろんランドスケープ・アーバニズムを重んじているが、それは建物のあいだの距離が離れているため、それぞれの「彫刻作品」が最も効果的に見えるからである。

最後に、ヤン・ゲールの言葉を伝えよう。「計画チームが建物のあいだのアクティビティを徹底的に縮小するように求められたら、近代主義的計画原理を採用するのが最も効率の良い方法である」[2]。ゲールは、モンティ・パイソン［イギリスのコメディグループ］の「アーキテクトのスケッチ」[注3]という愉快なコントを見たことがないだろうが、彼の主張を否定することはできない。彼の主張は、ランドスケープ・アーバニズムから得られる環境上のメリットが、歩こうとしない人々の自動車利用が増加することによって、すぐに打ち消されてしまうことを示唆する。

小さいものほど価値がある

ヤン・ゲールは、人々が場所を利用するときの行動を観察する世界的な第一人者かもしれない。彼の著書『人間の街』には、私たちは天候に関わらず時速3〜3.5マイル［約5km］程度で歩くこと、私たちが歩いているとき一般に頭を10度前傾させていること、100ヤード［約91m］離れたところから人の動きを見分けることができ、50ヤード［約46m］で個人を認識できることなどが書かれている[3]。このような観察結果は、公共の道路や広場をどのようにデザインす

注3　「モンティ・パイソン　アーキテクト」とGoogleで検索してみてほしい。

べきかに大きな示唆を与えており、ほとんどの場合「もっと小さくするべき」という結果が得られる。彼は、「疑わしいときは数ヤード離せばよい」と指摘しており、さらに、「狭いテーブルで食事会をすると、みんながテーブルを挟んでいろいろな方向に話ができるので、お祝い気分がすぐに伝わる」とも指摘している[4]。

この例えは適切である。ニューヨークのロックフェラーセンター、サンアントニオのリバーウォーク、サンフランシスコのギラデリ・スクエアなど、アメリカで人気があり、成功している公共空間の大きさを測定すると、その小ささに驚くことがある。幅が60ヤード［約55m］を超えるものはほとんどない[注4]。また、ディズニーのメインストリートも通常の4分の3の縮尺で作られているということを忘れてはならない。大規模な公共空間では、市民委員会や計画委員会からデベロッパーへの要求がますます高まっているが、特に周囲の建物がそれほど高くない場合、小規模な公共空間よりも快適性が低くなってしまうことがある。空間を定義する重要な尺度は、高さと幅の比率であるため、広い空間では、高さのある建物に隣接している場合でないと、囲まれているように感じない[注5]。

それでも、ゲールは大きなものを嫌う傾向があり、それは建物の高さについても同じである。このような彼の姿勢は、著名な思想家たちと同じスタンスであるが、他の人たちからは疎まれることがある。クリストファー・アレグザンダーは、ベストセラーとなった著書『パターン・ランゲージ』において、「高い建物が人の感覚を狂わせることには多くの根拠がある」と指摘し、4階建てを限界とした[5]。ルクセンブルク出身のニューアーバニズムの生みの親で、創

注4　タイムズスクエアでも、ローマのナヴォーナ広場でも60ヤードの幅である。
注5　アンドレス・デュアニー他『サバーバン・ネーション』p.78で論じられているように、幅と高さの比率が6:1を超えると、一般的に囲まれた空間だと思える限界を超えると考えられており、歴史的には1:1の比率が理想とされている。

意豊かなレオン・クリエも同様に、「垂直方向の暗渠」ともいわれる超高層ビルを否定し、代わりに歩行者にとって快適な4階建てまでの都市を主張している。このような主張は、エネルギーコストの上昇によっていずれエレベーターが使えなくなると考えている、ジェームズ・ハワード・クンストラーのような世界的なピークオイル論者にも受け入れられている。

ゲールが高層ビルを嫌っているのは、公共空間への関心からであって、ビルの下層階の人々だけが通りを歩く人々とつながっているという事実があるからである。ゲールは「5階以上のオフィスや住宅は、論理的には航空管制局が管轄するべきである」とも述べている[6]。また、高層ビルは10階の高さで周りを循環する気流を捉えてしまうため、「高層ビルの麓の風速は、周囲が開放的な空間に比べて、最大4倍になることがある」と指摘している。ゲールは、アムステルダムでは傘が人を雨から守ることが普通だが、(高層ビルが建ち並ぶ)ロッテルダムでは人が傘を風から守っていると述べている[7]。

ゲールやクリエが言うように、アムステルダムやパリのような、エレベーターが導入される前につくられた都市が、最も快適で住みやすい都市であることは正しい。この結果はもちろん、自動車が普及する前につくられていたということにも依存するかもしれないが、建物がヒューマンスケールで建てられていることは事実である。しかし、もっと重要な議論は、高層ビルがあるからウォーカビリティが低下するのか、それとも建物の容量を活かしウォーカビリティを向上させられるのかということである。建物に収容できる人数が増えれば、それだけ人通りも増える。そして、マンハッタンや香港の最大の歩行者天国を見ると、人工的な気流を発生させる超高層ビル群が、ストリートライフにはほとんど影響を及ぼしていないと考えられる。マンハッタンでは、アベニューに沿って高い建物が連続して建っているからこそ、街区ごとに連続性のある店が並んでいるのだと認識する必要がある。

都市デザイナーが高層ビルに反対する一方で、多くの経済学者が高層ビルを求めているのは、次のような理由からである。最も激しい高層ビル支持者であるエドワード・グレイザーは、発展する都心において手頃な不動産価格を維持するためにも、高層ビルは必要だと主張している。また、クリストファー・レインバーガーは、ワシントンD. C.の100年前からある高さ制限に対して、あえて疑問を投げかけた。この考え方は理論的には正しい。しかし、都市デザイナーはわかっているが、経済学者が十分に理解していないことが1つある。それは、適度な高さで形成された都市であっても、非常に密集する可能性があるということである。ジェイン・ジェイコブズの時代に、ボストンのノースエンドは、エレベーターがほとんどない状況で、1エーカーあたり275戸［688戸/ha］の住戸数を実現した[8]。ワシントンのような10階建ての建物が建ち並ぶ都市では、歩行密度を高めるためにこれ以上のタワーを建てる必要はない。実際に、マンハッタンの賑やかな大通りに並んでいるのはほとんど、ミッドタウンや金融街を除けば、10階建て程度の建物である。

しかし、結局のところ、ほとんどの都市はニューヨークではないので、高さ制限については、ゲールが社交性や穏やかな風の流れを求めていることよりも、もっと重要な議論があるということである。アメリカの典型的なダウンタウンでは、いくら景気が良くても、高層ビルの開発は必要ない。ほとんどの地域では正反対の課題がある。つまり、空き地や駐車場が多く、歯抜け状態になっているため、快適に歩くことができないのである。バトンルージュで起きたように、高さ制限を引き上げたり廃止したりすることによって、結果として、空き地に超高層ビルが１棟建つだけで、１年分の開発活動が行われるが、周りの街区は何もない状態か、超高層ビルのための駐車場で埋め尽くされてしまう状態を生み出してしまう。

一方、超高層ビルのデベロッパーの成功を目の当たりにした周辺の地主たちは、様々な妄想を抱き始める。しかし、その土地の許容量には限界があるので、超高層ビルが建てられると思っている以上、中層ビルでさえ建てられない。超高層ビルを建てる「価値」があると勘違いして、地主は適正な価格で売ろうとはしない[9]。気がつけば、デベロッパーはみんな、その土地の開発から手を引いてしまう。

このような状況では、コロンビア特別区の高さ制限が、都市とそのウォーカビリティにとってどれほど大きな意味を持っているのか、改めて考えてみたくなる。この高さ制限は、各建物が面している道路の幅よりも 20 フィート〔約 12m〕高く制限されているため、制限していない場合よりも、新しい開発が多くの街区を埋めることになった。もっと良い建築があってもいいのに、この戦略により、それ以上に優れたアーバニズムの街並みが次々と生み出されてきた（ワシントンは、優れた建築家が間違った仕事をする場所であるというのはお決まりの冗談である）。例えば、ウォーターゲートの北東にあるＫストリート地区では、一見の価値がある建物はほとんどなく、ガラスとスチールの建物が並ぶつまらない歩行空間となっており、ロビイスト（政治活動者）が活動しやすい空間となっている。

この経験は、アメリカの典型的な都市では、超高層ビルがすべて悪いということを示唆しているのだろうか。バンクーバーのように、広大な基盤の上に細いタワーが建っている空間であれば、必ずしも悪いとは限らない。太いビルに比べると少し高価だが、細いタワーは空を遮ることなくスカイラインを形成し、風の問題もない。また、レインバーガーが言う密度やグレイザーが言う手頃な地価を求めることからは程遠いが、高級マンションを販売することを望んでいるデベロッパーを満足させることもできる。

歩かないのは気候の問題か？

アメリカ全土の聴衆と話をして、どこの都市でも、その都市の気候が地球上の他の地域に比べて歩行者の生活に適していないと聞くと、私はいつも驚く。夏のニューオーリンズ、冬のケベック・シティ、雨の多いシアトル、風が強いシカゴに押し寄せる多くの幸せな観光客のことを気にすることなく、「人々がここを歩かないのは、暑すぎたり、寒すぎたり、雨が降ったり、風が強すぎたりするからだ」という。

気候が歩行に何らかの影響を与えていることは間違いない。しかし、この要素は、ストリートデザインに影響しないという根拠がある。このことを証明するには、次の3つの質問が特に有効だと思っている。小売店が並ぶ歩道が最も直線的に延びている北米の都市はどこか？答えはトロントである。都市部での移動において、車ではなく徒歩で移動する割合が最も高い先進国はどこか？答えはスウェーデンである[注6]。コペンハーゲンでは、1年のうち何か月間オープンカフェが営業しているだろうか？答えは12か月である[10]。

これらの場所から私たちが学んだことは、氷の張ったボストンや蒸し暑いサバンナで、狭い店が並ぶ街並みを歩くことは、サンディエゴで天候が最高の日に、駐車場と自動車販売店が建ち並ぶ道を歩くことよりも、はるかに優れた体験であるということである。デザインが良ければ、どんな気候でも人は歩いてくれるのである。

注6　アメリカでは徒歩の割合が6%なのに対し、スウェーデンでは29%となっている。(プーカー、ダイクストラ『ウォーキングとサイクリングの安全性を高める』p.27より)

STEP 8 樹木を植えよう

私は以前、マイアミの中心地であるリトル・ハバナで仕事をしていた。ここでは、メインストリートであるカジェ・オチョ（8番街）の両側に、何百もの区画で平屋の建物が並んでいる。通りから通りへと車を走らせながら、第一印象として、どの場所がより豊かなのか、より貧しいのか、より安全か、より危険かについて、考えるようになった。ある日、造園家のダグラス・デュアニーが「街路樹のことを考えながら、同じ見方をしてみてはどうか」と提案してくれた。彼が何を言いたいのかわからないまま試してみたところ、「豊か」で「安全」な通りには街路樹があり、「貧しく」て「危険」な通りには、街路樹がないことがわかった。

ウォーカビリティの議論では、個々のポイントのみを重視した評価はしない方がよいと思うが、あまり重視されていない街路樹については評価すべきだと思う。多くの場合、街路樹は予算削減のため、最初にカットされやすい項目であるが、多くの点で歩行者の快適さや都市の住みやすさの鍵となっている。街路樹は、日陰を提供するだけでなく、暑い時期には周囲の温度を下げ、雨水や排気ガスを吸収し、紫外線を防ぎ、風の影響を抑えることができる。また、車のスピードを落とす効果があり、街路空間を樹木で覆うことで、閉塞感を軽減することもできる。樹木が生い茂っていれば、それだけで嫌な気分になることはない。

街路樹はウォーカビリティに大きな影響を与えるため、資産価値や店舗の活性化にも大きく貢献している。この効果は地方税収の増加に直接つながるため、街路樹に多額の投資をしない地域は、財政的に無責任であると考えられる。

命のための樹木

樹木が体に良いことは、すでに知られている。ほとんどの人が直感的に理解していることだが、研究結果があるに越したことはない。最も有名な調査は、1972年から1981年にかけてペンシルバニア州郊外の病院で行われたもので、1つの同じ棟の病室で、手術を受けた患者の回復パターンを追跡調査したものである。この病室の半分はレンガの壁に面し、残りの半分は並木の緑の環境に面している。その他の要素はすべて一定とした。このような条件のもと、並木に面した病室を使用した患者は、悪い所見が少なく、強い薬を投与される量も少なかった。術後の合併症の可能性も低く、平均して1日早く退院できた[1]。

この結果は、テキサスA＆M大学のロジャー・ウルリッヒ博士の研究と一致している。彼は、「実験室での研究で、血圧や筋肉の変化によって示されるところでは、樹木のある環境を視覚的にとらえることで、5分以内にストレスから大幅に解放される結果となった」と述べている[2]。この現象は、多くの通勤者が抱えるストレスを考えると、「街路樹がない道路でのドライブは、街路樹が並んでいる道路での同じ長さのドライブと比較して、かなり長く感じられる」という、エンジニアのウォルター・クラッシュの発見を説明することができる[3]。

樹木が体に良く、運転のストレスを軽減してくれるのであれば、道路沿いに街路樹が植えられるのは当然のことであろう。しかし、だからといって植えられることはない。なぜなら、交通エンジニアは、自動車が街路樹に衝突する心配をしているからである。ジョージア州交通局は、州有道路から8フィート［約2.4m］以内に街路樹を配置することを禁止している。これは、ある記者によると、「歩道は自動車のリカバリーゾーンであり、ドライバーが道路をはみ出したときに軌道修正するスペースが必要だ」からである[4]。最近になって、やっとバージニア州の規制で、街路樹を「固定危険物」と呼ばなくなったくらいだ。

この姿勢は、ドライバーだけの命が危険にさらされていることを前提としているためであり、明らかにウォーカビリティに悪影響を及ぼしている。街路樹の規制は、郊外の高速道路では十分に理にかなっているかもしれないが、歩道のある道路で適用されていることに問題がある。結果的に、歩行者は頑丈な街路樹に比べて、走行中の車両にとっての脅威がはるかに少ないものだとわかったのだ。

このような問題に直面したとき、交通エンジニアに街路樹を支持するように説得するには、2つの戦略がある。1つ目は、歩行者の安全性をドライバーの安全性と同等に考えるよう、交通エンジニアを説得することである。しかし、この方法は必ずしも効果的ではないので、より効果的な戦略としては、街路樹がドライバーにとっても車道の安全性を高めることを説得する必要がある。この仮説が本当だとわかる重要な根拠がある。それは、広い「リカバリーゾーン」に慣れてしまうと、ドライバーはスピードを上げ、事故が多発するということである。

トロントの幹線道路を対象とした調査では、道路の端に街路樹などの垂直物があると、街区間での事故が5～20％減少するという相関関係が見られた（交差点での事故は比較的影響を受けない）。コネチカット大学が2車線道路を対象に行った調査では、路肩が広いことは、「車両と固定物の衝突の減少に関連していたが、統計的には衝突総数の増加にも影響していた」としている。最近の研究では、エリック・ダンボーがオーランドのコロニアル・ドライブの2つの区間の4年間の事故統計を比較したところ、街路樹などの垂直物がない区間では、街区間での事故が12％、負傷事故が45％多く、死亡事故は0件に対して6件と劇的に多いことがわかった[5]。

樹木はどんなエコ製品より効果的

私たちの最大の不安要因は交通事故だが、それに加えて、毎年数十人のアメリカ人が犠牲になっている熱波という問題も軽視できない。2010年にモスクワで発生し、1日に700人以上の死者を出した猛暑が、近いうちに多くの都市で発生する可能性がある。そうなれば、もっと街路樹を植えておけばよかったと思うことだろう。アメリカでは、日陰のある通りとない通りの気温を測定したところ、華氏5～15度の温度差があることが記録された[6]。このことは、華氏温度が3桁になったときに大きな違いを生むだろう［華氏温度の3桁（100度）は、摂氏温度の約38度を示す］。都市生活の弊害である「都市型ヒートアイランド」は、適切な樹木で覆うことでほぼ解消される。アメリカの農務省によると、健康な樹木1本の冷却効果は、「室内サイズのエアコン10台を24時間稼働させるのと同じ」と言われている[7]。

エアコンに頼ることで、樹木のない都市の温度は、地球温暖化への二重の打撃を引き起こし、悪循環となっている。日陰の少ない地域は、地球を暑くするだけでなく、冷房のためにより多くの電力を必要とし、そのほとんどは依然として石炭から供給されている。適切な日陰のある地域は、樹木のない地域に比べて15～35％もエアコンの使用量が少なくて済むと言われている[8]。気候変動がエアコンを生み、炭素汚染が気候変動を生み出している。日陰が多い都市を形成すれば、この悪循環を解消することができる。

しかし、このような悪循環は、二酸化炭素の吸収源としての樹木の役割が非常に大きいことに比べれば、些細なことである。経済学者が「生態系サービス」と呼ぶように、二酸化炭素を吸収する能力は樹木が最も優れている。また、都市部の樹木は、車道に近接しているため、車の排気ガスを成層圏に到達する前に吸収する効果は、車道から離れた場所にある植物の10倍もある[9]。すべての緑は二酸化炭素を吸収するが、その中でも樹木は圧倒的に効果がある。イギリスのレスターで行われた調査によると、地上の植物が都市の炭素のうち20万トン以上を吸収しており、そのうちの約97%は、地被植物ではなく樹木が吸収していることがわかった[10]。

これは気体の話だが、では、水はどうだろうか？多くの都市が直面している最大かつ最もコストのかかる問題の1つが、合流式下水オーバーフロー（CSO）によって引き起こされる汚染である。アメリカの900以上の地域では、その多くが大都市であるが、雨水と汚水が一緒になった古い下水処理システムとなっている。近年、頻繁に起こっている豪雨が降ると、混ざったゴミが地域の水路に流れ込む。2010年夏の暴風雨により、ミルウォーキーでは10億ガロン［約37億リットル］以上の未処理の下水がミシガン湖に流れ込んだ。EPA（経済連携協定）の推計によると、このようなオーバーフローは年間1兆2000億ガロン［約4兆5000億リットル］を超え、ナイアガラの滝を18日間轟かせ続けるほどの量になっている[11]。

CSOが日常的に発生しているワシントンでは、いくつかの不安な影響が見られる。ポトマック川のコクチバスのオスは、性器で卵を育てている。これらの魚の性転換は、避妊薬などの医薬品がトイレに捨てられ（あるいは尿で運ばれ）、CSOによって川に排出されたことが原因の1つとされている。人間はポトマック川から飲料水を得ているので、これは私たちに大いに関係がある。メリーランド州では、この水を飲んだ人のがん罹患率が州平均を著しく上回っている[12]。

これが樹木と何の関係があるのか？樹木に1インチ［約2.5cm］の雨が降ると、通常最初の30%は葉から直接吸収され、地面に吸収されることはない[13]。葉が飽和状態になると、雨の最大30%が土壌に浸透する。そして、樹木の根の多孔質構造が水を樹木に戻し、そこから空気中に放出される。このプロセスにより、成熟した樹木は、降雨のたびに約0.5インチ［約13mm］の水を吸収することができる[14]。その結果、樹木の被覆を25%追加した地域では、雨水処理量を10%削減することができる[15]。アメリカの多くの都市では、この10%削減でほとんどのCSOを排除できる。

これらの樹木と、それを植えようとする人々の意志がなければ、財政的に大きな問題に直面する。ニューヨーク州では、CSOの問題を解決するために、今後20年間で360億ドルを見込んでいる。フィラデルフィアだけでも、CSOを防ぐために現在16億ドルを集めている[16]。ウエストバージニア州のウィーリングでは、年収の平均が1万8000ドルであるのに対し、下水道の修理代は1世帯あたり1万5000ドル以上になると予想されている[17]。1990年代に各世帯あたり150ドルの樹木が植えられていたら、どんなに良かったことだろう。

ただ、植樹から成熟までに数十年のタイムラグがあることは問題である。水資源が危機に瀕している今、樹木を植えようというのか？もちろん、すぐに行わなければならない下水道の修理や更新はたくさんあるが、今後、もっと多くの修理や更新が予想されている。水道計画にとって20年という期間は、決して長いものではない。現在および将来のコストを賢明に分析すると、今すぐ樹木を植えるべきだという結論になるだろう[注1]。しかし、下水道の専門家に樹木を植えてくれと頼むのは、お門違いなので、できれば市長のような責任者であるゼネラリストに、樹木を優先的に植えてほしいと訴えなければならない。そうすることで得られる経済的な効果はさらに大きいものがある。

街路樹がもたらす経済価値

「衰退した地域の住民がまずやらなければならないことは、あらゆる手段を使って街路樹を植えることである」[18]。19世紀を代表する造園家、アンドリュー・ジャクソン・ダウニングの言葉である。ニレの木の歴史を描いたトーマス・J・カンパネラの名著『リパブリック・オブ・シェイド』には、1835年のニュー・イングランド・ファーマー誌に掲載されたダウニングの論説が紹介されており、その思いが伝わってくる。

> すべての町において公道の脇に樹木を植えることを義務づけることは、州議会の注意を引くに値する規則ではないだろうか？建物の周りや公道沿いに木陰を作るだけで、ほとんどの農園の価値は10～15%上がるだろう。また、樹木は他の何物にも変えられない豊かさを国土に与えてくれる。樹木がないと、どんなに広くて豪華な施設でも、牢獄のような暗闇で覆われているように見える。毛のない頭のように、樹木が植えられていない通りは美しくない[19]。

不動産価値に関する計算が、経済学的な研究によって裏付けられ

注1　1989年にDPZが設計したメリーランド州ゲイサーズバーグの新しいコミュニティ「ケントランズ」を最近訪れた際、20年前に植えた樹木によってすでに多くの街並みが日陰になっていることを発見し、感激した。

ていたかどうかはわからないが、現在の状況を見ると、その計算はそれほど外れていない。ペンシルバニア大学ウォートンビジネススクールが行った調査によると、フィラデルフィアのある地域で住宅から50フィート［約15m］以内に樹木を植えたところ、住宅価格が9％上昇した[20]。

ポートランドのイーストサイドを対象とした、より包括的な調査では、説得力のある結論が得られた。近くに街路樹がある住宅とない住宅を比較した結果、街路樹があると住宅の販売価格の平均値が3％上昇した。これは小さな寝室が1つ増えるのと同じ8870ドルの上昇である。興味深いことに、街路樹よりも住宅の数が多いため、1本の樹木で約2万ドルの不動産価値の向上に貢献していると考えられる。イーストサイド全体で見た場合、街路樹からの利益はなんと11億2000万ドルにも上る[21]。

この増加した不動産価値は、都市の収益にどのように影響するのだろうか？ポートランド全体に当てはめてみると、健全な街路樹があることで、年間の固定資産税収入が1530万ドル増加する可能性があることがわかった。一方、市は植樹と維持管理のために毎年128万ドルを支出しており、結果として約12対1の割合で利益を得ている[22]。

この大きな割合は、世界中の街路樹専門家にとって共通認識になるはずだが、その利益はおそらく過小評価されている。これは住宅に限ったことではなく、最近の調査では、並木道に面した店舗の収入が12％増加したという結果が出ており、商業が活性化すれば都市にもたらすメリットも大きい[注2]。

注2　この研究の結果は、一定に保つのが難しい他の多くの要因に依存しているため、少し懐疑的である。しかし、多くの人は、健全な街路樹が、歩きたくなる商店街の魅力と快適性を高めることに貢献していると主張するだろう。

いずれにしても、多くの居住者数がいる中で、相応の炭素税がなければ、街路樹を増やすことで得られる環境上のメリットを収益化することは困難である。雨水の抑制でさえ、タイムラグがあるため、収益化することは難しい。しかし、都市の街路樹からの収入が街路樹への投資を劇的に上回るという明確な結果は、政策を構築するための強い説明材料となる。そのため、他の都市でもポートランドのような調査を行い、何百万ドルもの街路樹への投資を正当化する必要がある[注3]。私はこのような投資を「持続的に緑に覆われた空間づくりキャンペーン」と呼んでいる。私はまだこのような高い目標を掲げて都市を説得したことはないが、この高い目標に対してはみんなで実現するという考えが重要である。

持続的に緑で覆われた空間がもたらす膨大で多様なメリットを考えると、アメリカのほとんどの都市が樹木を大切にしていないことには驚かされる。樹木を大切にしない習慣は、世界共通のものではない。例えばメルボルンでは、過去17年間、毎年500本の街路樹が新たに植えられている[23]。近隣を歩いていても樹木が1本もないようなニューヨークでは、最近、今後10年間で22万本の街路樹を含む100万本の樹木を植えるという目標が設定された[24]。しかし、ニューヨークのキャンペーンは例外的である。アメリカの先進的な都市の多くは、「ツリー・シティ・USA」になることだけを目指している。これは、市民1人あたり2ドルを樹木に費やすだけという気の遠くなるような献身活動によって達成されるステータスである。市民1人1人が、ひと握りのドングリを撒けば達成できる目標である。

注3　この取り組みを支援するために、米国農務省森林局は「i-Tree Streets」というソフトウェアパッケージを作成した。www.itreetools.org/streets/index.php からダウンロードできる。

ワシントンでは、地区が植樹した樹木の手入れを住民がしている。これはアメリカでは一般的な方法であるが、実際に住民に知られていればより効果的だっただろう。私は、自分が街路樹の管理者であることを知るまでに3年かかったが、しかもそれは偶然知っただけのことである。今では、庭に水を撒くときに街路樹にも水を撒いているが、私のように樹木を大切にしている人は珍しい。世話をする人が明確でない状態で樹木を植えることは、明らかに馬鹿げた戦略である。樹木が持つ意味は大きいが、特に、住民が責任を負うことができない地域においては、樹木を植えることと、樹木を維持することを両立させる必要がある。両立させるためには1人あたり2ドル以上かかる。だからこそ、市長は樹木が都市にとって最高の投資であるという事実を受け入れる必要がある。

どの樹木をどこに植えるか

持続的に緑で覆われた空間づくりに取り組むためには、いくつかのポイントを知っておく必要がある。1つ目は、南部の地域において、ヤシの木を植えるのをやめることである——もとい、アメリカでヤシの木を植えるべきなのは、パームビーチ、パームスプリングス、ハリウッドの3つの都市だけであり、しかもサンセット大通り沿いのみでよい。要するに、ヤシの木が立ち並ぶ素敵な通りがあるなら、ぜひともそれを残してほしい。しかし、ヤシの木は単なる装飾品であり、落葉樹のような環境保全効果は期待できないことを理解してほしい。私が調べたところ、フロリダのほとんどの都市はこの教訓を学んでいない[注4]。また、サルスベリ、トウヒの松などの樹木のように見える茂みも同様に、街路樹に適していないにもか

注4　マイアミではヤシのことを「ハリケーン・ミサイル」と呼んでいる。

かわらず、多くの都市の樹木リストに掲載されている。

2つ目の提案は、同じ樹木を数本以上並べて植えることを避けるという現在の習慣から脱却することである。アメリカの多くの都市は、第二のオランダのニレ病を恐れて、すべての通りにいろいろな種類の樹種を混ぜて植えることを、森林管理者から要求されている。論理的には正しいが、この規定によって、かつて都市が行っていたように、単一の樹種を一貫して植樹することで特徴のある通りを作るということができなくなる。私たちは、エルム・ストリート、メープル・ストリート、ビーチ（ブナ）・ストリート、ウォルナット・ストリートのある町で育った。これらの通りは、現在のように、デベロッパーにちなんだ通りの名とは対照的に、実際に名前に沿って植樹され、それぞれが独自の景観を形成していた。フィラデルフィアの住民は、この議論を身近に感じることができるだろう。

樹種を混ぜる規定により、アメリカのすばらしい街並みのほとんどが違法となっている。多くの人が言うように、安定して成熟した樹木がある通りは、幹が柱となり、枝が天井を形成する大聖堂のようなものとなっている。これは、単一の樹種が一定の間隔で植えられた場合に可能となる[注5]。

さらに、次に枯死が発生したときに、樹種を混ぜることによってすべての通りの10分の1を一掃するよりも、10本のうち1本の通りを一掃できる方がよい。ほとんどの都市では、枯死が顕著で局所的なものでなければ、苦情の電話はかかってこないからである。植え替えの必要性が出てくるのは、1つの街路が大きな影響を受けたときだけである。そのような場合には、その街路に再び樹木を植える必要がある。

注5　熟練した森林管理者の手にかかれば、ほとんど同じように見えても遺伝子が異なる2、3種類の樹種を使って街路樹を植えることができる。

楽しい歩行

STEP 9　親しみやすくユニークな表情を作ろう

STEP 10　優先順位をつけよう

STEP 9　親しみやすくユニークな表情を作ろう

もし、安全性と快適性があればそれでよいとするなら、多くのアメリカ人は結婚生活を続け、毎晩同じ夕食を食べるように、ウォーカビリティのための８つ目のステップまでに留まるだろう。しかし、私たちは常に刺激を求めている。歩行者は安全で快適でなければならないが、同時に楽しくなければならない。そうでなければ多くの人々は車を選ぶだろう。

駐車場ほどつまらないものはない。吹きさらしのターマック舗装、ガレージの退屈で何もない壁、このような景色を見ながら歩くのは魅力的ではない。

しかし、アメリカの多くのダウンタウンを退屈にさせているのは、駐車場だけではない。ほとんどの都市では歩道に面して、粗いコンクリートや着色されたガラスなどで覆われた、冷たい表情で魅力のない建物が多く見られる。ほとんどの建築家はこのようなスタイルの建物から脱却したが、歩行者の興味を引こうとする意欲が高まったわけではない。その証拠に、一流のスター建築家の間では、ストリートライフの創造は、予算遵守や雨仕舞いと同じくらい、優先順位が低い。

しかし、ほとんどの都市では、犯人はスター建築家ではなく、ライト・エイド［アメリカのドラッグストア］である可能性が高い。薬局や他の全国チェーン店は、棚を設置できる壁に窓を設置しない。このような慣習は、市の条例で禁止することで克服可能である。

最後に、持続可能な都市を目指す上で、典型的な歩行者は、きらびやかな景観よりありふれた店先を好むことを忘れてはならない。歩行者交通量の増加を目指すということは、過度な緑化によって都市の求心的な性質を損なうことを許さないということである。

駐車場を隠すには

10期目を迎えたサウスカロライナ州チャールストンのジョー・ライリー市長は、地元の建築家を説得して、チャールストンの伝統的な建物に見える新しい駐車場を作った。建築家は「形態は機能に従うと大学で習った。だから、この建物はガレージのように見える必要がある」と言ったが、市長は「そうですね、私もそう習いましたが、チャールストンではそうするつもりはありません」と答えたそうだ。

その建物は現在、イーストベイ通り沿いに建っていて、3つの重要なポイントが押さえられている。第一に、1階の天井の高い商業スペースを歩道に面して配置することで、歩道から窓・ドア・内部の人の動きが見えるようになっている。第二に、傾斜した車路を歩道側から隠すことで、歩道からはガレージだとわからないようにしている[注1]。第三に、上層階にチャールストン風のシャッターを備えた窓のような大きさの開口部を設けることで、人が住んでいるかのように見せている。この建物は明らかに人間のためではなく自動車のためのものなのだが、そのことはよく見ないとわからないようになっている。

この駐車場から5ブロック西に行くと、都市型駐車場のもう1つの例がある。この新しくて大きな駐車場の建物は、マーケット・ストリートから25フィート［約7.5m］後退している。この建物の2

注1　ほとんどの駐車場は、駐車場以外の用途には使えない。しかし、駐車場の中央にスロープがある場合は、スロープを撤去して光庭とし、その周りにオフィスや住宅などを設置できる。また、側面に螺旋状のスロープのあるガレージは、少々高価だが、駐車場以外への用途転換が容易になる。

つの角には、それぞれ複合施設があり、駐車場の建物が見えないようになっている。それらは1階に美容室とペット専門のギフトショップが入った魅力的な建物であり、そのうちの1つは歴史的建造物である。これらの建物の間には、4階建ての駐車場の下の階にあるレストラン「Chucktown Tavern」のための屋外ダイニングのある都市型広場がある。

このガレージから得られる主な教訓は、250フィート［約75m］にわたる駐車場を隠すためには、建物の25フィート［約7.5m］の側壁だけでよいということだ。実際、歩道から見ると、3階建ての建物が4〜5階建てのガレージを隠している。マーケット・ストリートでは、300台もの車が消えてしまったわけだ。同じ手法は平面駐車場にも適用でき、木造建築の薄い外皮で何エーカーものターマック舗装を隠すことができる。ケープコッドにある改修された小規模なショッピングモール、マシュピー・コモンズでは、2台分の車庫と同じ大きさの小さな平屋建ての店舗がこの偉業を成し遂げている。

マシュピー・コモンズの開発者は、駐車場を隠すことが小売店の売上や資産価値を高めることを知っており、ジョー・ライリーのような賢明な市長は、駐車場を隠すことがダウンタウンの魅力と住みやすさを高めることを知っている。それ以外の人々は、建築法規や、どこに何を建てられるかを決める条例によって、駐車場のつくり方を抑制される必要がある。「ダウンタウンや歩行者の多い地域では、すべての駐車場を建物の後ろに隠すように規定していますか？」という簡単な質問をすれば、その都市の都市計画部門の知性を測ることができる。

人を引き寄せるエッジ、引き寄せないエッジ

アメリカの先進的な都市コードでは、ストリートライフを楽しく

するために駐車場対策までは定めている。しかし、それ以上の取り組みはほとんど見られない。この事実は、どのメインストリートを歩いてもわかる。ドラッグストアや銀行、その他の店舗は、歩道側に開口部のない壁を設置したり、窓を埋め尽くして、その背後にある棚やその他の物を見えなくするような看板を設置している。これは、歩行者が歩いて楽しくなるために必要なこととは正反対の行為である。ヤン・ゲールはこう述べている。「活動的で開かれていて、生き生きとしたエッジほど都市空間の生命力と魅力に大きな影響を与えるものはない」[1]。

ヤン・ゲールは、著書『人間の街』の中で、「エッジ効果」について、「人々はどこにいても、しばらく滞在すると、空間の端に行こうとする」[2]と述べている。ゲールは、イタリア・シエナのカンポ広場を撮影しているが、カンポ広場沿いの歩道は人間ほどの大きさのボラードで囲まれている。このシンプルなボラードは、荒れた海の錨(いかり)のような役割を果たし、人々を引き留めて、しばらく滞在させる。多くの場合、この役割を果たすのは建物の正面性であり、多孔質性と適切な奥行きがあれば、道を歩く人々を惹きつけることができる。多孔質性とは、窓や扉、室内照明など、店舗の内部と歩道のつながりを創り出す手段のことである。奥行きとは、建物のファサード沿いで雨宿りをしたり、寄りかかったり、座ったり、その他の身体的関与の機会を提供する度合いを意味する。また、公私の区別を曖昧にして、建物に入ったり出たりする体験を引き出す効果もある。

屋外での食事や歩道沿いのウインドウディスプレイは、奥行きのある正面性に貢献する最も一般的でインパクトのあるものである。また、建物沿いの日よけも、店内にいるような感覚を与えることができる。1990年代初頭、アンドレス・デュアニーと私は、カナダ最大級の不動産デベロッパーの小売部門の専門家と昼食を共にした。彼は何千ドルもの費用をかけて、1年間、世界中の成功しているショッピング街を視察してきた。私たちは彼にこう尋ねた。「成功している店舗に共通しているものは何ですか？」彼は即座にこう答えた。「触れる高さにある日よけだよ」。

深いファサードは厚いファサードでもある。柱が正面の壁より突出しているか？玄関ドアは凹んだ位置にあるか？窓枠は腰掛けられるほどの大きさか？ベンチが設置されているか？これらのことはすべて重要である。学生時代に美術史を専攻していた私は、フィレンツェのメディチ家の宮殿が、建物の全周に石のベンチを配置していることに感心した。ルネッサンス期のフィレンツェでは、通り沿いでナイフを使った喧嘩が多くあったため、建物の窓には鉄格子が取りつけられていたが、メディチ家は通行人が休めるように配慮したのだ。私は自宅を建てるとき、家の両脇に腰掛けられる高さの壁を設け、玄関脇には歩道を塞ぐほどの目立つベンチを設置した。そうすると、いつも誰かがその場所に座るようになる。座っている人がホームレスのコカイン常習者の統合失調症患者であっても気にしない……。それが正しいことなのだ。

ヤン・ゲールのダウンタウンに関する観察は、建物のファサードの形状にまで及ぶ。柱のように垂直な方向性を持つファサードは、歩く距離が短く感じられると指摘している。「それとは逆に、長い水平線でデザインされたファサードは、距離が長く感じられ、疲れてしまう。興味深いことに、世界中の活発で活気のある商店街の店舗は、ファサードの長さが16〜20フィート［約4.8〜6m］であることが多い。そのことによって、歩行者は約5秒ごとに新しい活動や風景が見えるのだ」[3]。

残念ながら、ほとんどの都市の建築法規は、容積率などの統計的な指標については非常に具体的である一方で、窓と壁の比率や日よけの有無など、歩行者にとって重要な点についてはほとんど言及していない。このことを変えるのは簡単だが、どのようにあるべきかを慎重に検討しなければならない。少し先を行くメルボルンとストックホルムは、積極的なファサード政策を採用している。例えば、メルボルンの建築コードでは、「主要な通りに沿って新築される建物の通り側のファサードの60％は、オープンで魅力的なものでなければならない」[4]と定めている。最近ではメルボルンの多くの新しい建物がこのルールに基づいて設計されているが、歴史的な都市では、新しく建てる建物のファサードを歩行者が親しみを持てるデザインにすることを求めるようなガイドラインを採用しているところはほとんどない。

十数年前に書かれた拙著『サバーバン・ネーション』で、アンドレス・デュアニー、エリザベス・プラター＝ザイバークと私は、従来の都市のゾーニングコードを「伝統的近隣開発条例」に置き換えることを提唱した[5]。この条例は、1980年代に2人の共著者によって初めて作られたもので、従来のゾーニングコード方式の土地利用や統計的な方法に代わって、建物の物理的な形態に焦点を当てた点が特徴だった。つまり、建物が地面や道路、空とどのように接しているか、公的領域から私的領域への移行をどのように処理しているか、駐車場をどのように隠しているかなどに焦点を当てている。

それ以来、この種の条例は「形態を基礎とした」デザインコードとして知られるようになり、2009年のマイアミ市を筆頭に、何百もの市や町で制定されている。この条例の最も代表的なものは「スマート・コード」[注2]と呼ばれ、無料でダウンロードできるオープ

注2　スマート・コードは、先端トランセクト研究センター（Center for Advanced Transect Studies）のウェブサイト（www.transect.org/codes.html）からダウンロードできる。

ンソースになっている。この文書は、より良い場所を作るための包括的なツールであり、ほとんどすべての都市が、現在のゾーニング方式ではなく、スマート・コードまたは同様のものを採用することで利益を得ることができる。しかし、コード全体を変更することは大変な作業である。短期的には、メルボルンのオープンファサード法のように、いくつかの簡便なルールを採用することで、大きな変化をもたらすことができる。

ほとんどの場合、コードを修正するには、いくつかの新しいルールを追加し、いくつかの古いルールを削除するという2つのプロセスが必要である。1993年、私はアンドレス・デュアニーと一緒にフロリダ州ネープルズのメインストリートである5番街サウスの再生に取り組んだ。私たちが気づいたことの1つは、ほとんどの店に小さな日よけがあるが、半円状の小さなニキビのようになっていて、歩道を歩く歩行者のための日よけにはなっていないことだった。そこで、建築法規を調べてみると、信じられないことに、あるサイズ以上のオーニングには防火用のスプリンクラーを設置しなければならないことがわかったため、その規定を撤廃した。

スター建築家の攻撃

1970年代には、各都市がボストンの要塞のような市庁舎を建設していた。この建築スタイルは、ル・コルビュジエの「ベトン・ブリュット［粗いコンクリート］」にちなんで「ブルータリズム」と呼ばれていたが、この名前が定着したのには別の理由がある。このスタイルの特徴は、腕が裂けてしまうほど荒々しい壁である。幸いなことに、このような手法は現在では流行していないが、その代わりに多くのスター建築家たちは、今でも必要のない場所に開口部のない壁を作っている。私の恩師でもあるスペイン人のラファエル・モネオは、おそらく開口部のない壁を使う代表的な建築家であり、まさにコンクリート界のコープランド［アメリカの作曲家］である。彼のスタジオでは、他の建築系スタジオと同様に、建物が歩道に命を与える必要があるという話は誰もしなかった。建物のファサードの厚さや深さは、モネオが強調した「病と死」という言葉で議論されたが、それは建築の比喩であって、実用的なものではなかった。多くの大学の建築教育では、知的で芸術的な感性が重視されるため、歩行者の活き活きとした活動を誘発する建築といった見方は重視されていない。

この問題は、2009年のアスペン・アイデア・フェスティバルで、建築家フランク・ゲーリーと聴衆の1人だったフレッド・ケントとの間で交わされた有名なやりとりの主題だった。ニューヨークを拠点とする非営利団体プロジェクト・フォー・パブリックスペースを主宰するケントはゲーリーに「有名建築家が手がけた“象徴的”な建物の多くが周囲の道路や歩道に命を吹き込んでいないのはなぜか？」と問いかけた。かつて「私は場所の文脈を重視しない」[6]と言ったゲーリーは、このような批判を受け入れないと主張したが、ケントもその回答を受け入れなかった。私はその場にいなかったため、この後の顛末をアトランティック誌の記者ジェイムス・ファロウズに語ってもらおう。

> 質問者がもう一度同じ質問をしたところ、ゲーリーは、信じられないような行動をとった。ゲーリーは「偉そうな人ですね」と言い、ルイ14世が部下を追い払うときに使ったような、手を振った否定的なジェスチャーをした。これは封建時代以降、ほとんど見られなかったジェスチャーであり、質問者を劣等生と見なして、マイクから遠ざけたのは紛れもない事実である[7]。

このイベント時のゲーリーは明らかに調子が悪かったようだが、彼の威厳は、彼の作品のメタファーの一部として語り継ぐ価値がある。ケントは、息子のイーサンがゲーリーの代表作であるビルバオのグッゲンハイム美術館を訪れたときのことを思い出しただろう。彼はプロジェクト・フォー・パブリックスペースのウェブサイト内の「恥の殿堂」というコーナーで、その体験を語っている。建物の入口を見つけることができず、木の生えていない広場を眺めていた息子は強盗に遭った。息子はこう語った。「この美術館の周りで過ごした10分間で、僕は生まれて初めて強盗を目撃したんだ。ずっとニューヨークで暮らしてきたけどね」[8]。

ニューヨークでは強盗はそれほど多くないが、ビルバオでもいくつかの問題のある場所以外は同じことが言える。強盗の多い場所のひとつがグッゲンハイム美術館に面しているのは、設計者であるゲーリーのせいでもある。建物の背景として最高の効果[注3]が得られるタブラ・ラーサ［白紙］として考えられたランドスケープの結果である。ゲーリーは、シカゴのミレニアムパークのように、魅力的なランドスケープに貢献する能力を持っているが、建築物は近寄りやすさに欠けている。ロサンゼルスのディズニーホールは、外周が約1500フィート［約450m］あり、そのうち約1000フィート［約300m］はつるつるした何もない壁になっている。

読者の中には「コンサートホールなんだから、開口部のない壁じゃないとダメじゃないの？」と思う人がいるかもしれない。では、パリのオペラ座やボストンのシンフォニーホールを見てみよう。これらの建物のファサードには魅力的なディテールが溢れており、開口部のない壁でも、そう感じさせない。それらの建物沿いを歩くの

注3　ゲーリーと協力して美術館を周辺地域から完全に切り離そうとした都市計画プランナーにも責任がある。

は楽しい。

この議論から、レオン・クリエが2つの建物を3つの異なる距離から並べて描いた作品を思い出す。遠くから見ると、1つは古典的な宮殿で、もう1つはモダニズムのガラスキューブであることがわかる。宮殿には基壇部・中央部・最上部があり、ガラスキューブは光を反射する大きな開口部の水平線と垂直線で構成されている。少し近づいてみると、宮殿には扉、窓、軒蛇腹が現れ、ガラスキューブには水平線と垂直線がある。さらに2、3歩近づくと、宮殿には、装飾的なストリングスコース［外壁面を水平に分節するための帯状の装飾］・窓枠・軒を支える垂木の尾が見えてくる。一方、ガラスキューブには変化がない。建物の入口までかなり近づいても、ガラスキューブには何の変化も見られない[9]。

クリエはこれらのドローイングを、モダニズムに対する強力な批判として提示している。しかし、これは単にスタイルの問題ではない。ミニマリズムを除いて、どんな建築様式でも、人々が近づいたり通り過ぎたりするときに興味を引くような中規模・小規模のディテールを提供できる。ハイテクを駆使したポンピドゥー・センターは、機械システムを外観で表現することで、パリで最も成功した公共空間のひとつに命を吹き込んでいる。重要なのは、そのディテールが石材彫刻家によって作られたか、あるいは冷間押出機によって作られたかではなく、それらが存在するかどうかなのだ。現代の建築家の多くはこの点を理解していないか、理解していても気にしていない。

美しくても、変化がなければつまらない

ヒューマンスケールのディテールをふんだんに盛り込んでも、街並みに変化がなければ十分ではない。どんなに繊細で美しい建物の

ファサードでも、そのファサードが500フィート［約150m］を越えて連続すると、歩く人を魅了することはほとんどない。ジェイン・ジェイコブズは以下のように述べている。「単調な繰り返しのファサードが続くと、そのファサード沿いを歩きたい人はほとんどいない」[注4]。ファサードのディテールのスケールを正しくすることは改善の半分に過ぎない。それよりも重要なのは、街区内に多くの異なった建物が存在するように、建物のスケールを正しく設定することである。このようにして、歩行者は、多くの設計者の手によって絶え間なく展開されるパノラマを楽しむことができる。

この事実は、大多数の建築家、特に大物建築家には理解されないようだ。彼らの暗黙の目標は、たとえ無感覚になるほど反復的な街並みになったとしても、目立つ建築を建てることである。この問題は大学の建築教育ではほとんど教えられておらず、学生は都市計画と建築の違いをわかっていないため、ほとんどの都市プロジェクトは巨大なビルを１つ作る機会とみなされている。レム・コールハースのような建築界のスーパースターは、「巨大さ」を熱狂的に賛美し、この錯乱を教義としている[注5]。

注4　『アメリカ大都市の死と生』p.129より。「いかなる特別の形をした都市の害悪の影もほとんど「大きな沈滞の黒い影」ほど害をなすことはない」(p.234)。「文学や演劇と同様、建築においても、人間の背景に活力と彩りを与えるのは、人間のバリエーションの豊かさである」(p.229)。

注5　圧倒的な存在感と美しい文章で知られるコールハースは、これまでに２世代に渡って建築を学ぶ学生たちをその説得力のあるドグマで魅了してきた。彼のエッセイ「アーバニズムに何が起こったのか」では、彼の大きな議題をこのように要約している。「都市が失敗したように見えることは、ニーチェ的な軽薄さを生む特別な機会を提供する。私たちは、1001もの都市のコンセプトを構想してみる必要がある。非常識なリスクを冒さなければならないし、全く無批判でいる勇気も必要だ。確実に起こる失敗は、私たちの笑気ガス・酸素でなければならず、近代化は最も強力な薬である。私たちには責任がないのだから、私たちは無責任にならなければならない」(コールハース、ワレマン、マウ『S、M、L、XL』pp.959-971)。この言葉は、自分たちの都市に手を加えるための鍵を彼に渡す前に心に留めておくべきことである。

このような建築家の傾向は、エゴイズムや有名人になりたいという願望が一因であることは言うまでもない。また、知的誠実さへのこだわりからくるものでもある。建築物が「その時代のもの」でなければならないのと同様に、「建築家のもの」でなければならない。特に、現代の天才建築家神話では、建築家の個性的なスタイルは指紋のようにユニークであるとされている。私は、建築学科の卒業設計の最終審査で、「理解できない。あなたの2つの建物は、2人の異なる建築家によって設計されたように見える」と批評した教員のことを、今でも覚えている。20年後の私の空想世界でのこの批評への答えは、「私もあなたの考えを理解できません。ありがとうございました」である。

この問題を解決する簡単な方法がある。それは、プロジェクトの一部を譲ることだ。いくつかの建物の集合体になりそうな規模のプロジェクトの依頼を受けたら、友人に声を掛けて共同で設計するべきだ。このスリムな時代に、どれだけの建築家がそのような挑戦をしてくれるだろうか？引き受けてくれるのは、都市計画を建築と同じくらい重要だと考えている、ごく少数の建築家だけだろう。

2000年代初頭、DPZ社はローマの南の幹線道路に面したナヴィガトーリ広場の再設計を目的とした国際コンペに参加した。コンペの概要は、およそ12エーカー［4.8ha］の敷地に50万平方フィート［4.5ha］の建物を建てるというものだった。招待された建築家は、レム・コールハース、ラファエル・モネオ、ラファエル・ヴィフィオリ、そしてイタリアの大手3社だった。それぞれの建築家は、独自のスタイルで1つの巨大な建築を提案した。私たちの戦略は少し違った。広大な敷地を7つのブロックに分け、それぞれのブロックを私たちを含めた競合する建築家が担当することを提案したのだ。私たちは、形態を基礎としたコードを作成し、各建物のボリュームと配置をコントロールした。そして、審査員には、単一のモニュメントを作るのではなく、多様性のある近隣地区を作ることが重要だと訴えた。

次のパートが一番楽しかった。ハーバード大学のデザイン図書館に行って、競合他社の有名な建物の写真を手に入れた。それをレンダラー［建築のCGを作る技術者］に渡して、全体プランの中で指定された場所に再構築するよう指示し、できあがった作品をローマに持ち込んで最終審査を受けた。優勝はできなかったが、私たちの提案したパースの中に自分たちの建物を見た他社の人々の驚いたような顔を見ると、わざわざ審査会場に足を運んだ甲斐があった。彼らは、私たちが彼らと仕事を分け合おうとしていたことを知ったとき、怒りと感謝と恥ずかしさが入り混じったような表情をしていた[注6]。

自らの建築デザインを他人に譲ったり、複数のデザイン性を持っている建築家はほとんどいないので、彼らにそれを義務づける責任はクライアントである都市側にある。私が提案するデザインコードのほとんどは、次のような文章を含んでいる。「より小さなデザイン単位が奨励され、1人の建築家によって設計されたように見える連続した間口は、200フィート［約60m］を超えてはならない」。積極的なファサード・ポリシーとともに、このようなルールは、ジェイン・ジェイコブズの言う「グレート・ブライト・オブ・ダルネス［見た目は魅力的だが、非常に退屈で、人通りが少なく、安全性が低い地域］」に陥ることなく、通りを救うことができる。

最終的には、これは建築デザインの議論と同時にビジネスの議論でもある。現在の不動産業界は、バラエティに富んでいるように見

注6　私たちは、政治的に有利だった地元ローマの建築家に次ぐ2位だったが、勝利のような結果だった。最優秀案だった重力を無視した巨大建築はいまだに建設されていない（招待された中で、モネオとコールハースは最終的に応募を見送った）。

えて少数の強力な人物に裁量が集中しているときに、複数の計画者がいるように見せかけることが多くなっている。新しい郊外のように、個々の開発者が都市に招かれ、広大な土地の管理を任されるとき、それらの土地の将来は、開発者の技術と寛大さに完全に依存している。

このような一般的なアプローチは、確かに迅速であり、荒廃した地域に素早く何かを建設するための唯一の方法かもしれない。しかし、再開発には代償がつきものであり、その代償には、再開発によって犠牲になる個性や多様性も含まれる。また、再開発には大きなリスクがある。再開発が失敗して、何もなくなってしまうことや、さらに悪いことには、建設によって劇的な変化が起こり、人口はもちろん、その場所が元々持っていた特徴をすべて失うこともある。これが、ジェイコブズの言う「怒涛のお金」と「ゆるやかなお金」の違いである[10]。

大規模なプロジェクトでは、このような結果を避けるためには、個々の建物の開発者ではなく、プロジェクトを統括するマスターデベロッパーを指名するのが簡単な解決策である。その役割は、市や公的機関、場合によっては民間の開発者が担うこともある[注7]。重要なのは、様々な建物が様々な人によって建てられているということである。その結果、『スモール・イズ・ビューティフル』のように、ゴリラではなくシマリスのまちになる。ゴリラはまちの外からやってくることが多いが、幸いなことにシマリスはほとんどが地元で

注7　最もよく知られているのは、マンハッタンのバッテリーパークシティで、これは公益法人が開発し、現在も所有している。ヴィトルト・リプチンスキは、「マスタープランの建築ガイドラインに沿って、変化する市場の需要に対応しながら、異なる開発者が個々のプロジェクトに資金を提供し、建設することで、建物が少しずつ成長するように設計された」と述べている（リプチンスキ『メイクシフト・メトロポリス』p.151）。

育っており、プロジェクトの結果に大きな関心を持っている。

自然は退屈だ

デイビッド・オーウェンは、著書『グリーン・メトロポリス』の中で、赤ん坊の娘をスナグリ［抱っこ紐］で抱え、マンハッタンを長時間歩き回っていた時の話をしている。娘は文句を言うこともなかったため、バーモント州への引っ越しを計画していたオーウェンは、娘が田舎での散歩をもっと楽しめるだろうと期待していた。その結果がこれだ。「初めて朝刊を買いに村の広場まで歩いたのはすばらしい秋の朝だったが、娘はほとんどずっと抱っこ紐の中でぐずっていた。彼女にとっては、見るべきものは何もなかったのだ」[11]。

都市の中の緑地は、美しく、快適で、必要なものである。しかし、店先や露天商に比べれば、退屈な存在でもある。子どもたちは自然欠乏症かもしれないが、私たちが無視するように教えられてきたこと、つまり青々とした風景は人を楽しませないということを本能的に知っている。さらにオーウェンはこう続ける。広いオープンスペースは「一部の人々が散歩をするきっかけになる。しかし、人々に実用的な交通手段として徒歩を選択させることが目的ならば、必要以上に大きな緑道はかえって逆効果になる可能性がある」[12]。

オープンスペースに対する批判的な見方は、50年前にジェイン・ジェイコブズが言及した以下のことと同じである。

> 都市と公園が互いにどのような影響を与え合っているかを理解するためにまず必要なことは、実際の用途と想像上の用途を混同しないことだ。例えば、公園は「都市の肺」であるというのはSF的なナンセンスな話である。4人の人間が呼吸・調理・暖房で排出する二酸化炭素を吸収するには、約3エーカーの森が必

要である。公園ではなく、都市内を循環する空気が、都市の息苦しさを防いでいるのだ[13]。

ジェイコブズはオーウェンと同様に、緑地を増やすことで都市がより健康になるという支配的な倫理観と戦っていた。実際には、緑地は小宇宙的な外観とは裏腹に大宇宙的な影響を都市に与えない。緑地は、都市内の利便性の高い要素同士を分断することで、都市公害を悪化させる自動車文化を助長する。ジェイコブズは、現代アメリカの都市の中で、最もオープンスペースが多いが最も光化学スモッグが多いロサンゼルスを例に挙げた[14]。

だからといって、公園を作るのをやめればいいというわけではない。シカゴやシアトルは、新しく大きな費用のかかるウォーターフロント公園を建設したが、誰もそれを後悔していない。しかし、オープンスペースが、ウォーカブルシティの中心部の都市構造を引き裂くことを許してはならないのだ。すべての都市は、特にミレニアル世代を惹きつけるために、ハイキングやサイクリングのための広域スケールの遊歩道など、自然への容易なアクセスを提供する必要がある。同様に、小さなポケットパークや遊び場を頻繁に設けることは、子育て世代が定住する上で重要である。しかし、これらのニーズを満たすことは、都市を庭園にすることとは全く異なることである。現在、ダウンタウンをより持続可能にするために、透水性のある路面や草地、最近流行のレインガーデン[注8]などでまちを埋め尽くそうとする動きがあるが、都市と郊外を区別する重要な特徴を消してしまう恐れがある。

注8　レインガーデンは、気候によっては道路の自然排水を可能にするもので、従来の雨水システムに代わる価値あるものである。レインガーデンは、道路のスペースを広げたり、歩行者のアクセスを妨げない方法で設置することができる。

都市と田舎を魔法のように融合させたいという願望が、スプロールという環境的・社会的・経済的な災害を生み出したのである。しかし、建築を学ぶ学生の提案書やデザインコンテストの応募作品を見ると、「人間と自然のこれまでにない新しい関係」[注9]を求めて、あたかも都市の良さを薄めることで都市を改善する方法があるかのように書かれているのをよく見かける。しかし、都市の良さの中心にあるのは、緑の茂みよりも建物の方が多い都市環境でのみ可能なストリートライフであることを私たちは知っている。

注9　この言葉は、2000年に行われたオスロのフォルネブ空港跡地の再整備コンペの受賞作品からの言い換えである（私たちはこのコンペにも負けたが）。

STEP 10　優先順位をつけよう

前述した9つのステップは、ウォーカブルなまちづくりのための包括的な戦略を示している。これまで強調してきたように、多くの自動車利用者に歩くことを選択してもらうためには、これらのいくつかのステップだけでは不十分であり、すべてのステップを満たすことが不可欠である。しかし、すべてのステップを実行しようとすると、ほとんどの都市が破綻するだろう。さらに、ウォーカビリティの基準を普遍的に適用することは、実際の都市のあり方にそぐわない。大都市の大部分は、必然的に、ストリートライフを惹きつけることのない、また惹きつけるべきではない活動に捧げられている。例えば、コンテナ倉庫の多い地区は、歩道での食事を推奨する場所ではない。

アーバン・トリアージ

私たちが注意を払うべきなのは、ウォーカブルな取り組みのあまり知られていない部分である。現在、ガソリンスタンドを探して徘徊する車が時折通り過ぎるようなストリートに対して、ウォーカビリティを向上させるために、驚くほど多額の資金が投入されている。私が訪れる都市の半数で、新しく再建されたストリートを案内されるが、多くの場合、それらのストリートはダウンタウンから離れた場所に位置しており、最新の街灯・街路樹の保護盤・色とりどりの舗装材などで装飾されている。これらの改修により、周りにほとんど何もない場所でも歩きやすくなっているように見える。確かにこれらのストリートは車のスピードで通ってみると魅力的になったが、大きなコストがかかっている。

この失敗は、ウォーカビリティに投資するにあたっての最初の質問、つまり、「最小の費用で最大の違いを生み出すことができる場所はどこか」を示している。その答えは、ストリートライフを魅了し、維持できる可能性のある建物に囲まれているダウンタウン内のストリートである。言い換えれば、私的な領域がすでに存在する場所に快適さと楽しさを与えることで、より良い公的な領域が実現する。ほとんどの都市にはこのようなストリートが存在する。それらのストリートでは、歴史的な建物が建ち並ぶ店先やその他の魅力的な建物が歩道沿いにあるが、高速で通過する車や樹木のない車道が問題である。このようなストリートを改修すれば、ウォーカビリティに求められるすべての要素を得ることができる。

これに対して、ロードサイドショップやファストフードのドライブスルーが建ち並ぶストリートを改修しても、暮らしやすさを得ることはできない。これらのストリートを改修しても、結局、車のための空間のままであり、注目するに値しないため、そのままにしておいた方がよいのだ。

このような都市再生の優先順位を決めるアプローチを、第1次世界大戦の際に生まれた「トリアージ」になぞらえて、「アーバン・トリアージ」と呼んでいる[注1]。歩行者の危機においても、戦争と同様に、より大きな利益のために救えない患者を犠牲にする必要があるが、患者のカテゴリーが少し異なる。最初にケアを受けるのは、

注1　アンドレス・デュアニー他『サバーバン・ネーション』p. 162 より。この言葉は、他の多くの言葉と同様、アンドレスの造語である。戦場のトリアージとは、死ぬ可能性が高い患者や軽傷の患者の治療を控え、処置を施すことで命を救える患者を優先的に治療することである。

その恩恵を受けるために最も適した「A」ストリートである。2番目が「B」ストリートであり、成功するのは難しいかもしれないが、最高のストリートを適切なネットワークに結びつけるために必要である。3番目は、市街地から外れたところに位置する車中心のまちに存在する「C」ストリートである。この「C」ストリートに投資してはならない。もちろん、道路の補修やゴミ収集は構わない。しかし、歩道の幅や街路樹、自転車レーンについては、少なくとも10年間は変える必要はない。

アンカーとパス

上記の2番目のカテゴリーである「結びつける通り」には、最も多くの思考とデザインが必要とされる。なぜなら、どの都市のダウンタウンにも、隠されたウォーカビリティのネットワークがあるからである。それを表出させるには、注意深い観察力とデザインの努力が必要とされる。その中心となるのは、「アンカーとパス」というコンセプトである。

ショッピングモールについて色々と言われているが、全盛期のショッピングモールには優れた点があった。その1つは、最大限の消費を促すために科学的に決められた店舗の配置であり、アンカーとなる店舗を一定の距離で配置することで、その間にある小さな店の前を歩いてもらうというものだった。線上に並んだ店の前を歩行者が歩くことはモールのデザインにとって非常に重要なことであり、アンカーとなる店舗は賃料なしで誘致されることもあった[1]。

ダウンタウンでは、大手小売店・大規模駐車場・映画館・公演場・野球場[注2]など、日常的に人の来訪の多い用途がアンカーとなる。

注2　野球は、試合数が少なく活性化の効果が少ないサッカーとは区別する必要がある。

歩きたくなるストリートのネットワークもアンカーの一種であり、遠くまで歩いてみようと思う歩行者を生み出す。これらのアンカー同士が近くにあっても、接続の質が悪いと、その間を歩いてもらえない。道路そのものの状態以上に、これらの接続のためのストリートには、明確なエッジがないため、アーバン・トリアージでは「B」または「C」に分類されるかもしれない。もし、アンカー同士の区間が短く、開発のチャンスがあるなら、市が資金を投入して早急に整備する意味があるかもしれない。

例えば、徒歩で移動可能な2つの地区が数ブロック離れて位置しているとする。一方にはコンベンションセンターやホテル、アリーナなどがある。人はたくさんいるが、遠くまで歩く人はほとんどいない。もう1つの地区には、レストランやバー、ギャラリーがあり、労働者階級の住宅に囲まれている。非常に個性的なまちだが、まちを楽しむためには、ちょっとした工夫が必要とされる。コンベンションセンターやアリーナを訪れた人は、この地区にも行ってみたいと思うかもしれないが、2つの地区の間が魅力的ではないため、相互の行き来はほとんどない。私たちは何をするべきだろうか？

この話はオハイオ州コロンバスで実際にあった例である。コロンバスでは、1960年代に整備された州間ハイウェイにより、コンベンションセンターとアリーナがショートノース地区から切り離された。一方の側から他方の側に行くには、自殺防止スクリーンのある風の吹きすさぶ橋を渡る必要があった。2003年にこの橋の再建が必要になったとき、市と州は珍しくスマートな行動をとった。100フィート［約30m］幅の橋を架ける代わりに、200フィート［約60m］幅の橋を架け、橋の両側に小売店舗の入る2つの施設を整備した。この施設は開発者に提供され、現代のポンテ・ベッキオ［イタリア・ヴェネツィアにある橋］となり、歩道沿いにはショップやレストランが並んでいる。

この斬新な橋には、190万ドルの追加費用がかかったが、ハイウェイによる分断を消滅させるという魔法のようなことが実現した。今では、コンベンションセンターの利用者がショートノース地区を定期的に訪れるようになり、ビジネスへの影響は「一夜にして変わった」[2]と表現されるほどだ。ウォーカブルな2つの地区が1つに統合され、都市の一角が性格を変えたのだ。

多くの都市には、低迷したハイウェイや鉄道があり、コロンバスのような接続装置の設置を検討しているところもある。しかし、これは何とも言えない状況の一例であり、いくつかの大規模駐車場やガソリンスタンドによって、アンカー同士のウォーカブルなつながりは断ち切られてしまう。コロンバスの取り組みよりも低コストで、同じようなインパクトがあるようにアンカー同士のつながりを作ることはできるが、そのためには各ストリートの明確なアイデンティティを示す必要がある。

そのため、私がウォーカビリティ確保のための計画を作る際には、多段階のプロセスを踏むようにしている。まず、ウォーカビリティ確保の可能性のあるすべてのストリートを調査し、その都市の特質の観点から評価する。ストリートの交通特性は簡単に修正できるため無視し、空間構成や沿道建物の親しみやすいファサードの存在など、快適さと楽しさに注目する。この調査により、歩行者の生活を惹きつける可能性に基づいて、緑・黄・赤と色分けされた地図ができる。この地図の作成により、評価の高いストリートが見つかり、ウォーカビリティの明確なネットワークが浮かび上がってくる。そして、このネットワークを重要なアンカーにつなげるために追加のストリートで補うようにする。

その結果、「アーバン・トリアージ」計画が完成する。ストリートは計画に含まれるか含まれないかのいずれかである。この計画は、今後10年間に行われる公共および民間投資の方向性を決定するものである。計画に含まれるストリートだけが、より安全な交通、街路樹、より良い歩道などのウォーカビリティの改善を受けることになる。また、これらのストリートに面している物件だけが、市の再開発支援（補助金または許可の迅速化）を受ける。そして、このネットワーク内の「欠けている歯」、特に駐車場等で断絶している重要なストリートが全面的な治療を受けるのだ。理想的なのは、公共部門と民間部門の両方が、優先順位の高いこれらのストリートを最初に整備するというシンプルな理解を共有することである。

良い評判には数ブロックで十分

このようなプロセスを経た計画には意外な特徴がある。例えば、非常に歩きやすい地区でも、歩きにくい道が多くある場合がある。実際、多くのすばらしいダウンタウンには、良いストリートと悪いストリートが交互に存在する。重要なことは、良いストリートが連続したネットワークでつながっていることであり、「C」ストリートを横切ることはあっても、「C」ストリート沿いを歩く必要はない[3]。この現象は、路地裏を有するアメリカのすべての都市で言えることだ。

さらに驚くべきことに、全体としてウォーカブルシティの印象を受ける都市でも、歩きたくなるストリートのネットワークは小さな範囲に限定されている。サウスカロライナ州のグリーンビルのように、ウォーカビリティで有名な小さな都市の中には、たった1本のすばらしいストリートがその評判の多くを占めているものもある。重要なことは歩きたくなる地区の大きさではなく、その質である。この教訓は、デンバーでの経験で生まれたものである。

1993年、都市計画業界はデンバーの話題で盛り上がっていた。様々な人々から「デンバーに行くべきだ」と言われ続けた。「デンバーで行われていることはすばらしい」と。

そこで私たちはデンバーのローワーダウンタウン（通称ロド＝LoDo）に向かった。実際にはロドではなく、ロドのほんの数ブロック先にある、ジョン・ヒッケンルーパーの醸造所やビリヤード場、コメディクラブがある街区である。ストリートの向かい側にはボザール様式のユニオン駅があり、周囲には都市部の若者を魅了しつつあった改装された倉庫群があった。この地区の都市性は完璧ではなかったが、数エーカーの範囲内では完璧に近いものだった。スポーツライターのリック・ライリーによると、この地区は数十年前からほとんど変わっておらず、「麻薬常習者や暴力的なやつ、3本歯の泥棒なんかがたくさんいた。それも女性ばかりだった」[4]。

完璧な都市性を有するのは数ブロックだったが、それで十分だった。私たちと同じように、これらの話を聞いた人々が、ロドやデンバー全体に投資を始めた。そして10年後には、デンバーの都市全体がルネッサンスを経験するようになったのだ。デンバーの人口は、1990年から28%増加している。

ロドに集まる人々がデンバーに来たのは、ワインクープ・ブルワリー［人気のある地ビールレストラン］があったからではない。良い評判を作るには数ブロックで十分である。ロドの教訓は、自分たちでできる範囲で良いものを小さく始めることである。それがアーバン・トリアージの良さなのだ。

ダウンタウン・ファースト

論理的には意味があっても、政治的に進めることが困難なのがアーバン・トリアージの特徴である。まず、勝者と敗者の存在を的確に伝える必要があり、そのためには多くの説明が必要とされる。私はいつも、ロードサイドショップではメインストリートよりも高い賃料が発生することや、これはウォーカビリティに関する議論であり、資産価値に関する議論ではないことを指摘する。とはいえ、アーバン・トリアージという名称は、もう少しくだけたものに置き換える必要があるのかもしれない。

次に、より大きな問題として、公務員の資源配分に対する考え方がある。市長、シティマネージャー、都市計画担当者の多くは、常に都市全体に対する責任を感じている。その結果、ウォーカビリティの種を都市全体に均等に撒こうとする傾向がある。また、彼らは楽観主義者であり、ウォーカビリティがそのうちに達成できると信じている。この楽観的な考え方はすばらしいことではあるが、この場合は逆効果である。普遍的に優れたものにしようとすると、普遍的に平凡なものになってしまう。ウォーカビリティは、都市が提供する最高のものすべてが１つのエリアに集中してこそ可能である。分散ではなく集中こそが、都市の万能薬なのだ。

この議論は、公平性の問題であり、ストリート単位だけではなく、近隣単位の問題でもある。アメリカのほとんどの都市では、現実的なウォーカビリティの計画はダウンタウンから始まる。ダウンタウンには重要な要素がほとんど揃っているのだ。しかし、実際にダウンタウンに住んでいる人は多くない。では、その努力は誰のためのものであり、正当なものなのだろうか？これは、都市プランナーが直面する最も難しい問題のひとつである。バトンルージュでは、このように言われた。「私たちが住んでいる地区よりダウンタウンの方が良い状態なのに、なぜダウンタウンの再生に取り組むのですか？なぜ、私たちのコミュニティのための計画を作ってくれないんですか？」

この質問に対する答えは簡単である。ダウンタウンは都市内に住むすべての人々のための唯一の場所である。どこに家を構えようと、ダウンタウンはあなたのためのものでもあるのだ。ダウンタウンに投資するのは、市民すべてが利益を得られる唯一の場所だからなのだ。

それだけではない。大卒の若者であれ、サラリーマンであれ、引っ越し先の決定は場所のイメージを念頭に行われる。それは手に取るようにイメージされる力強いものである。建物、ストリート、広場、カフェ、それらが生み出す社会生活のイメージである。良いか悪いかは別として、そのイメージは揺るがない。そして、稀な例外を除いて、そのイメージはダウンタウンにある。

そのため、各都市の評判は、ダウンタウンの物理的特性に大きく左右される。ダウンタウンが良くなければ、その都市の印象は悪くなる。人々はそのダウンタウンに移り住みたいとは思わないし、住民も自分の選んだ都市に満足することが難しくなる。一方、美しくて活気のあるダウンタウンは、すべての船を持ち上げる上げ潮のようなものである。ロドのように、すばらしいダウンタウンがあれば、都市全体をすばらしいレベルに押し上げることができるのだ。そのためには、まずダウンタウンの再生から始めなければならない。

都市のイメージのことを考えると、どうしても頭から離れないイメージがある。10歳の私は、両親と弟と一緒にテレビの前に集まり、「メアリー・タイラー・ムーア・ショー［1970年から1977年まで放映されたアメリカの人気テレビ番組］」のタイトルクレジットを見ていた。メアリーの住むミネアポリスは、当時テレビに映し出されていた多くのアメリカの都市とは対照的に、きらびやかで活気があり、チャンスに満ち溢れていた。30歳のメアリーは婚約を解消し、新たなスタートを切るために大都会に引っ越してきたのだ。彼女に何が待っているのかはわからないが、都市生活の無限の可能性を感じる彼女の心を共有することはできる。仲間に囲まれて、彼女は路上で楽しそうにつま先を立てて回り、ウールの帽子を宙に浮かせている。私たちは帽子が降りてくるのを見ることはない。

謝辞

本書は、アンドレス・デュアニーとエリザベス・プラター＝ザイバーク抜きで執筆したものだが、彼らのアイデアなしでは不可能だっただろうし、少なくとも良いものにはならなかっただろう。この本のアイデアのかなりの部分が彼らのものであるだけでなく、それらのアイデアを効率的な枠組みに整理する戦略もまた、彼らの基準に沿っている。

この本がほぼ完成したとき、私はアンドレスに原稿を送り、彼らのアイデアの中で適切にクレジットされていないものがあれば、教えてほしいと依頼した。彼はその依頼を断ったが、これは彼の2つの性格、すなわち時間を無駄にしたくないという気持ちと知的寛大さを体現している。以上の理由から、本書の中で気に入った箇所があれば、それはアンドレスから学んだものである可能性が高いことを理解してほしい。

私が初めてアンドレスの講演を聞いたのは1988年のことだったが、そのとき「これは本にするべきだ」と感じた。その結果、共著書『サバーバン・ネーション』が生まれた。それから20年以上が経過し、幸運にもそのシナリオが逆になった。キャロル・コレッタは、彼女が以前所属していたCEOs for Citiesでの私の講演の後、同じ言葉を私にかけてくれたのだ。私がアンドレスに提案したのとは違って、キャロルは私に代わって本を書くとは言わなかった。いずれにしても、キャロルがいなければ、この本はできなかっただろう。

キャロルとCEOs for Citiesは執筆するのを励ましてくれただけでなく、執筆のための休暇を取れるように助成金を確保してくれた。この助成金は、環境と都市生活のための基金（Fund for the Environment and Urban Life）からのものであり、基金の創設者であるリチャード・オラムは私に「何か興味深い取り組みがあれば、応援したい」と手を差し伸べてくれた。

助成金が確保されたため、私は企画書を作成し、代理人のニーティ・マダンに提出した。彼女は3回、書き直しを要求し、私が諦めようとしたときに、『サバーバン・ネーション』の出版社であるファラー・ストラウス＆ジルーに売り込んでくれた。『サバーバン・ネーション』と同じく、ショーン・マクドナルドが編集者になってくれた。ショーン・マクドナルドは、本についての知識が豊富であるだけでなく、私より都市計画に関心がある人物である。彼はどうでもよい内容に寛容ではない。この本がつまらないと感じたら、私が彼のカットの要求を無視したからかもしれない。

さらに4人の編集者がこの仕事に大きく貢献してくれた。彼ら全員がジェフ・スペックと言ってもいい。父のモートは経営者の視点で助言してくれた。母のゲイルと兄のスコットは、一流のエッセイストとして、一言一句に目を通し、多くの文章を改善してくれた。そして妻のアリスは、日々の相談相手であり、インスピレーションの源でもある。彼女はまた、防音設備の整っていない国で幼い2人の子どもたちを私から離し、執筆スペースを確保してくれた。

その国とはイタリアであり、ローマのアメリカン・アカデミーとボグリアスコ財団のリグリア・スタディ・センターという2つの協力的な組織に寛大にもてなされた。熱心に励ましてくれたアデル・チャットフィールド・テイラーとハリソン家に感謝する。

この本の中の情報や物語については、何十人もの方々に感謝したい。本文や注釈にあるように、各章でその分野のオピニオンリーダーに大きく依存しているが、それらはおおよそ次のようになっている。

経済学：クリストファー・レインバーガー、ジョー・コートライト
健康：リチャード・ジャクソン、ハワード・フラムキン、ローレンス・フランク
駐車場：ドナルド・シャウプ
公共交通：ヨナ・フリーマルク
安全性：ダン・バーデン
自転車：ジェフ・メイプス、ロバート・ハースト
アーバン・トリアージ：アンドレス・デュアニー

リストは完全なものではないが、以下の方々からも重要な支援を受けた。

アダム・バーク、ケイド・ベンフィールド、スコット・ベルンシュタイン、ロン・ボーグル、トム・ブレナン、アマンダ・バーデン、ノーマン・ギャリック、アレックス・ゴーリン、ヴィンス・グレアム、チャーリー・ヘイルズ、ブレイク・クルーガー、ビル・レナーツ、マット・ラーナー、トッド・リットマン、マイク・ライドン、マイケル・マハフィー、チャールズ・マローン、ポール・ムーア、ウェス・マーシャル、アイリーン・マクニール、ダリン・ノーダール、ブライアン・ローニー、エヴァ・オットー、デイビッド・オーウェン、ジェイ・プライマス、シャノン・ラムゼー、ジニー・セイファース、クリスチャン・ソッティーレ、ブー・トーマス、ブレント・トデリアン、ジョン・トッティ、ハリエット・トレゴニング、サム・ジンバブエ

最後に、この本の必要性、解決しなければならない問題、そして、提言が現実に即した今すぐ実行できるものでなければならないということを理解させてくれたのは、以下の市長たちだった。

スティーブ・ベローン（ニューヨーク州バビロン）、ジム・ブレイナード（インディアナ州カーメル）、ジョン・キャラハン（ペンシルバニア州ベツレヘム）、ミック・コーネット（オクラホマシティ）、フランク・カウニー（アイオワ州デモイン）、マニー・ディアス（マイアミ）、A・C・ウォートン（メンフィス）、そして10期連続で都市デザインの重要性を証明してくれたジョー・ライリー（サウスカロライナ州チャールストン）である。

訳者解題

1. はじめに――本書の特徴（松浦健治郎）

我が国では近年、ウォーカブルなまちづくりが志向されつつあり、ウォーカブルシティへの関心が高まっている。例えば、国土交通省は「居心地が良く歩きたくなるまちなか」の形成を目指し、国内外の先進事例などの情報共有や、政策づくりに向けた国と地方とのプラットフォームに参加し、ウォーカブルなまちづくりを推進する「ウォーカブル推進都市」を募集しており、2022 年 6 月現在で 328 団体の賛同があった。また、国土交通省はウォーカブルなまちなかを支えるこれからの時代のストリートのあり方を示す「ストリートデザインガイドライン」を 2020 年 3 月に策定している。このような状況下で、ウォーカブルシティ実現のための具体的な空間像の共有はされつつあるが、そもそもなぜウォーカブルシティが必要なのかといった理論的な整理はあいまいなままである。

一方、コロナ禍の中で、徒歩圏で暮らせるまちに注目が集まっている。例えば、パリのイダルゴ市長は、自転車に乗って 15 分で様々な場所にアクセスできる街（フィフティーンミニッツ・シティ）を選挙公約で提唱した。自転車で 15 分というと、時速 16km と仮定すれば半径 4km の圏域となる。伝統的な近隣住区論も徒歩圏を想定しているという意味では考え方は似ているが、中心に自宅があるという点や車中心の既存の市街地の再整備という点が異なっている。身近な徒歩圏の中に、コワーキングスペース・公園・散策路・カフェといった魅力的な空間資源のある暮らしは、今後ますます重要になってくるだろう。歩いて楽しいまちであるウォーカブルシティの推進はコロナ禍における住生活向上の観点からも役立つと言える。

そのような中で、ウォーカブルシティ論の第一人者であるアメリカの都市プランナー、ジェフ・スペックは本書で、ウォーカブルシティの必要性や理論を詳細に解説しており、ウォーカビリティのための4つの条件が多角的な視点から理論的に整理されている。なお、ウォーカビリティは「歩きやすさ」と訳されることが多いが、「〜しやすい」という言葉は4つの条件のうち快適性と安全性のみを示す言葉であり、利便性や楽しさを含んでいない。「歩きやすさ」と訳してしまうと、スペックが例示しているように、凸凹の道でアップダウンがあって「歩きにくい」ローマのウォーカビリティを説明できない。本書ではサステイナビリティが持続可能性と訳されているように、ウォーカビリティを「歩行可能性」と訳すことで、ウォーカビリティが利便性や楽しさをも包含した概念であることを強調したい。

アメリカの都市計画の最近の潮流を見ると、ピーター・カルソープらによる1980年代後半から1990年代のニューアーバニズムが有名であるが、ニューアーバニズムとウォーカブルシティの相違点をみてみよう。ジェフ・スペックはニューアーバニズムの提唱者の1人であるアンドレス・デュアニーに強い影響を受けており、ニューアーバニズムとウォーカブルシティの基本的な考え方に大きな違いは見られない。ただ、ニューアーバニズムがフロリダ州のシーサイドのように新規の都市開発を主に扱っているのに対して、ウォーカブルシティは既成市街地の再生を対象としている点が大きく異なる。また、近年、アメリカで市民による小さなアクションから長期的なまちの変化を誘発する「タクティカル・アーバニズム」が話題になっているが、タクティカル・アーバニズムも既成市街地の再生のための戦術として有効である。他にも、全米都市交通担当者協会（NACTO）が道路空間の再配分について『アーバンストリート・デザインガイド』などで車の空間を人の空間に再編するための具体的なイメージや手順を提示しているが、こうした潮流はすべて、同じ方向を向いていると言える。すなわち、「既成市街地の再生」・「既存の都市ストックの有効活用」・「車中心ではなく人中心の都市デザインへの転換」・「小さな取り組みの連鎖により漸進的に進めていくこと」である。

筆者（松浦）は千葉県内のいくつかの自治体で学生たちと都市デザイン的な提案を進めているが、ある自治体で歴史的な市街地をウォーカブルなまちに再生する提案をしたところ、行政職員の１人から「本市は車社会なのにウォーカブルなまちを提案するのは現実的ではないですよね？」という素朴な疑問が投げかけられた。ウォーカブルシティは理想論に過ぎないという指摘だと認識したが、このような考えを持つ人々は多いだろう。しかしながら、本書でジェフ・スペックも述べているように都市全体をウォーカブルにしていくのではなく、ウォーカブルなまちになる可能性の高いエリアを限定してウォーカブルシティの取り組みを進めていくことが重要なのである。主な交通手段が車である人々も、ショッピングセンターやアウトレットモールなどでは歩いてショッピングを楽しんでいるはずである。ショッピングセンターやアウトレットモールの空間構成を注意深く観察すると、通路の両側に店舗が建ち並ぶ街路空間だったり、広場の周辺に店舗が並ぶ広場空間だったりと、伝統的な都市デザインである広場空間や街路空間が原型として浮かび上がってくるのだ。そうした空間をショッピングセンターやアウトレットモールのように周辺地域に対して閉じるのではなく、まちと一体となった空間に変えていくことが肝要であり、持続可能性にもつながっていくのである。

また、ウォーカブルシティの取り組みは中心市街地への集中投資につながり、郊外部が置き去りになるという指摘もよく聞くが、川沿いや歴史街道沿いなど、中心市街地と郊外を結ぶ歩行者空間（フットパス）やサイクリングロードの整備などにまで射程を広げて考えれば、ウォーカブルな取り組みを広域に拡げることは十分に可能である。

さて、本書の特色は大きく3点ある。第一に本書の重要なキーワードである「ウォーカビリティ」のためには一般的に言われる安全性・快適性といった条件だけではなく、利便性・楽しさを合わせた4つの条件が必要であることを指摘している点である。例えば、前述のようにローマでは歩道が少なく、凸凹の舗装のため歩きにくい環境であるにも関わらず、常に歩行者を惹きつけており、世界の歩きたくなる都市トップ10に選定されているという。本書では、その理由が、通り・街区・建物の集合体であるファブリック（都市構造）の豊かさにあることを指摘している。第二に、ウォーカビリティの必要性について客観的な指標を用いて総合的に論じている点である。例えば、郊外部でLEED認証を受けた環境に配慮した住宅に住むよりも、環境に配慮していない住宅であってもウォーカブルな居住地に住む方がトータルのエネルギー消費が少なくなるなど、「環境」「健康」「生活の質向上」といった視点から様々なエビデンスを提示することでウォーカビリティの重要性を論じている。第三に、実務家の視点から人々の生活の質向上を図るための手段としてウォーカビリティが必要だと訴えている点である。例えば、アメリカでは地域の歩きやすさの評価指標として「ウォーク・スコア」が存在し、居住地選択の重要な指標になっていることが紹介されている。また、アメリカの道路計画を担当してきた交通エンジニアの論理ではなく、居住者の視点・地球環境の視点などの総合的な視点からウォーカブルシティをプランニングする重要性を指摘している。ジェフ・スペック自身、プランニングをする都市に1か月以上暮らすことでゼネラリストである居住者の感覚を身につけることを大切にしているという。

本書の構成についても、以下に簡単に紹介したい。

本書の前半では、具体的な事例を紹介しながら、ウォーカビリティの理論的な整理がされている。ジェフ・スペックは都市プランナーとして都市再生の業務にかかわる中で、都市を繁栄させるための重要な要素として「ウォーカビリティ」にたどり着いた。ローマやヴェネツィアなど世界中のウォーカブルシティに共通する条件として、1) 利便性が高いこと、2) 安全であること、3) 快適であること、4) 楽しいこと、の4つを取り上げ、多くのアメリカの大都市では、これらの条件が当てはまらず、車中心で訪れる価値のない場所が多いことを指摘している。しかしながら、ミレニアル世代は自動車生活を脱却したストリートライフを好み、アメリカ国民の半数が様々な機能が混在したダウンタウンに住みたいと考えているという。また、現代都市の課題である経済的な繁栄・健康の維持・持続可能性を解決するためにもウォーカビリティは有効であることが述べられている。本書の後半では、ウォーカビリティのための4つの条件を10のステップ（車を適切に迎え入れる、用途を混在させる、駐車場を正しく確保する、公共交通を機能させる、歩行者を守る、自転車を歓迎する、空間を形作る、樹木を植える、親しみやすくユニークな表情を作る、優先順位をつける）に分けて、それぞれのステップについて、様々なエピソードを交えながら、ウォーカブルシティ実現のための具体的な処方箋を提示している。

以下、本書の訳者5名が3つのテーマについて解説する。まず、アメリカの都市計画に詳しい内田奈芳美がアメリカにおけるウォーカビリティの現在について解説する。原著が出版された2003年から9年が経過し、その間、新型コロナウイルスの蔓延など社会的な変化が見られているが、実際に現地に赴いた上で、ウォーカビリティがアメリカでどのように根ざしているのかを論述している。次に石村と内田晃が日本におけるウォーカブルシティ推進の動きを解説する。人口減少時代における都市計画の方向性をコンパクトシティに見いだした日本では、その延長上に歩きたくなるまちなかの創出を志向しているわけだが、公共交通の側面やコロナ禍での対応などに注目して論述している。最後に益子と長が本書の後半で紹介されている「ウォーカビリティの10のステップ」を日本に導入する際の留意点について解説する。具体的には、交通手段の選択合理性、密度と用途、経済効果、アーバン・トリアージなどに着目して論述している。

2. ウォーカブルシティを巡るアメリカの現在
（内田奈芳美）

原著がアメリカで出版されてからある程度の時間が経っているが「ウォーカビリティ」の重要性は都市においてますます高まっている。本稿では、本書を改めて翻訳して日本で出版するにあたり、アメリカでのウォーカビリティの現在地を理解するためのポイントについて整理する。

1）人口動態の変化：
ミレニアルズとベビー・ブーマーの現在、「郊外」の変化

まず近年の人口動態の変化である。本書でもしばしば言及される変化の象徴としてのミレニアルズ世代は現在40代にさしかかり[注1]、

子どもを育て、住宅や車を買う最大の人口層になった。一方でベビー・ブーマーは日本で言うところの後期高齢者（75才）になりつつある。原著発行当時はベビー・ブーマー世代が最も多かったが、2019年にミレニアルズはベビー・ブーマーと人口割合で並び、その後追い抜くような状況になっている。すなわち、これからはミレニアルズ世代の嗜好がまちづくりにより影響するようになってくるのだ。子どもを持つ世代になったミレニアルズはシビアな不動産市場の中でより良い住宅環境を求めて（もしくは価格的条件から）郊外に家を買い始めているが、その際に求めるのはこれまでイメージされてきた「歩きにくい」郊外住宅地ではなく、都市での生活に近いウォーカブルな郊外である[注2]。この嗜好の変化は郊外のあり方を変化させる可能性が高い。そして郊外のもう1つの変化として、アメリカ的なライフスタイルの象徴という従来のイメージだけでなく、安価な住宅を求める層も住むところにもなり、多様化したということがある。現在の「郊外」は緑豊かな戸建て住宅地だけではなく、より安価な集合住宅型の郊外も増えてきている[注3]。本書でも住宅価格の高騰から、都市から離れたところに安価な住宅を求める動きについて触れているが、郊外では多様な生活サービスへの近接

注1　ピュー研究所の定義ではミレニアルズは1981年〜1996年生まれであり、ベビー・ブーマーは1946年〜1964年生まれと位置づけられている（Richard Fey「Millennials overtake Baby Boomers as America's largest generation」2020年4月28日、https://www.pewresearch.org/fact-tank/2020/04/28/millennials-overtake-baby-boomers-as-americas-largest-generation/、2022年1月閲覧）。

注2　Nova Safo「A move toward three bedrooms and two baths」MarketPlace、2016年2月25日、https://www.marketplace.org/2016/02/22/business/real-estate/、2022年1月閲覧。本記事の中では、ミレニアルズはウォーカビリティなど「都市生活の良いところを郊外に持ち込む」存在であるとしている。

注3　Elizabeth Kneebone「Trump is clinging to an outdated vision of America's suburbs」2020年8月20日、https://www.brookings.edu/blog/the-avenue/2020/08/20/trump-is-clinging-to-an-outdated-vision-of-americas-suburbs/、2022年1月閲覧。

性が弱く、移動にかかるガソリン価格が上がる中でウォーカビリティはより切実な問題となってくる。

2）格差の拡大：治安とジェントリフィケーション

次に、格差の拡大という点がある。アメリカではこの間、所得格差を示すジニ係数が上昇するなどさらに格差の拡大が進んだ。大企業の経営者やIT技術者が莫大な収入を得る一方で「社会階層の移動の流動性が低下」[注4]し、不動産価格の上昇もあいまって、都市部のストリートを占有するホームレス・キャンプの増加が問題となってきた。かつ、アフリカ系アメリカ人が警官に殺されたことで2020年の大きな抗議運動へとつながったブラック・ライブズ・マター運動（BLM）が象徴するように、警察への不信感が拡大し、自治体によっては警察予算が削減されるなどして都市での治安の悪化も課題となってきた。このように「安心して歩ける」状況を妨げるものとして、交通事故や大気汚染だけでなく、ストリートにおける治安への懸念も存在している。また、ライトレールなどの公共交通機関の整備は、本来であれば車を持つことができない層にとってのウォーカビリティを拡大するものであるが、研究結果からは公共交通が整備されることで周辺の不動産価格が上昇し、ジェントリフィケーション（地域の高級化）が起きやすいことも示されている[注5]。

注4　西山隆行『格差と分断のアメリカ』（PHP研究所、2020）第3章第5節第3項から引用。

注5　もちろん地域によって状況は異なる。下記研究（Dwayne, et. al, 2019）では、サンフランシスコのような住宅価格上昇の激しい地域においてはジェントリフィケーションが起きている兆候が住民の変化から示される一方で、ポートランドのように「公平さ」を担保するような政策を行っているところではそのような状況が起きていないとしている。（Dwayne Marshall Baker and Bumsoo Lee「How Does Light Rail Transit（LRT）Impact Gentrification? Evidence from Fourteen US Urbanized Areas」Journal of Planning Education and Research 2019, Vol. 39（1）、pp.35-49）

ウォーカビリティは格差とそれに伴う都市問題と連動しつつ、アメリカでは中間層以上に与えられる贅沢品となってしまった部分もあるのかもしれない。

3）パンデミック：ウォーカビリティの価値の高まり

そして3点目として、2020年からのパンデミックがアメリカにもたらした大規模な社会的影響がある。この間、リモートでの勤務の可否や雇用の継続性の有無などによって格差はより拡大した。かつ、先述したような治安の問題はパンデミック期間中にホームレス・キャンプ問題の解決が難しかったこと、また、2020年の都市暴動の増加などからより深刻化した。このように、パンデミックはすでに存在していた都市問題を凝縮する方向に働いたように見えるが、「歩きやすい道」や「質の高い公共交通」など、ウォーカビリティに関連する都市要素については、パンデミックによって「現代の都市社会がすでに求めていたものを、より切実に感じられるようになっただけなのだ」との指摘[注6]もある。ウォーカビリティの価値は遠距離移動が不自由になる中でさらに高まり、2020年の選挙の際にパリのイダルゴ市長によって示された「フィフティーンミニッツ・シティ」（前節参照）の概念への注目にもつながった。

4）現在、本書をどのように読むべきか

以上のように、この間アメリカでは、人口動態や郊外の変化、治安の問題などによって、ウォーカビリティはより「切実」に希求される要素となってきている。日本においても、社会的背景は異なれ

注6　Dorina Pojani & Sara Alidoust「Lest we forget: media predictions of a post-Covid-19 urban future, Journal of Urbanism: International Research on Placemaking and Urban Sustainability」（2021）より。この中で、「The Globe and Mail」（2020年5月23日）の記事を引用した言葉である（筆者訳）。

ど、本書でも示されていたような健康への効果・高齢化への対応・環境問題へのインパクトなど「ウォーカビリティ」が都市に与える価値は国を超えて普遍的である。アメリカ同様、今後日本においてもウォーカビリティは居住地選択の上でより重要な要素となり、行政や住民が歩行環境の改善へのモチベーションを高めることが必要となってくる。そのためには、ウォーカビリティが導き出す価値の日本的意味を示すのがプランナーの役割となるが、本書はその助けとなる指標を示すものとしての意味を持つ。

3. 日本におけるウォーカブルシティ推進の動き

（石村壽浩・内田晃）

1）ウォーカブルシティの日本的背景と動き

日本においては、人口減少や少子高齢化が進み、これまでもモータリゼーションの進展による都市の郊外化、商店街のシャッター街化などによる中心市街地の衰退、空き家・空き地の増加による都市の魅力の低下などの都市的課題が指摘されてきた。

これらの課題に対して、コンパクト・プラス・ネットワーク等の都市再生の取り組みをさらに進化させるため、令和２年の都市再生特別措置法の一部改正により、「居心地が良く歩きたくなる」まちなかの創出に向けた各種制度が新設された。これにより、官民のパブリック空間をウォーカブルな人中心の空間へ転換し、「居心地が良く歩きたくなる」まちなかの形成を推進している。

2）日本とアメリカの違い

日本の地方都市には、鉄道駅やその周辺の市街地を中心としたウォーカブルな都市づくりの事例が多くみられる。松山市の花園町通り、岡山市の県庁通りなどはその典型例と言えよう。姫路市では、姫路駅北駅前広場の整備とそれに続く大手前通りの一部について、トランジットモール化するとともに、くつろぎの場の提供やにぎわいづくりの社会実験、ゆとりある歩行者空間の再整備に取り組んでいる。

これらの日本のウォーカブルシティの取り組みを進めるにあたり、評価指標として、国土交通省で「まちなかの居心地の良さを測る指標」が作成されている。これはまちなかで多様な人材が集い、滞在し、交流することを目的としており、主に、まちなかでの滞留を想定した「ハード環境」「空間の快適性・魅力」「人々の行動の多様性」についての指標が設定されている。

一方、本書で取り上げているアメリカの「ウォーカビリティ」は、アメリカの郊外化する住宅市場においても、安全性や快適性の視点から「ウォーカビリティ」を評価し、車社会における駐車場のあり方や多様な公共交通によるモビリティのあり方にも着目している点が特徴である。また、道路や街路樹などのパブリック空間の要素だけではなく、歩きやすい空間を形成する建築物のあり方についても言及している。

日本ではまちなか再生に主眼を置いた事例が多い一方で、アメリカにおいては居住地としての安全性・快適性を重視して評価され、ウォーカビリティが居住地選択の指標になっている点に違いがある。日本の特に地方都市においてもアメリカと同様に住宅市場が郊外化している現状を踏まえると、本書の「ウォーカビリティの10のステップ」で取り上げているもののうち、歩行のための利便性や安全性、交通問題との関係性、優先順位の考え方の視点は、今後のウォーカブルシティ推進にあたって参考になるであろう。

3）公共交通との連携

日本のウォーカブルシティにおいても公共交通との連携は重要である。ハワードの田園都市論に影響を受けた小林一三が阪急電鉄、五島慶太が東急電鉄の路線をそれぞれ拡大し、駅周辺を宅地分譲していった時代は、まさにウォーカブルな住宅市街地が形成されていた。ところが、そのような市街地はモータリゼーションが進展した現在では典型的な郊外住宅地の様相を呈しているのが現状であり、日本の大都市圏や地方都市の郊外ではアメリカのような公共交通指向型開発（TOD）の概念はほとんど見られない。

一方で中心市街地内では公共交通を再評価し、歩行者と連動させた都市空間を形成しようという動きも見られる。富山市の路面電車の環状化、宇都宮市のライトレール新設などはその典型例と言えよう。松山市の松山市駅前広場では乗継機能の強化や賑わい空間の創出を目的に、公共交通と連動した歩行者空間づくりの社会実験も行われた。今後は、中心市街地において歩行者と公共交通が共存するウォーカブルな都市空間が形成されることで、都市そのものの魅力も高まることが期待される。

4）コロナ禍におけるウォーカブルシティ

アメリカと同様に、日本においても新型コロナウイルス感染症が拡大し、ウィズコロナ社会のあり方が問われている。その中で、ウォーカブルシティによって形成されるゆとりある交流・滞在空間等を、新型コロナウイルス感染拡大を予防する「新しい生活様式」に対応するために活用する動きが始まっている。国ではコロナ禍を踏まえた「新たな日常」にも対応しつつ、都市構造の再構築と地域の稼ぐ力の向上を実現する新しいまちづくりの取り組みを推進している。

岡崎市のICTを活用した公民連携まちづくり、広島市のオープンスペースを活用したウォーカブルなまちづくりなどはその典型例と言えよう。富山市では富山駅北ブールバール地区の街路空間の再整備といったハード整備だけではなく、歩くきっかけづくりや歩く快適性の向上を図るための「とほ活（富山で歩く生活）」に取り組んでいる。ウィズコロナ時代においても、散歩やジョギングなどの健康づくりと融合した歩きたくなるまちづくりが各地で推進されている。

原著は、2020年のパンデミックより以前に出版されたものであるが、本書の「ウォーカビリティの10のステップ」で取り上げている歩行空間と建築物の関係性、緑環境・植樹のあり方などの視点は、コロナ禍における日本のウォーカブルシティ推進にあたって参考になるであろう。

4.「10のステップ」の適応可能性（長聡子・益子智之）

ここでは、本書PART II「ウォーカビリティの10のステップ」を読み解き、ウォーカブルシティの具体的な考え方と実現方法を解説するとともに、日本の状況を踏まえてその適応可能性を述べる。

1）自動車交通を適切にコントロールする

現代の一般的な都市空間は、自動車交通が財政的にも道路構造的にも優遇されすぎており、バスや自転車などの交通手段の選択合理性を欠いている現状にある。本書は、自動車交通に都市空間のデザイン裁量権を与えすぎたために、都市活力の喪失や高速道路建設に伴う不動産価値の低下など負の影響を引き起こしていることを明確に指摘している。一方で、ウォーカブルな都市環境では多様な交通手段の選択肢が整っていることで、居住者らはより健康的でかつ豊かな暮らしを楽しむことができる。歩くことのシンプルさは、都市の日常生活に新たな常識をもたらし、公共交通機関を活用することでより持続可能な都市環境づくりに貢献する。また、都市空間から全面的に自動車を取り除くことを目指すのではなく、子育てや介護など自動車を利用することが生活の質の向上に寄与しうる場合にも言及している。

日本においても法制度が改正され、歩行者中心の都市づくりが推進されている。自動車交通に過度に依存したシステムを改善するためには、自動車交通を適切にコントロールすることが求められる。その具体的な実現方法を本書の各ステップが示しており、都市に対する価値観を転換する機会を私たちに提供してくれるだろう。

2）歩きたくなる歩行環境の効果

歩行者が歩きたくなる動機は、安全だから、歩道が広いから、舗装が綺麗だからということだけではない。歩くことを選択することで得られる体験や刺激、いわゆる「ストリートライフ」を期待しているからである。ストリートライフを誘発したり、充実させたりする方法として本書で示されているのは、これまでにも世界中の様々な都市プランナーや研究者が提案してきた、街路空間の囲まれ感や街並みの連続性、沿道建物の低層階の開放性や多様性、ヒューマンスケール、街路樹の効果等の歩行者目線の都市デザイン手法である。これらを統合し、魅力的なストリートライフを創出する手法を本書はウォーカブルシティの文脈で再整理してくれている。

各ステップを通じて示される都市デザイン手法は、まさに現在、国土交通省をはじめ多くの自治体で進められている「居心地が良く歩きたくなるまちなか」のイメージであるWEDO（Walkable、Eye level、Diversity、Open）を具現化する手法としてすぐに参考にできるものといえる。さらに本書では、それらを適用した都市の実例やその効果もデータ等に基づいて示してくれている。ウォーカブルな都市環境整備後の経済的効果についても多く触れられており、沿道や周辺の不動産価値の上昇、それに伴う税収の上昇、さらには近隣への居住希望者の増加がもたらされているという。日本でもまったく同じ効果が得られるかは精査が必要であるが、ウォーカブルな環境をつくることで経済的効果や地域活性化への貢献が少なからず見込まれると考えて良いだろう。ウォーカブルシティの概念を、単に歩行空間の環境整備と捉えるに留まらず、まちづくりや地域経済の活性化にもその成果が及ぶと捉えれば、先行投資する意義は広がるのではないだろうか。

3）歩きたくなる生活圏を支える密度と用途

活気あるストリートライフを楽しめる生活圏をいかに形成しうるか。本書では、ある程度の密度があることに加えて、近隣地区が「構造」を有している点を強調している。ここで言う「構造」とは、中心性のあるコンパクトな空間構成を保持していると同時に、その中心が多様性を生み出す歩きたくなる通りや広場であることを意味している。たとえば地区内の構造上の結節点となる公共交通の駅が、歩いて行ける距離にあることにより、自動車以外の交通システムの活用を促すことができる。また、様々な用途を適切なバランスで混在させることで、歩きたくなる生活圏を形成できる。すべての用途がウォーカブルな範囲内に含まれている状態を理想とし、不足している用途を明確にするために、住民の声に耳を傾けることが重要である。

アメリカのダウンタウンでは、用途混在という点において、住宅が過小評価されていたため、本書では市街地への住宅供給を推進するための具体的な手段が紹介されている。他方日本では90年代後半以降、都心部でのタワーマンション建設により、都心回帰の流れが顕著であり、ホットスポット的に過剰に住宅が供給されている。都心部の用途を適切なバランスで混在させるためにも、主要駅周辺のマンション建設規制や街路空間の歩行者空間化、税控除等のインセンティブ付与などを継続的に検討しなければならない。

都心部の密度と用途を適切なバランスへ誘導することで、ウォーカビリティが向上することは間違いない。また、社会実験を通じて歩行者が暫定的にウォーカブルな都市環境を体感することで、理想的な密度と用途のバランスが発見され、物理的な都市空間の改変が促される。この両者の流れを同時に進め、好循環を生み出すことが、今後の日本のウォーカブルな都市づくりで期待される。

4）ウォーカブルシティ実現のためのアーバン・トリアージ

10のステップにわたって、様々な分野や視点からウォーカブルな環境を整備するためのデザイン手法や仕組みが提示されているが、それらすべてをエリア全体で一気に実行することは不可能である。費用対効果の良いところもあれば悪いところもある。どの地域で行うにも、効果的な場所から始め、ネットワークを広げていくやり方が最も効率的である。そのための手法として、本書で提案されているのが「アーバン・トリアージ」である。

すでにストリートライフの魅力の欠片があり、少し手を加えることでウォーカビリティが格段に向上するストリートもあれば、その一方で、道路構造や沿道建物にかなりの費用をかけなければならないところもある。本書では、小さな整備で予想以上の効果を得た事例がいくつも紹介されている。それらを参考に地域全体で治療（整備）優先度を評価し、優先度の高いストリートやそれらのつながる骨格を見極め、アーバン・トリアージ計画を立てることが、ウォーカブルシティを実現するための第一歩になる。

日本においても、都市再生整備計画でまちなかウォーカブル区域（滞在快適性等向上区域）の指定が進められている。その範囲選定や事業メニューの検討に、このアーバン・トリアージの考え方や10のステップが役立つだろう。小さな範囲、限られた予算の中でも最大限の効果を発揮させることで、都市のイメージを一変させることができることを本書は示してくれている。都市のイメージは潜在的な住民や来街者を引き寄せる重要な条件の1つである。新たな住民や来街者が引き寄せられれば、さらなるウォーカブルな環境の拡がりにつながり、多様な人に選ばれる魅力的な都市になるだろう。

出典

ウォーカビリティの一般理論

1. Andres Duany, Elizabeth Plater-Zyberk, and Jeff Speck, ***Suburban Nation***, 164.
2. Andres Duany and Jeff Speck, *The Smart Growth Manual*, Point10.7.

PART I：ウォーカビリティがなぜ重要か

1. Andres Duany, Elizabeth Plater-Zyberk, and Jeff Speck, ***Suburban Nation***, 217.

歩けること、それは都市部のアドバンテージ

1. Jack Neff, "Is Digital Revolution Driving Decline in U.S. Car Culture?"
2. J. D. Power press release, October 8, 2009.
3. Richard Florida, "The Great Car Reset."
4. The Segmentation Company, "Attracting College-Educated, Young Adults to Cities," 7.
5. Patrick C. Doherty and Christopher B. Leinberger, "The Next Real Estate Boom."
6. 同上
7. Christopher B. Leinberger, *The Option of Urbanism*, 89.
8. 同上
9. 同上, 90.
10. David Byrne, *Bicycle Diaries*, 283.
11. Carol Morello, Dan Keating, and Steve Hendrix, "Census: Young Adults Are Responsible for Most of D.C.'s Growth in Past Decade."
12. Christopher B. Leinberger, "Federal Restructuring of Fannie and Freddie Ignores Underlying Cause of Crisis."
13. Christopher B. Leinberger, "The Next Slum."
14. Leinberger, *Option*, 96-98.
15. 同 上, 101, and Anton Troianovski, "Downtowns Get a Fresh Lease."
16. Leinberger, *Option*, 91, 8-9.
17. Joe Cortright, "Walking the Walk: How Walkability Raises Home Values in U.S. Cities," 20.
18. Belden Russonello & Stewart, "What Americans Are Looking for When Deciding Where to Live," 3, 2.
19. Joe Cortright, "Portland's Green Dividend," 1.
20. 同上, 1-2, and Joe Cortright, "Driven Apart."
21. 同上, 3.
22. Poster, Intelligent Cities Initiative, National Building Museum.
23. Leinberger, *Option*, 20.
24. Barbara J. Lipman, "A Heavy Load: The Combined Housing and Transportation Costs of Working Families," iv.
25. 同上, 5.
26. Doherty and Leinberger, "The Next Real Estate Boom."
27. 同上
28. Leinberger, "Federal Restructuring."
29. Catherine Lutz and Anne Lutz Fernandez, *Carjacked*, 207.
30. Leinberger, *Option*, 77-78, and "Here Comes the Neighborhood"; Jeff Mapes, *Pedaling Revolution*, 143.
31. Jon Swartz, "San Francisco's Charm Lures High-Tech Workers."
32. David Brooks, Lecture, Aspen Institute; and David Brooks, "The Splendor of Cities."
33. Mapes, 268.
34. Jonah Lehrer, "A Physicist Solves the City," 3.
35. 同上, 4.
36. Hope Yen, "Suburbs Lose Young Whites to Cities"; Leinberger, *Option*, 170.
37. 同上

どうしてアメリカ人は歩けないのか

1. Jim Colleran, "The Worst Streets in America."
2. Jeff Speck, "Our Ailing Communities: Q&A: Richard Jackson."
3. 同上
4. Lawrence Frank, Lecture to the 18th Congress for the New Urbanism.
5. Molly Farmer, "South Jordan Mom Cited for Neglect for Allowing Child to Walk to School."
6. Howard Frumkin, Lawrence Frank, and Richard Jackson, *Urban Sprawl and Public Health*, xii.
7. Thomas Gotschi and Kevin Mills, "Active Transportation for America," 27.
8. Jan Gehl, *Cities for People*, 111.
9. Neal Peirce, "Biking and Walking: Our Secret Weapon?"
10. Gotschi and Mills, 44.
11. Jeff Mapes, *Pedaling Revolution*, 230.
12. Elizabeth Kolbert, "XXXL: Why Are We So Fat?"
13. Christopher B. Leinberger, *The Option of Urbanism*, 76.
14. Catherine Lutz and Anne Lutz Fernandez, *Carjacked*, 165.
15. Frumkin, Frank, and Jackson, 100.
16. 同上
17. Erica Noonan, "A Matter of Size."
18. American Dream Coalition website.
19. Richard Jackson, "We Are No Longer Creating Wellbeing."
20. Kevin Sack, "Governor Proposes Remedy for Atlanta Sprawl," A14.
21. Lutz and Lutz Fernandez, 172-73; American Lung Association, "State of the Air 2011 City Rankings";

Lutz and Lutz Fernandez, 173.
22. Asthma and Allergy Foundation of America, "Cost of Asthma"; John F. Wasik, *The Cul-de-Sac Syndrome*, 68.
23. WebMD slideshow, " 10 Worst Cities for Asthma."
24. Charles Siegel, *Unplanning*, 30.
25. Lutz and Lutz Fernandez, 182.
26. Frumkin, Frank, and Jackson, 110.
27. All traffic fatality data collected by Drive and Stay Alive, Inc.
28. Frumkin, Frank, and Jackson, 112.
29. Speck, "Our Ailing Communities."
30. Jane Ford, "Danger in Exurbia: University of Virginia Study Reveals the Danger of Travel in Virginia," *University of Virginia News*, April 30, 2002.
31. Doug Monroe, "The Stress Factor," 89.
32. Mapes, 239.
33. Deborah Klotz, "Air Pollution and Its Effects on Heart Attack Risk," *The Boston Globe*, February 28, 2011.
34. Frumkin, Frank, and Jackson, 142; Lutz and Lutz Fernandez, 156; Alois Stutzer and Bruno S. Frey, "Stress That Doesn't Pay," as described in Joe Cortright, "Portland's Green Dividend," 2.
35. Mainstreet.com, quoted in "Survey Says" by Cora Frazier, *The New Yorker*, March 19, 2012.
36. Dan Buettner, *Thrive*, 189.
37. Frumkin, Frank, and Jackson, 172.
38. Dom Nozzi, http://domz60.wordpress.com/quotes/.

間違った色の炭素マップ

1. Terry Tamminen, *Lives per Gallon*, 207.
2. Michael T. Klare, quoted in Catherine Lutz and Anne Lutz Fernandez, *Carjacked*, 90.
3. Josh Dorner, "NBC Confirms That 'Clean Coal' Is an Oxymoron."
4. Bill Marsh, "Kilowatts vs. Gallons."
5. Firmin DeBrabander, "What If Green Products Make Us Pollute More?"
6. 同上
7. Michael Mehaffy, "The Urban Dimensions of Climate Change."
8. David Owen, *Green Metropolis*, 48, 104.
9. *A Convenient Remedy*, Congress for the New Urbanism video.
10. Witold Rybczynski, *Makeshift Metropolis*, 189.
11. The study was prepared by Jonathan Rose Associates, March 2011.
12. New Urban Network, "Study: Transit Outperforms Green Buildings."
13. Kaid Benfield, "EPA Region 7: We Were Just Kidding About That Sustainability Stuff."
14. 同上
15. Dom Nozzi, http://domz60.wordpress.com/quotes/.
16. Owen, 19, 23.
17. Andres Duany, Elizabeth Plater-Zyberk, and Jeff Speck, *Suburban Nation*, 7-12.
18. Edward Glaeser, "If You Love Nature, Move to the City."
19. Owen, 2-3, 17.
20. Peter Newman, Timothy Beatley, and Heather Boyer, *Resilient Cities*, 7, 88.
21. 同上, 92.
22. John Holtzclaw, "Using Residential Patterns and Transit to Decrease Auto Dependence and Costs."
23. " 2010 Quality of Living Worldwide City Rankings," Mercer.com.
24. Newman, Beatley, and Boyer, 99.

STEP 1：車を適切に迎え入れよう

1. Dom Nozzi, http://domz60.wordpress.com/quotes/.
2. Ralph Waldo Emerson, "Experience" (1844), quoted in Cotton Seiler, *Republic of Drivers*, 16; Walt Whitman, "Song of the Open Road" (1856).
3. Seiler, 94.
4. David Byrne, *Bicycle Diaries*, 8.
5. Patrick Condon, "Canadian Cities American Cities: Our Differences Are the Same," 16.
6. 同上, 8.
7. Witold Rybczynski, *City Life*, 160-61.
8. Donald Shoup, *The High Cost of Free Parking*, 65.
9. Bob Levey and Jane Freundel-Levey, "End of the Roads," 1.
10. 同上, 2-3.
11. 同上, 2-4.
12. Terry Tamminen, *Lives per Gallon*, 60-61.
13. Christopher B. Leinberger, *The Option of Urbanism*, 164.
14. Randy Salzman, "Build More Highways, Get More Traffic."
15. Charles Siegel, *Unplanning*, 29, 95.
16. Federal Highway Administrator Mary Peters, Senate testimony, quoted in Nozzi, http://domz60.wordpress.com/quotes/.
17. Peter Newman, Timothy Beatley, and Heather Boyer, *Resilient Cities*, 102.
18. Texas Transportation Institute, Texas A & M University, " 2010 Urban Mobility Report."
19. Nozzi, 前掲.
20. Andres Duany, Elizabeth Plater-Zyberk, and Jeff Speck, *Suburban Nation*, 16.
21. Information from an e-mail exchange with Dan

Burden.
22. Jane Jacobs, *Dark Age Ahead*, 73.
23. 同上, 74-79.
24. Yonah Freemark and Jebediah Reed, "Huh?! Four Cases of How Tearing Down a Highway Can Relieve Traffic Jams (and Save Your City)."
25. Kamala Rao, "Seoul Tears Down an Urban Highway, and the City Can Breathe Again," *Grist*, November 4, 2011.
26. 同上
27. 同上
28. Siegel, 102; William Yardley, "Seattle Mayor Is Trailing in the Early Primary Count."
29. "Removing Freeways-Restoring Cities," preservenet.com.
30. Jan Gehl, *Cities for People*, 9.
31. 同上, 13.
32. Newman, Beatley, and Boyer, 117.
33. Jeff Mapes, *Pedaling Revolution*, 81.
34. Witold Rybczynski, *Makeshift Metropolis*, 83.
35. Jeff Speck, "Six Things Even New York Can Do Better."
36. Ken Livingstone, winner commentary by Mayor of London, World Technology Winners and Finalists.
37. Data taken alternately from two sources: Ibid., and Wikipedia, "London Congestion Charge."
38. 同上
39. Stewart Brand, *Whole Earth Discipline*, 71.
40. Wikipedia, "New York Congestion Pricing."
41. 同上
42. 同上
43. Nozzi, 前掲.
44. Bernard-Henri Levy, *American Vertigo*.
45. Ivan Illich, *Toward a History of Needs*.
46. 同上, 119.
47. Duany, Plater-Zyberk, and Speck, 91n.
48. Catherine Lutz and Anne Lutz Fernandez, *Carjacked*, 145.

STEP2：用途を混在させよう

1. Andres Duany, Elizabeth Plater-Zyberk, and Jeff Speck, *Suburban Nation*, 10.
2. Conversation with Adam Baacke, June 14, 2011.
3. Nicholas Brunick, "The Impact of Inclusionary Zoning on Development," 4.
4. Judy Keen, "Seattle's Backyard Cottages Make a Dent in Housing Need."
5. Data from the City of Seattle Department of Planning and Development.
6. Tim Newcomb, "Need Extra Income? Put a Cottage in Your Backyard," time.com, May 28, 2011.

STEP3：駐車場を正しく確保しよう

1. Martha Groves, "He Put Parking in Its Place."
2. 同上
3. Eric Betz, "The First Nationwide Count of Parking Spaces Demonstrates Their Environmental Cost."
4. Donald Shoup, *The High Cost of Free Parking*, 189.
5. Catherine Lutz and Anne Lutz Fernandez, *Carjacked*, 8.
6. 同上
7. Shoup, 83.
8. 同上, 591.
9. 同上, 2.
10. 同上, 208-14.
11. 同上, 24.
12. 同上, 559.
13. Philip Langdon, "Parking: A Poison Posing as a Cure."
14. 同上
15. Langdon.
16. Betz.
17. Shoup, 81.
18. Sarah Karush, "Cities Rethink Wisdom of 50s-Era Parking Standards."
19. Washington, D.C., Economic Partnership (2008), "2008 Neighborhood Profiles— Columbia Heights."
20. Interview with architect Brian O'Looney of Torti Callas and Partners.
21. Paul Schwartzman, "At Columbia Heights Mall, So Much Parking, So Little Need."
22. 同上
23. Shoup, 43.
24. 同上, 8.
25. Andres Duany, Elizabeth Plater-Zyberk, and Jeff Speck, *Suburban Nation*, 163n.
26. Shoup, 131.
27. 同上, 157.
28. Langdon; Shoup, 146.
29. Langdon.
30. Shoup, 150.
31. 同上
32. Noah Kazis, "NYCHA Chairman: Parking Minimums 'Working Against Us.'"
33. Wikipedia, "Carmel-by-the-sea, California"
34. Shoup, 102-103, 230, 239.
35. 同上, 239.
36. 同上, 262.
37. 同上, 498.
38. 同上, 122.
39. 同上, 327, 310, 14, 359.
40. 同上, 328.
41. 同上, 400.

42. 同上, 380-81.
43. Douglas Kolozsvari and Donald Shoup, "Turning Small Change into Big Changes."
44. Shoup, 299.
45. 同上, 383.
46. 同上, 391-92.
47. Groves.
48. Bill Fulton, mayor of Ventura, blog posting, September 14, 2010.
49. 同上
50. Groves.
51. Shoup, 309.
52. Rachel Gordon, "Parking: S.F. Releases Details on Flexible Pricing."
53. 同上
54. Kolozsvari and Shoup; Shoup, 417.
55. Kolozsvari and Shoup.
56. Shoup, 417, 434, 415.
57. 同上, 348-53.
58. Kolozsvari and Shoup; Shoup, 417.
59. Kolozsvari and Shoup.
60. Langdon.
61. Kolozsvari and Shoup.
62. Shoup, 397.
63. 同上, 275.
64. 同上, 299.
65. Alex Salta, "Chicago Sells Rights to City Parking Meters for $1.2 Billion."
66. 同上

STEP4：公共交通を機能させよう

1. Yonah Freemark, "Transit Mode Share Trends Looking Steady." Data from U.S. Census Bureau's American Community Survey, October 13, 2010.
2. Donald Shoup, *The High Cost of Free Parking*, 2.
3. Peter Newman, Timothy Beatley, and Heather Boyer, *Resilient Cities*, 86-87.
4. Freemark, "Transit Mode Share Trends Looking Steady."
5. Daniel Parolec, presentation to the Congress for the New Urbanism, June 2, 2011.
6. Terry Tamminen, *Lives per Gallo*n, 112.
7. David Owen, *Green Metropolis*, 127.
8. 同上, 121.
9. Andres Duany and Jeff Speck, *The Smart Growth Manual*, Point 3.2.
10. Newman, Beatley, and Boyer, 109.
11. Christopher B. Leinberger, *The Option of Urbanism*, 166.
12. John Van Gleson, "Light Rail Adds Transportation Choices on Common Ground," 10.
13. Todd Litman, "Raise My Taxes, Please!"
14. Yonah Freemark, "The Interdependence of Land Use and Transportation."
15. dart.org, 2008.
16. Wendell Cox, "DART's Billion Dollar Boondoggle."
17. Yonah Freemark, "An Extensive New Addition to Dallas' Light Rail Makes It America's Longest."
18. Van Gleson, 10.
19. Freemark, "An Extensive New Addition."
20. San Miguel County Local Transit and Human Service Transportation Coordination Plan, LSC Transportation Consultants in association with the URS Corporation, Colorado Springs, 2008, pages III-6 through III-7.
21. Charles Hales, presentation at Rail-Volution, October 18, 2011.
22. American Public Transportation Association Transit Ridership Report, 1st quarter 2011. Washington, D.C.
23. D.C. Surface Transit, "Value Capture and Tax-Increment Financing Options for Streetcar Construction."
24. 同上
25. 同上
26. American Public Transportation Association Transit Ridership Report, 1st quarter 2011.
27. D.C. Surface Transit.
28. Equilibrium Capital, "Streetcars' Economic Impact in the United States," PowerPoint presentation.
29. D.C. Surface Transit.
30. 同上
31. Andres Duany, Elizabeth Plater-Zyberk, and Jeff Speck, *Suburban Nation*, 202-203.
32. Darrin Nordahl, *My Kind of Transit*, ix.
33. 同上, 126-43.
34. Mark Jahne, "Local Officials Find Fault with Proposed Hartford-New Britain Busway."
35. U.S. Government Accounting Office, "Bus Rapid Transit Shows Promise."
36. Morgan Clendaniel, "Zipcar's Impact on How People Use Cars Is Enormous.

STEP5：歩行者を守ろう

1. Wesley Marshall and Norman Garrick, "Street Network Types and Road Safety," table 1.
2. Andres Duany, Elizabeth Plater-Zyberk, and Jeff Speck, *Suburban Nation*, 160n.
3. Dan Burden and Peter Lagerwey, "Road Diets: Fixing the Big Roads."
4. Reid Ewing and Eric Dumbaugh, "The Built Environment and Traffic Safety," 363.
5. Robert Noland, "Traffic Fatalities and Injuries," cited in Catherine Lutz and Anne Lutz Fernandez, *Carjacked*, chapter 9, note 19.

6. "Designing Walkable Urban Thoroughfares."
7. NCHRP Report 500, "Volume 10: A Guide for Reducing Collisions Involving Pedestrians," 2004.
8. 20splentyforus.org.uk.
9. Duany, Plater-Zyberk, and Speck, 36-37.
10. Malcolm Gladwell, "Blowup," 36; also in Duany, Plater-Zyberk, and Speck, 37n.
11. Tom McNichol, "Roads Gone Wild."
12. Tom Vanderbilt, *Traffic*, 199.
13. McNichol.
14. Jeff Mapes, *Pedaling Revolution*, 62.
15. McNichol.
16. David Owen, *Green Metropolis*, 186.
17. McNichol.
18. 同上
19. Duany, Plater-Zyberk, and Speck, 64.
20. Christian Sottile, "One-Way Streets: Urban Impact Analysis," commissioned by the city of Savannah (unpublished).
21. 同上
22. Melanie Eversley, "Many Cities Changing One-Way Streets Back."
23. Alan Ehrenhalt, "The Return of the Two-Way Street."
24. 同上
25. 同上
26. Duany, Plater-Zyberk, and Speck, 71.
27. Jan Gehl, *Cities for People*, 186.
28. Mapes, 85.
29. Michael Grynbaum, "Deadliest for Walkers: Male Drivers, Left Turns."
30. Damien Newton, "Only in LA: DOT Wants to Remove Crosswalks to Protect Pedestrians."
31. Owen, 185.

STEP6：自転車を歓迎しよう

1. Ron Gabriel, "3-Way Street by ronconcocacola," Vimeo.
2. Hayes A. Lord, "Cycle Tracks."
3. Jan Gehl, *Cities for People*, 105.
4. Allison Aubrey, "Switching Gears: More Commuters Bike to Work."
5. Jeff Mapes, *Pedaling Revolution*, 24.
6. Robert Hurst, *The Cyclist's Manifesto*, 176.
7. Gehl, 104-105.
8. Mapes, 14.
9. John Pucher and Ralph Buehler, "Why Canadians Cycle More Than Americans," 265.
10. Jay Walljasper, "The Surprising Rise of Minneapolis as a Top Bike Town."
11. Pucher and Buehler, "Why Canadians," 273.
12. 同上, 265.
13. Mapes, 65, 70.
14. Jay Walljasper, "Cycling to Success: Lessons from the Dutch."
15. Mapes, 71; John Pucher and Lewis Dijkstra, "Making Walking and Cycling Safer: Lessons from Europe," 9.
16. Mapes, 62.
17. Russell Shorto, "The Dutch Way: Bicycles and Fresh Bread."
18. 同上
19. Gehl, 185-87.
20. Mapes, 81.
21. Wikipedia, "Modal Share," data from urbanaudit.org.
22. Mia Burke, "Joyride."
23. Mapes, 155.
24. Burke.
25. bikerealtor.com.
26. Mapes, 158, 143.
27. 同上, 139.
28. Noah Kazis, "New PPW Results: More New Yorkers Use It, Without Clogging the Street"; Gary Buiso, "Safety First! Prospect Park West Bike Lane Working."
29. Gary Buiso, "Marty's Lane Pain Is Fodder for His Christmas Card."
30. 同上
31. Andrea Bernstein, "NYC Biking Is Up 14% from 2010; Overall Support Rises."
32. Lord.
33. Hurst, 81.
34. 同上, 175.
35. Bernstein.
36. Thomas Gotschi and Kevin Mills, "Active Transportation for America," 28.
37. 同上, 24.
38. 同上, 225.
39. Children's Safety Network, "Promoting Bicycle Safety for Children."
40. John Forester, *Bicycle Transportation*, 2nd ed., 3.
41. Hurst, 90.
42. John Pucher and Ralph Buehler, "Cycling for Few or for Everyone," 62-63.
43. Mapes, 40.
44. Tom Vanderbilt, *Traffic*, 199.
45. Hurst, 94.
46. Steven Erlanger and Maia de la Baume, "French Ideal of Bicycle-Sharing Meets Reality."
47. Wikipedia, "Bicycle Sharing System."
48. Clarence Eckerson, Jr., "The Phenomenal Success of Capital Bikeshare."
49. Christy Goodman, "Expanded Bike-Sharing Program to Link D.C., Arlington."
50. "Capital Bikeshare Expansion Planned in the New

Year," D.C. DOT, December 23, 2010.
51. Wendy Koch, "Cities Roll Out Bike-Sharing Programs."
52. David Byrne, *Bicycle Diaries*, 278.
53. Lord.

STEP7：空間を形作ろう
1. Thomas J. Campanella, *Republic of Shade*, 135.
2. Jan Gehl, *Cities for People*, 4.
3. 同上, 120, 139, 34.
4. 同上, 50.
5. Christopher Alexander, *A Pattern Language*, 115.
6. Gehl, 42.
7. 同上, 171-73.
8. Jane Jacobs, *The Death and Life of Great American Cities*, 203.
9. Andres Duany and Jeff Speck, *The Smart Growth Manual*, Point 10.5.
10. Gehl, 146.

STEP8：樹木を植えよう
1. R. S. Ulrich et al., "View Through a Window May Influence Recovery from Surgery."
2. "The Value of Trees to a Community," arborday.org/trees/benefits.cfm.
3. Burden, "22 Benefits of Urban Street Trees."
4. Howard Frumkin, Lawrence Frank, and Richard Jackson, *Urban Sprawl and Public Health*, 119.
5. Eric Dumbaugh, "Safe Streets, Livable Streets," 285-90.
6. Burden.
7. U.S. Department of Agriculture, Forest Service Pamphlet #FS-363.
8. Burden.
9. Henry F. Arnold, *Trees in Urban Design*, 149.
10. Zoe G. Davies, Jil L. Edmondson, Andreas Heinemeyer, Jonathan R. Leake, and Kevin J. Gaston, "Mapping an Urban Ecosystem Service: Quantifying Above-Ground Carbon Storage at a City-Wide Scale."
11. David Whitman, "The Sickening Sewer Crisis in America."
12. Greg Peterson, "Pharmaceuticals in Our Water Supply Are Causing Bizarre Mutations to Wildlife."
13. "Rainfall Interception of Trees, in Benefits of Trees in Urban Areas," coloradotrees.org.
14. Burden.
15. Kim Coder, "Identified Benefits of Community Trees and Forests."
16. Charles Duhigg, "Saving US Water and Sewer Systems Would Be Costly."
17. Whitman.
18. Thomas J. Campanella, *Republic of Shade*, 89.
19. 同上, 75-77.
20. Anthony S. Twyman, "Greening Up Fertilizes Home Prices, Study Says."
21. Geoffrey Donovan and David Butry, "Trees in the City."
22. 同上
23. Jan Gehl, *Cities for People*, 180.
24. See milliontreesnyc.org.

STEP9：親しみやすくユニークな表情を作ろう
1. Jan Gehl, *Cities for People*, 88.
2. 同上, 137.
3. 同上, 77.
4. 同上, 151.
5. Andres Duany, Elizabeth Plater-Zyberk, and Jeff Speck, *Suburban Nation*, 175-78.
6. Chris Turner, "What Makes a Building Ugly?"
7. James Fallows, "Fifty-Nine and a Half Minutes of Brilliance, Thirty Seconds of Hauteur."
8. Ethan Kent, "Guggenheim Museum Bilbao," Project for Public Spaces Hall of Shame.
9. Leon Krier, *The Architecture of Community*, 70.
10. Jane Jacobs, *The Death and Life of Great American Cities*, 291.
11. David Owen, *Green Metropolis*, 178.
12. 同上, 181.
13. Jacobs, 91.
14. 同上, 91n.

STEP10：優先順位をつけよう
1. Andres Duany, Elizabeth Plater-Zyberk, and Jeff Speck, *Suburban Nation*, 166.
2. BlairKamin,"Ohio Cap at Forefront of Urban Design Trend."
3. Andres Duany and Jeff Speck, *The Smart Growth Manual*, Point 7.8.
4. Rick Reilly, "Life of Reilly: Mile-High Madness."

参考文献

書籍

Alexander, Christopher. *A Pattern Language*. New York: Oxford University Press, 1977.（平田翰那訳『パタン・ランゲージ――環境設計の手引』鹿島出版会、1984）

Arnold, Henry F. *Trees in Urban Design*, 2nd ed. New York: John Wiley, 1992.

Brand, Stewart. *Whole Earth Discipline: Why Denser Cities, Nuclear Power, Transgenic Crops, Restored Wetlands and Geoengineering Are Necessary*. New York: Penguin, 2009.

Buettner, Dan. *The Blue Zones: Lessons for Living Longer from the People Who've Lived the Longest*. Washington, D.C.: National Geographic, 2008.

Buettner, Dan. *Thrive: Finding Happiness the Blue Zones Way*. Washington, D.C.: National Geographic, 2010.

Byrne, David. *Bicycle Diaries*. New York: Viking, 2009.

Campanella, Thomas J. *Republic of Shade: New England and the American Elm*. New Haven: Yale University Press, 2003.

Designing Walkable Urban Thoroughfares: A Context-Sensitive Approach An ITE Recommended Practice. Institute of Transportation Engineers and Congress for the New Urbanism, Washington, D.C., 2010.

Duany, Andres, Elizabeth Plater-Zyberk, and Jeff Speck. *Suburban Nation. The Rise of Sprawl and the Decline ofthe American Dream*. New York: North Point Press, 2000.

Duany, Andres, and Jeff Speck. *The Smart Growth Manual*. New York: McGraw-Hill, 2010.

Forester, John. *Bicycle Transportation*, 2nd ed. Cambridge, Mass.: MIT Press, 1994.

Frumkin, Howard, Lawrence Frank, and Richard Jackson. *Urban Sprawl and Public Health: Designing, Planning, and Buildingfor Healthy Communities*. Washington, D.C.: Island Press, 2004.

Gehl, Jan. *Cities for People*. Washington, D.C.: Island Press, 2010.（北原理雄訳『人間の街――公共空間のデザイン』鹿島出版会、2014）

Hart, Stanley I., and Alvin L. Spivak. *The Elephant in the Bedroom: Automobile Dependence and Denial: Impacts on the Economy and Environment*. Pasadena, Calif.: New Paradigm Books, 1993.

Higham, Charles. *Trading with the Enemy: An Expose of the Nazi-American Money Plot, 1933-1949*. New York: Delacorte Press, 1983.

Hurst, Robert. *The Cyclist's Manifesto: The Case for Riding on Two Wheels Instead of Four*. Helena, Mont.: Globe Pequot Press, 2009.

Illich, Ivan. *Toward a History of Needs*. New York: Pantheon, 1977. First published in 1973.

Jacobs, Alan. *The Boulevard Book*. Cambridge, Mass.: MIT Press, 2002.

Jacobs, Alan. *Great Streets*. Cambridge, Mass.: MIT Press, 1993.

Jacobs, Jane. *Dark Age Ahead*. New York: Random House, 2004.

Jacobs, Jane. *The Death and Life of Great American Cities*. New York: Vintage, 1961.（山形浩生訳『アメリカ大都市の死と生』鹿島出版会、2010）

Koolhaas, Rem, Hans Werlemann, and Bruce Mau. *S, M, L, XL*. New York: Monacelli Press, 1994.

Krier, Leon. *The Architecture of Community*. Washington, D.C.: Island Press, 2009.

Leinberger, Christopher B. *The Option of Urbanism: Investing in a New American Dream*. Washington, D.C.: Island Press, 2009.

Levy, Bernard-Henri. *American Vertigo: On the Road from Newport to Guantanamo*. London: Gibson Square, 2006.

Lutz, Catherine, and Anne Lutz Fernandez. *Carjacked: The Culture of the Automobile and Its Effect on Our Lives*. New York: Pal grave Macmillan, 2010.

Mapes, Jeff. *Pedaling Revolution: How Cyclists Are Changing American Cities*. Corvallis: Oregon State University Press, 2009.

Newman, Peter, Timothy Beatley, and Heather Boyer. *Resilient Cities: Responding to Peak Oil and Climate Change*. Washington, D.C.: Island Press, 2009.

Nordahl, Darrin. *My Kind of Transit: Rethinking Public Transportation in America*. Chicago: The Center for American Places, 2008.

Owen, David. *Green Metropolis: Why Living Smaller, Living Closer, and Driving Less Are the Keys to Sustainability*. New York: Penguin, 2009.

Rybczynski, Witold. *City Life: Urban Expectations in a New World*. New York: Scribner, 1995.

Rybczynski, Witold. *Makeshift Metropolis: Ideas About Cities*. New York: Scribner, 2010.

Seiler, Cotton. *Republic of Drivers: A Cultural History of Automobility in America*. Chicago: University of Chicago Press, 2008.

Shoup, Donald. *The High Cost of Free Parking*. Chicago: Planners Press, 2004.

Siegel, Charles. *Unplanning: Livable Cities and Political Choices*. Berkeley, Calif.: The Preservation Institute, 2010.

Tamminen, Terry. *Lives per Gallon: The True Cost*

of Our Oil Addiction. Washington, D.C.: Island Press, 2006.

Vanderbilt , Tom . *Traffic: Why We Drive the Way We Do (and What It Says About Us)*. New York: Knopf, 2008.

Wasik, John F. *The Cul-de-Sac Syndrome: Turning Around the Unsustainable American Dream*. New York: Bloomberg Press, 2009.

Whyte, William. *City: Rediscovering the Center*. New York: Doubleday, 1988.

論文・レポート

AAA. "Your Driving Costs," 2010. aaa.com.

American Lung Association. "State of the Air 2011 City Rankings." stateof theair.org/ 2011 /city-rankings.

American Public Transportation Association. "Transit Ridership Report, 1 st Quarter 2011."

"America's Top-50 Bike Friendly Cities." bicycling. com, undated.

Asthma and Allergy Foundation of America. "Cost of Asthma." aafa.org, undated.

Belden Russonello & Stewart Research and Communications. 2004 National Community Preference Survey, November 2004.

Belden Russonello & Stewart Research and Communications. "What Americans Are Looking for When Deciding Where to Live." 2011 Community Preference Survey, March 2011.

Benfield, Kaid. "EPA Region 7: We Were Just Kidding About That Sustainability Stuff." sustainablecitiescollective.com, April 18, 2011.

Bernstein, Andrea. "NYC Biking Is Up 14% from 2010; Overall Support Rises." transportationnation.org, July 28, 2011.

Berreby, David. "Engineering Terror." *The New York Times*, September 10, 2010.

Betz, Eric. "The First Nationwide Count of Parking Spaces Demonstrates Their Environmental Cost." *The Knoxville News Sentinel*, December 1, 2010.

Branyan, George. "What Is an LPI? A Head Start for Pedestrians." ddotdish.com, December 1, 2010.

Brooks, David. "The Splendor of Cities." Review of *Triumph ofthe City* by Edward L. Glaeser (New York: Penguin, 2011). *The New York Times*, February 7, 2011.

Brunick, Nicholas. "The Impact of Inclusionary Zoning on Development." Report of Business and Professional People for the Public Interest, bpichicago.org, 2004, 4.

Buiso, Gary. "Marty's Lane Pain Is Fodder for His Christmas Card." *The Brooklyn Paper*, December 12, 2010.

Buiso, Gary. "Safety First! Prospect Park West Bike Lane Working." *The Brooklyn Paper*, January 20, 2011.

Burden, Dan. "22 Benefits of Urban Street Trees." ufei.org/files/pubs / 22 benefitsofurbanstreettrees. pdf, May 2006.

Burden, Dan, and Peter Lagerwey. "Road Diets: Fixing the Big Roads." Walkable Communities Inc., 1999. walkable.org/assets/downloads/roaddiets.pdf.

Burke, Mia. "Joyride: Pedaling Toward a Healthier Planet." planetizen.com, February 28, 2011.

"Call for Narrower Streets Rejected by Fire Code Officials." New Urban News. bettercities.net, December 1, 2009.

Chen, Donald. "If You Build It, They Will Come... Why We Can't Build Ourselves Out of Congestion." *Surface Transportation Policy Project Progress* VII: 2 (March 1998): 1, 4.

Children's Safety Network. "Promoting Bicycle Safety for Children," 2. childrenssafetynetwork.org, 2011.

Clendaniel, Morgan. "Zipcar's Impact on How People Use Cars Is Enormous." fastcompany.com, July 19, 2011.

Coder, Rim D. "Identified Benefits of Community Trees and Forests." University of Georgia study, October 1996. warnell.forestry.uga.edu/service/ library/for 96 = 039 /for 96 = 039 .pdf.

Colleran, Jim. "The Worst Streets in America." planetizen.com, March 21, 2001.

Condon, Patrick. "Canadian Cities American Cities: Our Differences Are the Same." Smart Growth on the Ground Initiative, University of British Columbia, February 2004. jtc.sala.ubc_.ca/ newsroom/patrick_condon_primer.pdf.

Cortright, Joe: "Driven Apart: Why Sprawl, Not Insufficient Roads, Is the Real Cause of Traffic Congestion." CEOs for Cities, White Paper, September 29, 2010.

Cortright, Joe. "Portland's Green Dividend." CEOs for Cities White Paper, July 2007.

Cortright, Joe. "Walking the Walk: How Walkability Raises Home Values in U.S. Cities." CEOs for Cities White Paper, August 2009.

Cortright, Joe, and Carol Coletta. "The Young and the Restless: How Portland Competes for Talent." Portland, Ore: Impresa, Inc., 2004.

Cox, Wendell. "DART's Billion Dollar Boondoggle." *Dallas Business Journal*, June 16, 2002.

Davies, Zoe G., et al. "Mapping an Urban Ecosystem Service: Quantifying Above-Ground Carbon Storage at a City-Wide Scale." *Journal of Applied Ecology* 48 (2011): 1125-34.

D.C. Surface Transit. "Value Capture and Tax-

Increment Financing Options for Streetcar Construction." Report commissioned by D.C. Surface Transit from the Brookings Institution, HDR, Re-Connecting America, and RCLCO, June 2009.

DeBrabander, Firmin. "What If Green Products Make Us Pollute More?" *The Baltimore Sun*, June 2, 2011.

District Department of Transportation, Washington, D.C. "Capital Bikeshare Expansion Planned in the New Year," December 23, 2010.

Doherty, Patrick C., and Christopher B. Leinberger. "The Next Real Estate Boom." *The Washington Monthly*, November/December 2010.

Doig, Will. "Are Freeways Doomed?" salon.com, December 1, 2011.

Donovan, Geoffrey, and David Butry. "Trees in the City: Valuing Trees in Portland, Oregon." *Landscape and Urban Planning* 94 (2010): 77-83.

Dorner, Josh. "NBC Confirms That 'Clean Coal' Is an Oxymoron." Huffington Post, November 18, 2008.

Duhigg, Charles. "Saving US Water and Sewer Systems Would Be Costly." *The New York Times*, March 14, 2010.

Dumbaugh, Eric. "Safe Streets, Livable Streets." *Journal of the American Planning Association* 71, no. 3 (2005): 283-300.

Duranton, Gilles, and Matthew Turner. "The Fundamental Law of Road Congestion: Evidence from U.S. Cities." *American Economic Review* 101 (2011): 2616-52.

Durning, Alan. "The Year of Living Car-lessly." daily.sightline.org, April 28, 2006.

Eckerson, Clarence, Jr. "The Phenomenal Success of Capital Bikeshare." streetfilms.org, August 2, 2011.

Ehrenhalt, Alan. "The Return of the Two-Way Street." governing.org, December 2009.

El Nasser, Haya. "In Many Neighborhoods, Kids Are Only a Memory." *USA Today*, June 3, 2011.

Erlanger, Steven, and Maia de la Baume. "French Ideal of Bicycle-Sharing Meets Reality." *The New York Times*, October 30, 2009.

Eversley, Melanie. "Many Cities Changing One-Way Streets Back." *USA Today*, December 20, 2006.

Ewing, Reid, and Robert Cervero. "Travel and the Built Environment: A Meta-Analysis." *Journal of the American Planning Association* 76, no. 3 (2010): 11.

Ewing, Reid, and Eric Dumbaugh. "The Built Environment and Traffic Safety: A Review of Empirical Evidence." *Journal of Planning Literature* 23, no. 4 (2009): 347-67.

Fallows, James. "Fifty-Nine and a Half Minutes of Brilliance, Thirty Seconds of Hauteur." theatlantic.com, July 3, 2009.

Farmer, Molly. "South Jordan Mom Cited for Neglect for Allowing Child to Walk to School." *The Deseret News*, December 15, 2010.

Florida, Richard. "The Great Car Reset." theatlantic.com, June 3, 2010.

Ford, Jane. "Danger in Exurbia: University of Virginia Study Reveals the Danger of Travel in Virginia." *University of Virginia News*, April 30, 2002.

Freemark, Yonah. "An Extensive New Addition to Dallas' Light Rail Makes It America's Longest." thetransportpolitic.com, December 5, 2010.

Freemark, Yonah. "The Interdependence of Land Use and Transportation." thetransportpolitic.com, February 5, 2011.

Freemark, Yonah. "Transit Mode Share Trends Looking Steady." thetransportpolitic.com, October 13, 2010.

Freemark, Yonah, and Jebediah Reed. "Huh?! Four Cases of How Tearing Down a Highway Can Relieve Traffic Jams (and Save Your City)." infrastructurist.corn, July 6, 2010.

Fremont, Calif., City of. "City Council Agenda and Report," May 3, 2011.

Fried, Ben. "What Backlash? Q Poll Finds 54 Percent of NYC Voters Support Bike Lanes." streetsblog.org, March 18, 2011.

Garrett-Peltier, Heidi. "Estimating the Employment Impacts of Pedestrian, Bicycle, and Road Infrastructure. Case Study: Baltimore." Political Economy Research Institute, University of Massachusetts, Amherst, December, 2010.

Gerstenang, James. "Cars Make Suburbs Riskier Than Cities, Study Says." *The Los Angeles Times*, April 15, 1996.

Gladwell, Malcolm. "Blowup." *The New Yorker*, January 22, 1996.

Glaeser, Edward. "If You Love Nature, Move to the City." *The Boston Globe*, February 10, 2011.

Goodman, Christy. "Expanded Bike-Sharing Program to Link D.C., Arlington." *The Washington Post*, May 23, 2010.

Gordon, Rachel. "Parking: S.F. Releases Details on Flexible Pricing." sfgate.com, April 2, 2011.

Gotschi, Thomas, and Kevin Mills. "Active Transportation for America: The Case for Increased Federal Investment in Bicycling and Walking." railstotrails.org, October 20, 2008.

Gros, Daniel. "Coal vs. Oil: Pure Carbon vs. Hydrocarbon." achangeinthewind.com, December 28, 2007.

Groves, Martha. "He Put Parking in Its Place." *The Los Angeles Times*, October 16, 2010.

Grynbaum, Michael. "Deadliest for Walkers: Male Drivers, Left Turns." *The New York Times*, August 16, 2010.

Haddock, Mark. "Salt Lake Streets Have Seen Many Changes over Past 150 Years." *Deseret News*, July 13, 2009.

Hansen, Mark, and Yuanlin Huang. "Road Supply and Traffic in California Urban Areas." *Transportation Research*, part A: *Policy and Practice* 31, No. 3 (1997): 205-18.

Heller, Nathan. "The Disconnect." *The New Yorker*, April 16, 2012.

Holtzclaw, John. "Using Residential Patterns and Transit to Decrease Auto Dependence and Costs." Natural Resources Defense Council, 1994. docs.nrdc.org/SmartGrowth/files/sma_0912140la.pdf.

Jackson, Richard. "We Are No Longer Creating Wellbeing." dirt.asla.org, September 12, 2010.

Jahne, Mark. "Local Officials Find Fault with Proposed Hartford-New Britain Busway." mywesthartfordlife.com, January 18, 2010.

J. D. Power and Associates. Press release, October 8, 2009.

Johnson, Kevin, Judy Keen, and William M. Welch. "Homicides Fall in Large American Cities." *USA Today*, December 29, 2010.

Kamin, Blair. "Ohio Cap at Forefront of Urban Design Trend." *The Chicago Tribune*, October 27, 2011.

Karush, Sarah. "Cities Rethink Wisdom of 50s-Era Parking Standards." *USA Today*, September 20, 2008.

Kazis, Noah. "East River Plaza Parking Still Really, Really Empty, New Research Shows." streetsblog.org, April 20, 2012.

Kazis, Noah. "New PPW Results: More New Yorkers Use It, Without Clogging the Street." streetsblog.org, December 8, 2010.

Kazis, Noah. "NYCHA Chairman: Parking Minimums 'Working Against Us.'" streetsblog.org, October 17, 2011.

Keates, Nancy. "A Walker's Guide to Horne Buying." *The Wall Street Journal*, July 2, 2010.

Keen, Judy. "Seattle's Backyard Cottages Make a Dent in Housing Need" usatoday.corn, May 26, 2010.

Kent, Ethan. "Guggenheim Museum Bilbao." Project for Public Spaces Hall of Shame, pps.org.

Klotz, Deborah. "Air Pollution and Its Effects on Heart Attack Risk." *The Boston Globe*, February 28, 2011.

Koch, Wendy. "Cities Roll Out Bike-Sharing Programs." *USA Today*, May 9, 2011.

Kolbert, Elizabeth. "XXXL: Why Are We So Fat?" *The New Yorker*, July 20, 2009.

Kolozsvari, Douglas, and Donald Shoup. "Turning Small Change into Big Changes." *Access*, no. 23 (2003). shoup.bol.ucla.edu/SmallChange.pdf.

Kooshian, Chuck, and Steve Winkelman. "Growing Wealthier: Smart Growth, Climate Change and Prosperity." Washington, D.C.: Center for Clean Air Policy, January 2011.

Kruse, Jil. "Remove It and They Will Disappear: Why Building New Roads Isn't Always the Answer." *Surface Transportation Policy Project Progress* VII: 2 (March 1998): 5, 7.

Kuang, Cliff. "Infographic of the Day: How Bikes Can Solve Our Biggest Problems." Co.Design, 2011. fastcodesign.com/1665634/infographic-of-the-day-how-bikes-can-solve-our-biggest-problems.

Langdon, Philip. "Parking: A Poison Posing as a Cure." *New Urban News*, April/May 2005.

Langdon, Philip. "Young People Learning They Don't Need to Own a Car." *New Urban News*, December 2009.

Lehrer, Jonah. "A Physicist Solves the City." *The New York Times Magazine*, December 17, 2010.

Leinberger, Christopher B. "Federal Restructuring of Fannie and Freddie Ignores Underlying Cause of Crisis." *Urban Land*, February 1, 2011.

Leinberger, Christopher B. "Here Comes the Neighborhood." *The Atlantic Monthly*, June 2010.

Leinberger, Christopher B. "Now Coveted: A Walkable, Convenient Place." *The New York Times*, May 25, 2012.

Leinberger, Christopher B. "The Next Slum." *Atlantic Monthly*, March 2008.

Levey, Bob, and Jane Freundel-Levey. "End of the Roads." *The Washington Post*, November 26, 2000.

Lipman, Barbara J. "A Heavy Load: The Combined Housing and Transportation Costs of Working Families." Center for Housing Policy, October 2006.

Litman, Todd. "Economic Value of Walkability." Victoria Transport Policy Institute, May 21, 2010.

Litman, Todd. "Rail in America: A Comprehensive Evaluation of Benefits." Victoria Transport Policy Institute, December 7, 2010.

Litman, Todd. "Raise My Taxes, Please! Evaluating Household Savings from High Quality Public Transit Service." Victoria Transport Policy Institute, February 26, 2010.

Litman, Todd. "Smart Congestion Reductions: Reevaluating the Role of Highway Expansion for Improving Urban Transportation." Victoria

Transport Policy Institute, February 2, 2010.
Litman, Todd. "Terrorism, Transit, and Public Safety: Evaluating the Risks." Victoria Transport Policy Institute, December 2, 2005.
Litman, Todd. "Whose Roads? Defining Bicyclists' and Pedestrians' Right to Use Public Roadways." Victoria Transport Policy Institute, November 30, 2004.
Lord, Hayes A. "Cycle Tracks: Concept and Design Practices." The New York City Experience. New York City Department of Transportation, February 17, 2010.
LSC Transportation Consultants. "San Miguel County Local Transit and Human Service Transportation Plan. Colorado Springs, 2008."
Lyall, Sarah. "A Path to Road Safety with No Signposts." *The New York Times*, January 22, 2005.
Marohn, Charles. "Confessions of a Recovering Engineer." Strong Towns, November 22, 2010. strongtowns.org/journal/2010/11/22/confessions-of-a-recovering-engineer.html.
Marsh, Bill. "Kilowatts vs. Gallons." *The New York Times*, May 28, 2011.
Marshall, Wesley, and Norman Garrick. "Street Network Types and Road Safety: A Study of 24 California Cities." *Urban Design International*, August 2009.
Mayer, Jane. "The Secret Sharer." *The New Yorker*, May 23, 2011.
McNichol, Tom. "Roads Gone Wild." *Wired*, December 12, 2004.
Mehaffy, Michael. "The Urban Dimensions of Climate Change." planetizen.com, November 30, 2009.
Meyer, Jeremy P. "Denver to Eliminate Diagonal Crossings at Intersections." denverpost.com, April 6, 2011.
Miller, Jon R., M. Henry Robison, and Michael L. Lahr. "Estimating Important Transportation-Related Regional Economic Relationships in Bexar County, Texas." VIA Metropolitan Transit, 1999. vtpi.org/modeshift .pdf.
Monroe, Doug. "Taking Back the Streets." *Atlanta* magazine, February 2003, 85-95.
Monroe, Doug. "The Stress Factor." *Atlanta* magazine, February 2003.
Morello, Carol, Dan Keating, and Steve Hendrix. "Census: Young Adults Are Responsible for Most of D.C.'s Growth in Past Decade." *The Washington Post*, May 5, 2011
Nairn, Daniel. "New Census Numbers Confirm the Resurgence of Cities." discoveringurbanism.blogspot.com, December 15, 2010.
NCHRP Report 500, "Volume 10: A Guide for Reducing Collisions Involving Pedestrians." NCHRP, 2004.
Neff, Jack. "Is Digital Revolution Driving Decline in U.S. Car Culture?" *Advertising Age*, May 31, 2010.
Newcomb, Tim. "Need Extra Income? Put a Cottage in Your Backyard." time.com, May 28, 2011.
Newton, Damien. "Only in LA: DOT Wants to Remove Crosswalks to Protect Pedestrians." la.streetsblog.org, January 23, 2009.
New Urban Network. "Study: Transit Outperforms Green Buildings." bettercities.net/article/study-transit-outperforms-green-buildings-14203, undated.
Noland, Robert. "Traffic Fatalities and Injuries: The Effect of Changes in Infrastructure and Other Trends." Center for Transport Studies, London, 2002.
Noonan, Erica. "A Matter of Size." *The Boston Globe*, March 7, 2010.
"Off with Their Heads: Rid Downtown of Parking Meters." *Quad City Times* editorial, August 8, 2010.
Peirce, Neal. "Biking and Walking: Our Secret Weapon?" citiwire.net, July 16, 2009.
Peirce, Neal. "Cities as Global Stars." Review of *Triumph of the City* by Edward Glaeser. citiwire.net, February 18, 2011.
Peterson, Greg. "Pharmaceuticals in Our Water Supply Are Causing Bizarre Mutations to Wildlife." alternet.com, August 9, 2007.
Pucher, John, and Ralph Buehler. "Cycling for Few or for Everyone: The Importance of Social Justice in Cycling Policy." *World Transport Policy and Practice* 15, no. 1 (2009): 57-64.
Pucher, John, and Ralph Buehler. "Why Canadians Cycle More Than Americans: A Comparative Analysis of Bicycling Trends and Policies." Institute of Transport and Logistics Studies, University of Sydney, Newtown, NSW, Australia. *Transport Policy* 13 (2006): 265-79.
Pucher, John, and Lewis Dijkstra. "Making Walking and Cycling Safer: Lessons from Europe." *Transportation Quarterly* 54, no. 3 (2000): 25-50.
"Rainfall Interception of Trees, in Benefits of Trees in Urban Areas." coloradotrees.org, undated.
Rao, Kamala. "Seoul Tears Down an Urban Highway, and the City Can Breathe Again." *Grist*, November 4, 2011.
"Recent Lessons from the Stimulus: Transportation Funding and Job Creation." Smart Growth America report, February 2011.
Reilly, Rick. "Life of Reilly: Mile-High Madness."

si.com, October 23, 2007.

"Removing Freeways — Restoring Cities." preservenet.com, undated.

"Research: Trees Make Streets Safer, Not Deadlier." *New Urban News*, bettercities.net, September 1, 2006.

Reynolds, Gretchen. "What's the Single Best Exercise?" *The New York Times Magazine*, April 17, 2011.

Rogers, Shannon H., John M. Halstead, Kevin H. Gardner, and Cynthia H. Carlson. "Examining Walkability and Social Capital as Indicators of Quality of Life at the Municipal and Neighborhood Scales." *Applied Research in the Quality of Life* 6, no. 2 (2010): 201-53.

Sack, Kevin. "Governor Proposes Remedy for Atlanta Sprawl." *The New York Times*, January 26, 1999: 14.

Salta, Alex. "Chicago Sells Rights to City Parking Meters for $1.2 Billion." ohmygov.com, December 24, 2008.

Salzman, Randy. "Build More Highways, Get More Traffic." *The Daily Progress*, December 19, 2010.

Schwartzman, Paul. "At Columbia Heights Mall, So Much Parking, So Little Need." *The Washington Post*, October 8, 2009.

Shorto, Russell. "The Dutch Way: Bicycles and Fresh Bread." *The New York Times*, July 30, 2011.

Smiley, Brett. "Number of New Yorkers Commuting on Bikes Continues to Rise." *New York*, December 8, 2011. With link to New York City Department of Transportation press release.

Smith, Rick. "Cedar Rapids Phasing Out Back-In Angle Parking." *The Gazette*, June 9, 2011.

Snyder, Tanya. "Actually, Highway Builders, Roads Don't Pay for Themselves." dc.streetsblog.org, January 4, 2011.

Sottile, Christian. "One-Way Streets: Urban Impact Analysis." Commissioned by the City of Savannah, as yet unpublished.

Speck, Jeff. "Our Ailing Communities: Q & A: Richard Jackson." metropolismag.com, October 11, 2006.

"Status of North American Light Rail Projects." lightrailnow.org, 2002.

Stutzer, Alois, and Bruno S. Frey. "Stress That Doesn't Pay: The Commuting Paradox." Institute for Empirical Work in Economics, University of Zurich, Switzerland, ideas.repec.org/p/zur/iewwpx/151.html.

Summers, Nick. "Where the Neon Lights Are Bright— and Drivers Are No Longer Welcome." *Newsweek*, February 27, 2009.

Swartz, Jon. "San Francisco's Charm Lures High-Tech Workers." *USA Today*, December 6, 2010.

The Segmentation Company, "Attracting College-Educated, Young Adults to Cities." Prepared for CEOs for Cities, May 8, 2006.

Transportation for America. *Dangerous by Design 2011*. Undated.

Troianovski, Anton. "Downtowns Get a Fresh Lease." *The Wall Street Journal*, December 13, 2010.

Turner, Chris. "The Best Tool for Fixing City Traffic Problems? A Wrecking Ball." Mother Nature Network, mnn.com, April 15, 2011.

Turner, Chris. "What Makes a Building Ugly?" Mother Nature Network, mnn.com, August 5, 2011.

"2010 Quality of Living Worldwide City Rankings." Mercer.com.

"2010 Urban Mobility Report." Texas Transportation Institute, Texas A & M University, 2010.

Twyman, Anthony S. "Greening Up Fertilizes Home Prices, Study Says." *The Philadelphia Inquirer*, January 10, 2005.

Ulrich, R. S., et al. "View Through a Window May Influence Recovery from Surgery." *Science* 224, 420 (1984): 420-21.

U.S. Department of Agriculture. "Benefits of Trees in Urban Areas." Forest Service Pamphlet #FS-363.

U.S. Environmental Protection Agency. "Location Efficiency and Housing Type-Boiling It Down to BTUs." USEPA Report prepared by Jonathan Rose Associates, March 2011.

U.S. Government Accounting Office. "Bus Rapid Transit Shows Promise." September 2001.

"The Value of Trees to a Community." Arbor Day Foundation, arborday.org/trees/benefits.cfm.

Van Gleson, John. "Light Rail Adds Transportation Choices on Common Ground." National Association of Realtors (2009): 4-13.

Vlahos, James. "Is Sitting a Lethal Activity?" *The New York Times Magazine*, April 14, 2011.

Walljasper, Jay. "Cycling to Success: Lessons from the Dutch." citiwire.net, September 23, 2010.

Walljasper, Jay. "The Surprising Rise of Minneapolis as a Top Bike Town." citiwire.net, October 22, 2011.

Washington, D.C., Economic Partnership. "2008 Neighborhood Profiles— Columbia Heights."

Whitman, David. "The Sickening Sewer Crisis in America." aquarain.com, undated.

Wieckowski, Ania. "The Unintended Consequences of Cul-de-Sacs." *Harvard Business Review*, May 2010.

Yardley, William. "Seattle Mayor Is Trailing in the Early Primary Count." *The New York Times*, August 19, 2009.

Yen, Hope. "Suburbs Lose Young Whites to Cities: Younger, Educated Whites Moving to Urban Areas for Homes, Jobs." Associated Press, May 9, 2010.

ラジオ、テレビ、映画、スライドショー

A Convenient Remedy. Congress for the New Urbanism video.

Aubrey, Allison. "Switching Gears: More Commuters Bike to Work." NPR *Morning Edition*, November 29, 2010.

Barnett, David C. "A Comeback for Downtown Cleveland." NPR *Morning Edition*, June 11, 2011.

Equilibrium Capital. "Streetcars' Economic Impact in the United States." PowerPoint presentation, May 26, 2010.

Gabriel, Ron. "3-Way Street by ronconcocacola." Vimeo.

WebMD. "10 Worst Cities for Asthma." Slideshow. webmd.com/asthma/slideshow-10-worst-cities-for-asthma.

講演・会議

Brooks, David. Lecture. Aspen Institute, March 18, 2011.

Frank, Lawrence. Lecture to the 18th Congress for the New Urbanism, Atlanta, Georgia, May 20, 2010.

Gladwell, Malcolm. Remarks. Downtown Partnership of Baltimore Annual Meeting, November 17, 2010.

Hales, Charles. Presentation at Rail-Volution, October 18, 2011.

Livingstone, Ken. Winner commentary by Mayor of London. World Technology Winners and Finalists, World Technology Network, 2004.

Parolec, Daniel. Presentation to the Congress for the New Urbanism, June 2, 2011.

Ronkin, Michael. "Road Diets." PowerPoint presentation, New Partners for Smart Growth, February 10, 2007.

Speck, Jeff. "Six Things Even New York Can Do Better." Presentation to New York City Planning Commission, January 4, 2010.

ウェブサイト

20's Plenty for Us: 20splentyforus.org.uk.

American Dream Coalition: americandreamcoalition.org.

Better! Cities & Towns: Walkable Streets (source of many quotes): bettercities.net/walkable-streets.

Brookings VMT Cities Ranking: scribd.com/doc/9199883/Brookings-VMT-Cities-Ranking.

Dallas Area Rapid Transit: dart.org.

Dom's Plan B Blog: http://domz60.wordpress.com/quotes/.

Jane's Walk: janeswalk.net.

Kaufman, Kirsten: bikerealtor.com.

Lonely Planet readers poll: Top 10 Walking Cities. lonelyplanet.com/blog/2011/03/07/top-cities-to-walk-around/.

Mercer.com: Quality of Living Worldwide City Rankings 2010.

Million Trees NYC: milliontreesnyc.org.

Urban Audit: urbanaudit.org.

Walk Score: walkscore.com.

画像

Poster, Intelligent Cities Initiative, National Building Museum, Washington, D.C.

索引

※nは注を表す

[地名]

■オセアニア

■南アメリカ

[一般]

数字

アルファベット

あ

か

さ

ま

や

ら

わ

略歴

■著者

ジェフ・スペック（Jeff Speck）

1963年生まれ。国際的にウォーカブルシティを提唱する都市プランナー。
デュアニー・プラター＝ザイバーク事務所（DPZ）を経て、2003年から2007年まで全米芸術基金のデザインディレクターとして「都市デザイン市長協会」を主宰。アメリカの多くの市長たちと都市計画の課題に取り組んできた。その後、2007年からデザインコンサルタント会社であるスペック・アンド・アソシエイツを率いている。
2022年、ジェイン・ジェイコブズやクリストファー・アレグザンダーなども受賞した「シーサイド賞」を受賞。TEDの講演やYouTubeの動画は500万回以上再生されている。
ベストセラーとなった本書『Walkable City』のほか、『Suburban Nation』（アンドレス・デュアニー、エリザベス・プラター＝ザイバークとの共著）、『Walkable City Rules』などの著書がある。

■監訳者

松浦健治郎（まつうら けんじろう）

千葉大学大学院工学研究院建築学コース准教授。博士（工学）。一級建築士。1971年岐阜県高山市生まれ。1994年早稲田大学理工学部建築学科卒業、1996年早稲田大学大学院理工学研究科建設工学専攻博士前期課程修了。（株）小沢明建築研究室所員、（財）日本都市センター研究員、三重大学助教などを経て現職。地方都市における地域資源を活用したまちづくり・都市デザイン・建築設計に関わる実践・研究活動を進めている。共著書に『コンパクトシティの拠点づくり』（2020年、学芸出版社）、『まちづくり教書』（2017年、鹿島出版会）など、訳書に『アーバンストリート・デザインガイド』（2021年、学芸出版社）がある。

■訳者

石村壽浩（いしむら としひろ）

ランドブレイン株式会社都市政策グループ長。日本大学非常勤講師。博士（工学）。技術士（建設部門：都市及び地方計画）。1977年広島県福山市生まれ。2000年山口大学工学部感性デザイン工学科卒業、2002年山口大学大学院理工学研究科感性デザイン工学専攻修士課程修了。ランドブレイン（株）に入社後、2008年山口大学大学院理工学研究科情報デザイン工学専攻博士後期課程修了などを経て現職。都市計画マスタープラン・立地適正化計画の策定、拠点づくり・まちなか再生に関わる実践・研究活動を進めている。共著書に『コンパクトシティの拠点づくり』（2020年、学芸出版社）などがある。

内田晃（うちだ あきら）

北九州市立大学地域戦略研究所教授。博士（人間環境学）。1970年福岡市生まれ。1994年九州大学工学部建築学科卒業。1999年九州大学大学院人間環境学研究科都市共生デザイン専攻博士後期課程単位取得退学。財団法人北九州都市協会専任研究員などを経て現職。2019年より地域創生学群長、地域共生教育センター長。都市計画と交通政策の連携による研究活動や、来訪者と地域住民が関わることで地域創生につながるフットパス活動を実践している。共著書に『中心市街地再生と持続可能なまちづくり』（2003年、学芸出版社）、『住みよい都市』（2004年、共同通信社）、『コンパクトシティの拠点づくり』（2020年、学芸出版社）などがある。

内田奈芳美（うちだ なおみ）

埼玉大学人文社会科学研究科教授。2004年ワシントン大学（シアトル）アーバンデザイン＆プランニング修士課程修了。2006年早稲田大学大学院博士課程修了。博士(工学)。金沢工業大学環境・建築学部講師などを経て、現職。主な著書に『金沢らしさとは何か』(2015年、北國新聞社、共著)、『都市はなぜ魂を失ったか』(2013年、講談社、翻訳）など。アーバンデザインセンター大宮の副センター長としてウォーカブルなまちづくりに取り組んでいる。2021～2022年、ワシントン大学・ラトガーズ大学客員研究員。

長聡子（ちょう さとこ）

西日本工業大学デザイン学部建築学科准教授。博士（工学)。一級建築士。1979年福岡県生まれ。2003年九州大学工学部建築学科卒業、2008年九州大学大学院人間環境学府都市共生デザイン専攻博士後期課程修了。九州産業大学工学部都市基盤デザイン工学科専任講師、新潟工科大学工学部建築学科准教授などを経て2018年より現職。エリアマネジメントや歩行者視点での公共空間の利活用に関する研究・実践に取り組んでいる。共著書に『ストリートデザイン・マネジメント　公共空間を活用する制度・組織・プロセス』(2019年、学芸出版社)、『コンパクトシティの拠点づくり』(2020年、学芸出版社）などがある。

益子智之（ましこ ともゆき）

早稲田大学理工学術院創造理工学部建築学科助教。博士（建築学)。1990年大阪府生まれ。2014年早稲田大学創造理工学部建築学科卒業、2015年イタリア・フェッラーラ大学建築学部修士課程交換留学、2017年早稲田大学大学院創造理工学研究科建築学専攻修士課程修了、2021年同大学院博士後期課程修了。日本学術振興会特別研究員（DC1)、早稲田大学建築学科助手を経て現職。共著書に『まちづくり図解』(2017年、鹿島出版会)。日本都市計画学会 論文奨励賞（2022年)、前田記念工学振興財団 山田一宇賞（2022年)、日本建築学会 奨励賞（2022年）ほか受賞。

ウォーカブルシティ入門

10 のステップでつくる歩きたくなるまちなか

2022 年 9 月 10 日　第 1 版第 1 刷発行
2023 年 9 月 10 日　第 1 版第 2 刷発行

著　者　ジェフ・スペック
監訳者　松浦健治郎
訳　者　石村壽浩、内田晃、内田奈芳美、長聡子、益子智之

発行者　井口夏実
発行所　株式会社 学芸出版社
〒 600-8216　京都市下京区木津屋橋通西洞院東入
電話 075-343-0811　http://www.gakugei-pub.jp/
E-mail info@gakugei-pub.jp

編集担当　神谷彬大、古野咲月

アートディレクション　見増勇介（ym design）
装　丁　関屋晶子（ym design）
D T P　梁川智子
印　刷　イチダ写真製版
製　本　新生製本

ISBN978-4-7615-2824-9